信息科学技术学术著作丛书

软件定义网络

汪文勇　郑成渝　唐　勇　著

科学出版社
北京

内 容 简 介

SDN 给计算机网络注入了活力。本书较全面地对 SDN 进行了介绍。全书分为理论篇、实践篇。理论篇从传统网络面临的问题出发，介绍 SDN 的基本概念和原理、OpenFlow 协议，以及交换机的原理与配置，讨论 SDN 相关的安全问题。实践篇讨论基于 Floodlight 控制器的开发技术，展示若干典型实例和应用场景。附录介绍 SDN 的标准化组织、标准化进程，并给出相关实例的关键代码。

本书可作为高等院校计算机网络相关专业的本科生、研究生的教材，也可供计算机网络相关领域的科研人员和工程技术人员参考。

图书在版编目（CIP）数据

软件定义网络 / 汪文勇，郑成渝，唐勇著. —北京：科学出版社，2022.1
(信息科学技术学术著作丛书)
ISBN 978-7-03-071244-8

Ⅰ. ①软… Ⅱ. ①汪… ②郑… ③唐… Ⅲ. ①计算机网络-研究 Ⅳ. ①TP393

中国版本图书馆 CIP 数据核字（2021）第 279861 号

责任编辑：魏英杰 / 责任校对：王　瑞
责任印制：吴兆东 / 封面设计：陈　敬

科学出版社 出版
北京东黄城根北街 16 号
邮政编码：100717
http://www.sciencep.com
北京中石油彩色印刷有限责任公司 印刷
科学出版社发行　各地新华书店经销

*

2022 年 1 月第　一　版　开本：720 × 1000　B5
2022 年 1 月第一次印刷　印张：16 3/4
字数：337 000

定价：130.00 元
（如有印装质量问题，我社负责调换）

《信息科学技术学术著作丛书》序

21 世纪是信息科学技术发生深刻变革的时代，一场以网络科学、高性能计算和仿真、智能科学、计算思维为特征的信息科学革命正在兴起。信息科学技术正在逐步融入各个应用领域并与生物、纳米、认知等交织在一起，悄然改变着我们的生活方式。信息科学技术已经成为人类社会进步过程中发展最快、交叉渗透性最强、应用面最广的关键技术。

如何进一步推动我国信息科学技术的研究与发展；如何将信息技术发展的新理论、新方法与研究成果转化为社会发展的推动力；如何抓住信息技术深刻发展变革的机遇，提升我国自主创新和可持续发展的能力？这些问题的解答都离不开我国科技工作者和工程技术人员的求索和艰辛付出。为这些科技工作者和工程技术人员提供一个良好的出版环境和平台，将这些科技成就迅速转化为智力成果，将对我国信息科学技术的发展起到重要的推动作用。

《信息科学技术学术著作丛书》是科学出版社在广泛征求专家意见的基础上，经过长期考察、反复论证之后组织出版的。这套丛书旨在传播网络科学和未来网络技术，微电子、光电子和量子信息技术、超级计算机、软件和信息存储技术、数据知识化和基于知识处理的未来信息服务业、低成本信息化和用信息技术提升传统产业，智能与认知科学、生物信息学、社会信息学等前沿交叉科学，信息科学基础理论，信息安全等几个未来信息科学技术重点发展领域的优秀科研成果。丛书力争起点高、内容新、导向性强，具有一定的原创性，体现出科学出版社“高层次、高水平、高质量”的特色和“严肃、严密、严格”的优良作风。

希望这套丛书的出版，能为我国信息科学技术的发展、创新和突破带来一些启迪和帮助。同时，欢迎广大读者提出好的建议，以促进和完善丛书的出版工作。

中国工程院院士
原中国科学院计算技术研究所所长

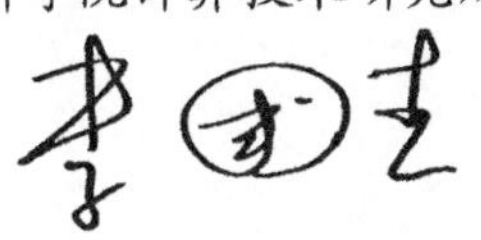

前　言

从实验室诞生的 TCP/IP 互联网已成为支撑现代经济发展、社会进步和科技创新最重要的信息基础设施，极大地拓展了人类生产生活空间。互联网络的成功可以归结为“细腰的”TCP/IP 系统结构，分组交换技术，非集中式控制和开放的应用层软件设计。但随着网络规模的急剧膨胀和新增传输需求不断涌现，互联网内部的路由器等网络设备越来越复杂，并逐渐变成封闭的、厂商相关的庞然大物。同时，随着其他的一些问题，如体系结构和协议创新困难等，传统网络的不足之处愈加突出。

进入 21 世纪，全球掀起下一代互联网(next generation internet，NGI)研究热潮。SDN 正是在这个大背景之下诞生的。SDN 的核心理念是将网络的控制平面与数据转发平面进行分离，这带来几个突出特点：控制功能与转发功能分离、软件与硬件解耦；控制逻辑集中；控制器具有广义的编程接口；网络具有更强的计算能力。SDN 网络结构的提出为解决传统网络中的问题提供了新的思路和途径。究其技术根源，SDN 抓住了当前互联网络的症结所在：软硬件紧密耦合的封闭设备导致管理繁杂、无法创新；控制软件分布在交换机中，很难实施一致的管控策略。SDN 解决问题的基本思路是：控制功能与转发功能分离，转发功能置于交换机中，决定如何转发的控制功能不再封闭在交换机中，而是集中在一个叫作控制器的软件中。这样便实现了软硬件完全解耦。控制器与交换机可以独立发展，并且交换机可以标准化。可以想见，SDN 在未来将会给网络的体系结构、应用场景等带来很大的影响：提高网络性能；降低网络成本；提高网络利用率；更精细的网络管控能力；促进网络功能软件化；促进网络创新。

作者在中国下一代互联网示范工程等国家科研项目的支持下，长期从事计算机网络和 SDN 的研究工作，对该领域有一点小小的体会。本书是作者教学科研和工程实践的一次小结，很荣幸能与各位读者分享。

汪文勇、郑成渝、唐勇、张方芳、单冉冉、焦博、王军、李明、吴俊锐、张榔参与了全书的撰写工作。徐宾伟、张永涛、栾谋升、王卫振、胡力卫、尤桂菊为本书的实践篇积累了众多案例，对成书有很大的贡献。汪文勇、郑成渝、唐勇审定了全书。

特别致谢科学出版社首席策划魏英杰，没有他的耐心、鼓励和帮助，本书很难付梓。

由于作者水平有限，不当和不尽之处在所难免，敬请读者批评指正。

作　者

目　录

实 践 篇

理　论　篇

第1章　为什么是 SDN

TCP/IP 互联网(the Internet)从实验室诞生至今，以短短半个世纪的时间发展成为全球性信息基础设施，取得了巨大的成功。

可以说，互联网最大的意义在于它在真实的物理空间以外，构建了一个虚拟的数字空间(cyberspace)，这是以往任何技术发明都无法做到的。这个空间既不是物理世界的缩影，也不是物理世界的模拟，而是人类凭空创造的。不知不觉中，人类的生产、生活越来越多地被移植到这个空间里。

今天的互联网越来越成为一个“真实”的虚拟空间，这里的活动成为人类活动的一部分。寄生于互联网的社交网成为现实人类社会的扩展和延伸，因此互联网大大拓展了人类的生存环境。

随着物联网的深度介入，互联网数字空间和现实物理空间将产生更多、更复杂的信息和能量的交换，虚拟空间和真实空间将互联互通，甚至可能逐渐融合。从这个角度看，加深对互联网的认识和把握，不断创新互联网技术，需要我们坚持不懈的努力。

起源于 21 世纪初的未来互联网研究热潮产生了很多成果。SDN 是其中的佼佼者。SDN 从理念到体系结构，从实现到应用都颇有新意，得到学术界和工业界广泛认同，是众多未来互联网研究和实践中最为成功和成熟的技术。

相对于未来互联网，尤其是产生于“从头开始”(clean slate)计划的 SDN，TCP/IP 网络可以说是传统网络。传统网络到底有什么特点，有什么问题？SDN 又有什么特点，有什么意义呢？本章将探讨这些问题。

1.1　TCP/IP 的特点

1969 年 10 月，Leonard Kleinrock 等在洛杉矶加州大学和斯坦福研究所之间做了一个实验，利用 IMP，通过一条 50Kbit/s 通信电路，在两台不同型号和操作系统的计算机之间实施远程登录。这个实验本身不算成功，原本打算键入“LOGIN”，结果只输入“LO”两个字符系统就发生崩溃。正是这次不成功的实验，标志着互联网的诞生。其中起到关键作用的 IMP 就是路由器的雏形。

50 多年以来，互联网的发展远远超出了人们当初的想象，已有超过 50%的世界人口成为互联网用户。作为全球最重要的网络基础设施，互联网极大地促进了人类文明的进步，根本性地改变了人类生活的面貌。

互联网技术的核心是 TCP/IP 体系结构及相关协议，要解决的基本问题是网间互联，要实现的基本目标是节点通信，最终目标是端到端(进程)通信。TCP/IP 体系结构具有以下基本特点。

(1) 两级结构

网间互联所谓的“网”是指一个广播域，大致对应于局域网。在一个广播域内，节点之间能够通过广播彼此找到对方，无须中间节点的介入，进而可以实现直接的节点通信。广播是简单有效的方式，问题在于大量节点参与广播将导致广播风暴，无法保障正常通信。因此，大规模组网(大致对应于广域网)大多以网间互联的方式来实现。这就是，有限规模的局域网内部以广播作为基本通信手段，以总线或者交换机作为组网设备。局域网之间则以路由作为基本通信手段，以路由器作为组网设备。局域网通过路由器组织起来的网络叫作网际网(internet)。全球互联网(the Internet)就是最大的网际网。

互联网两级结构如图 1.1 所示。对应于 TCP/IP 五层结构，链路层解决局域网内部通信问题，网络层解决网间互联问题，传输层解决进程通信问题。网间互联和进程通信是互联网的核心问题，因此用 TCP/IP 来命名与此相关的所有工作就容易理解了。

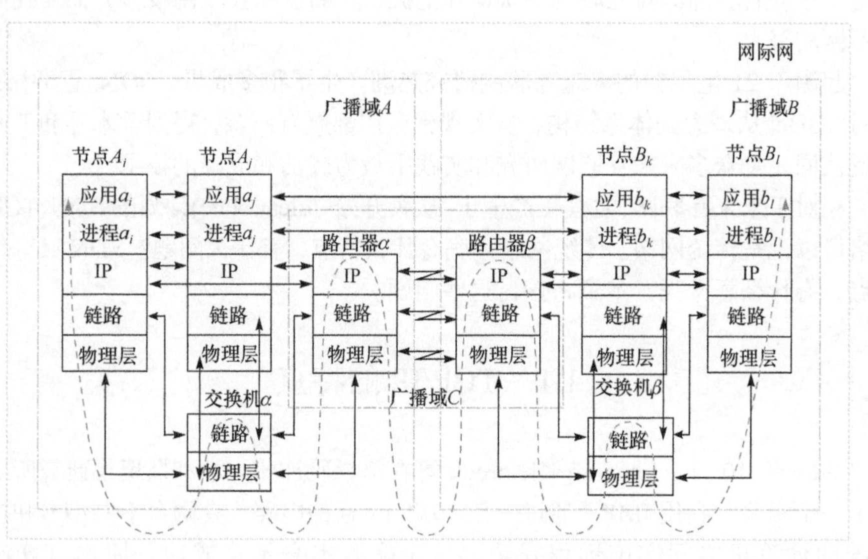

图 1.1　互联网两级结构

图 1.1 展示了互联网两级组网的基本思路。这是由三个广播域构成的最简单的网际网，分别是广播域 A、广播域 B，以及广播域 C。图中双箭头实线表示对等协议之间的通信，路由器之间的实线是折线，表示路由器之间常常通过长途链路

连接(个别情况下，交换机之间、交换机与节点之间也可能通过长途链路连接)。双箭头虚线表示协议之间的调用和回调关系，是分组在网元和协议层次之间的传递路径，也是一次进程通信的全过程。

可见，在网间互联的过程中，路由器和 IP 扮演着非常重要的角色。

这里的网元指参与网络组网的通信设备，节点特指网络通信的端点，如服务器及各种终端。

(2) 分布式组网

20 世纪 60 年代初，兰德公司工程师 Baran 设想组建一个具有高抗毁性的通信网络，即使部分被摧毁，整个网络依然能够保持通信。这一设想导致了互联网的诞生。

1964 年，Baran 发表了有关该通信网络的论文[1]。他的第一个思想是，网络不应该建成集中式，不应该有控制所有交换和路由的超级节点。在这个网络中，所有节点都有权对流量进行路由转发，而且每个节点都与其他若干节点相连。如果其中某个节点被破坏，流量可以通过其他路径传输。Baran 证明每个节点只需要三到四个冗余连接，就能让网络的稳固性接近理论极值。

这种分布式组网的概念是互联网体系结构的基石，表现为网间互联的路由器以分布式自组织的方式构建网际网。各路由器自主配置和管理，各自通过距离矢量算法或者链路状态算法交换路由信息，分别计算和维护路由表，独立进行数据的存储转发。

分布式自组织的特性除了冗余度带来的高抗毁性外，还赋予互联网体系结构很大的弹性优势。第一，局域网的伸缩，是局域网内部的事情，可以完全自主地完成。局域网扩展的时候即使地址不够，也能够通过 NAT 或者代理机制来实现。第二，局域网的接入，需要做的仅仅是增加和配置一台新的路由器。第三，局域网的退出，需要做的仅仅是断开路由器。第四，更高层次的互联，例如跨 AS 之间的互联，通过 AS 之间的协商和边界路由器的配置来实现，也是自主、灵活且开销不大的事情。总之，收与放都不需要集中控制，简单方便。互联网的发展之所以如此迅速，这种弹性是根本的原因[1]。

(3) 分组交换

Baran 的第二个思想是分组交换(packet switch)，即把消息分割为一定尺寸的小数据块(分组)，每个分组各自通过网络节点，经由不同的可能路径传输，到达终点时再重新组合成完整消息。

分组交换的好处是进一步增强了网络的抗毁性。分组可以通过不同路径到达终点，即使其中部分路径断掉，通信依然可以保持。分组交换的另一个好处是具有很好的业务适应性。在同一个分组交换网络中，采用同样的路由和传输机制可以同时承载不同性能需求的业务，例如从 64Kbit/s 的话音通信到 33Mbit/s 的 8K

电视，以至于更高性能规格的虚拟现实应用等。

分组交换的第三个好处是具有很好的业务适应性。一方面，分组交换网络同时支持各种大小流量模式，也支持突发流量模式，适用于各种应用场景；另一方面，分组交换网络支持无特定性能需求的应用，如电子邮件、文件传输、Web浏览等，当总带宽足够的时候，可以多给这类应用带宽，当总带宽不够的时候，则少给这类应用带宽。

(4) 单平面结构

所有的通信网络都有两个基本功能，即控制和转发。二者可以结合，也可以分离。TCP/IP采用结合的方式，控制与转发在同一个层面展开，有先后关系无上下关系。这形成了TCP/IP的单平面结构。

具体讲，TCP/IP的单平面结构表现在以下方面。

① 无信令网和时钟网。

不像传统的电信网络，TCP/IP网络对控制和同步的要求不高，不需要独立的信令网和时钟网的支持。在确实需要控制或者同步的场合，TCP/IP采取增加协议的方式在带内(inband)实现有关功能。所谓带内实现，是指网络对有关功能不设置专用设备和通道，有关信息与业务数据共享传输信道，不提供专用通道。

TCP/IP针对广播域控制定义了802.1Q协议，针对快速帧转发控制定义了MPLS协议，针对安全控制定义了IPSec协议，针对组播控制定义了IGMP，针对可靠传输控制定义了TCP，针对服务质量控制定义了DiffServ等QoS协议。

针对时钟同步问题，TCP/IP定义了NTP。

上述协议模式都服从单平面结构，协议都在带内实现。

② 网管带内实现。

TCP/IP的主要管理功能也在带内实现，包括SNMP、NetCONF、NetFlow、Radius、用户与计费管理等。网管软件，如HP OpenView、IBM NetView、Cisco Works、SunNet Manager等只不过是网络上的一个典型应用，运行这些系统的网管工作站也仅仅是网络上的一台终端节点。

③ 交换机/路由器独立运行。

前面谈到，TCP/IP网络是一个分布式系统，其中的交换机/路由器都独立工作，不受第三方系统的控制，彼此的关系是平等的。这也是单平面结构的重要体现。

后面会谈到，单平面的优势是系统结构简单、组网容易，但同时会带来资源调度和管控能力不足的问题。

(5) 简洁化设计

上述特点，形成了TCP/IP技术简洁明快的风格。除此之外，在设计上，TCP/IP提出端到端可靠性的理念，就是网络本身尽快将数据传到端节点，而将校验、排序、重组、超时重传、优先级管理等复杂的可靠性工作交给端节点来实现。这样的设计使网络结构更加简单，交换机、路由器的功能更加单纯，且更加容易实现，运行效率高、故障率低，从而整体上降低系统的成本。

以上种种，决定了 TCP/IP 技术在与同时期的 X.25、ISO/OSI 和 ATM 的竞争中也以简洁而取胜。

1.2　传统网络面临的挑战

互联网越成功，人们对它的依赖性越强，TCP/IP 所代表的互联网体系结构、组网方式和协议标准面临的挑战就越大[2-8]。

(1) IP 层重载和复杂化

目前，TCP/IP 已经发展成一个庞大的协议族，常用协议标准有近 100 个。人们不断补充和完善 TCP/IP 族，尤其是针对在体系结构中扮演承上启下关键作用的 IP 层，做了许多修订和增补。

IP 层对于互联网可谓举足轻重。IP 重载和复杂化问题如图 1.2 所示。可以看到，除了完成网间互联外，IP 还具有一个重要特性，即 IP 在所有之上，所有在 IP 之上(IP over everything, everything over IP)。IP 在所有之上，指 IP 支持对各种物理网络技术的适配；所有在 IP 之上，指 IP 承载所有上层应用。

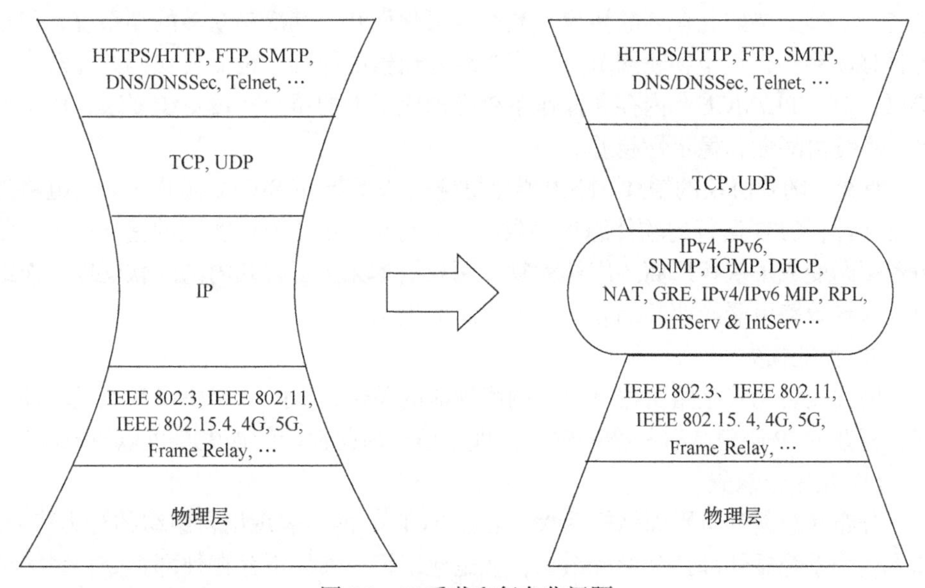

图 1.2　IP 重载和复杂化问题

这样一种设计加上单平面结构赋予了 IP 太多的功能和责任，导致一系列问题。

① 协议复杂化。

首先是单纯的IP本身无法承受那么大的负担，不得不补充很多协议去充实IP层的功能。为了网管，补充SNMP；为了组播，补充IGMP和组播路由协议(密集模式协议，如DVMRP、PIM-DM；稀疏模式协议，如PIM-SM；链路状态协议，如MOSPF)；为了安全，补充IPSec协议；为了移动性，补充MIP；为了服务质量，补充DiffServ和IntServ协议；为了实现隧道，补充GRE协议；为了应付地址耗尽，补充NAT协议；为了地址分配，补充DHCP；为了支持物联网，补充RPL等。

更麻烦的是，1998年IETF颁布了IPv6标准[9]，旨在取代效率、安全性、移动性、QoS等能力欠佳且地址空间严重不足的IPv4。IPv6做了三件事，一是大大扩充了地址空间，满足所有可以想象的地址需求，并且让NAT这样的地址翻译机制不再有存在的必要；二是将安全和服务质量相关的协议封装到标准头部，不再需要有关附加协议的支持；三是简化头部的设计，提高路由效率。

IPv6固然很好，但是缺乏与IPv4兼容性的设计加上用户的惰性，导致过渡期漫长且动力不足。大量过渡协议的引入进一步强化了IP层的复杂度。

可以说，今天的IP层就好比是一个中年危机的男性的腰，大腹便便还椎间盘突出。

② 设备复杂化。

IP层复杂化带来的问题是设备的复杂化。首先是路由器、防火墙这样的网管系统，必须支持如此众多的协议，复杂度可想而知。其次是众多的端系统，包括各种移动终端，甚至物联网节点，因为对等通信的原则，也需要支持如此众多的协议，对CPU/MCU、内存和操作系统都构成很大的压力。设备越复杂，成本越高，系统可靠性和稳定性越差。

此外，随着协议的增加，路由器变得越来越复杂，ASIC交换芯片的门电路数以百亿计，CPU运行的软件源代码数以千万行计。由于不同实现的差异巨大，路由器逐渐变成了依赖厂商的庞然大物，用户根本无法了解其内部的软硬件工作细节，这导致路由器产业长期处于一种封闭的生态。

③ 性能损失。

网关设备尤其是路由器是决定网络性能的关键，由于IP层协议都通过软件实现，复杂的IP层意味着复杂的软件处理流程，因此性能的损失是可以想象的。

(2) 集中性缺失

分布式组网和单平面结构两大特点使TCP/IP网络表现出自组织的行为特征。如果一个系统靠外部指令形成组织，就是他组织；如果不存在外部指令，系统按照相互默契的某种规则，各尽其责而又协调地自动地形成有序结构，就是自组织。一个自组织的系统是一个无中心和节点对等的系统，具有自发现、自配置、自收敛、自愈合的能力。

自组织对于互联网这样国际化、大规模、多功能且不断扩展变化的复杂巨系统(组成系统的元素不但数量大而且种类也很多，它们之间的关系很复杂，并且有多种层次结构)是非常重要的，否则很难想象互联网能有如此优越的可扩展性。

可是，任何的系统都存在调度、控制和管理的问题，因此至少在某种程度、某些局部、某个场景或者某项特性上需要一些集中的能力支持，互联网也不例外。

① 资源提供不确定。

资源的使用方式大概可以分为协商和调度两种模式。协商是分布式的机制，调度是集中式的机制。在互联网中，资源使用主要采用协商机制，这是由互联网的特点决定的。例如，MPLS 路径的建立过程、TCP 三次握手的连接建立过程、组播组创建过程、QoS 保障等，都是典型的资源协商机制。互联网协议中大量存在的请求-应答(request-response)消息对就是资源协商机制的体现。

在请求-应答过程中，如果本地资源不足或者出于某种策略考虑拒绝响应请求，则意味着资源协商失败，资源请求得不到满足。

更大的问题是，在得到应答前，资源请求方并不知道资源提供方的资源情况，也不知道其资源分配策略。这就造成了资源提供的不确定性。

② 策略保障不确定。

在互联网中，许多功能实现需要多方参与，如路由、组播、安全、网管等。多方参与的功能取得成功的前提是大家采取一致的策略，并且各自具有足够的资源。资源的问题前面谈到了，策略是另一个问题。

以 BGP 路由为例。当 AS 之间需要互联时，路由和计费策略通过 BGP 实施。一对一的情况好办，双方可以协商出很好的方案，准确实现，得到预期效果。当大量 AS 需要互联时，情况会变得很复杂，无论双边协商，还是多方协商出的结果，往往很难达成策论共识和全局最优，因此造成互联效率低下和互联成本增加。

再以防火墙访问控制为例。假设最简单的场景，一个企业网内部两个部门各自管理的两台防火墙，即使采用共同的策略，也可能由于对安全策略的理解和执行不一致，造成要么控得过严，系统可用性不好，要么控得不够，导致系统漏洞。如果需要大量的防火墙协同，策略保障的问题又会相当复杂。

在单平面和分布式结构下，诸如此类的问题还很多。

③ 网络管理困难。

TCP/IP 网络管理存在一种天生的矛盾，一方面网管本身是全局性的任务，要保证全网的可用、高效和安全；另一方面，网元又是独立配置和运行的，没有带外的信令和控制系统对其进行集中管理。

每一个网络管理员都有一个“一键梦”，一键配置、一键诊断、一键调优。可是，具体工作中面对的是一台台独立的设备，需要一一配置、一一诊断、一一调优。全局化的网络状态测量和描述，全局化的资源管理和优化还只能是一个梦想。

(3) 融合问题

计算和通信技术过去的发展基本上是两条道路，互不干涉。随着云计算技术的兴起，全栈虚拟化成为刚需。全栈虚拟化就是从存储、计算到网络和安全都虚拟化，最好是一键虚拟化。计算和存储虚拟化已经很成熟了，因为有一个集中的云操作系统支持，那么分布式的网络和安全怎么办?

因此，网络和计算的融合是必须面对的问题，20 世纪 80 年代“网络即计算机”不再是一句口号。当我们以计算的思维来看待网络的问题，把网络看作计算的一部分，把网络看作扩大了的更智能的计算总线时，某种方式、程度的集中很有必要。

(4) 难于突破的技术谱

一种 TCP/IP 技术谱如图 1.3 所示，从确定性的角度分析主要的 TCP、IP 及链路层技术的谱系。确定性即可控、可管、可靠。不确定性不能说是不可控、不可管、不可靠，我们用中性一点的欠可控、欠可管、欠可靠来表达。从实现技术上讲，确定性是电路交换技术或者虚电路技术的典型特性，因此定义确定性与面向连接二者互为表里。相应地，定义不确定性与无连接(分组交换)互为表里。

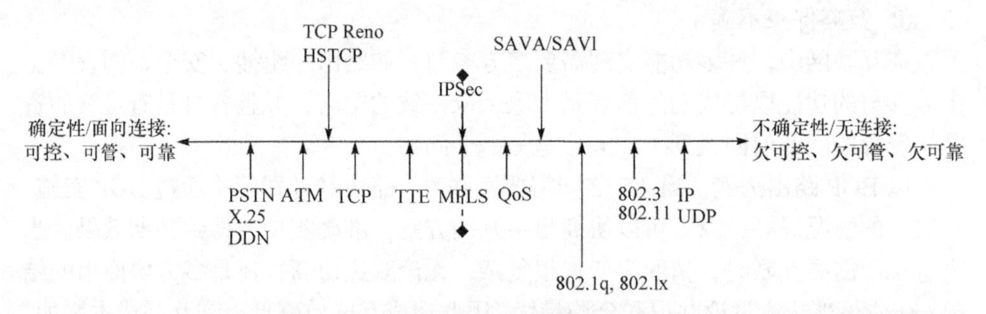

图 1.3 TCP/IP 技术谱

如果把确定性与不确定性放在这个谱系的两端，我们很容易把主要的 TCP/IP 技术放到这个一维谱系的合适位置。最右端最无确定性的是无连接分组交换的代表协议 IP 和 UDP，是典型的尽力传输技术；然后是 IEEE 802.3 以太网和 IEEE 802.11 无线局域网技术，二者做了很好的帧校验和冲突检测(冲突避免)，确定性稍好；再往左是 VLAN(IEEE 802.1q)和 Wi-Fi(即 IEEE 802.1x)，它们在 IEEE 802.3 和 IEEE 802.11 基础上分别增加了广播域控制和安全控制机制，显然确定性有所提高；再往左是 QoS 机制，如 DiffServ、IntServ 等各种区分服务和集成服务机制，服务质量确定性增强。SAVA/SAVI 是一种具有全局性的安全确定性增强机制，可以保证源节点地址和用户身份的确定性[8]。

再看另一端，传统的基于电路交换技术的 PSTN，以及基于 PSTN 的 X.25、DDN 技术的确定性是非常好的；基于虚电路技术的 ATM 确定性次之，但也非常好；TCP 是面向连接的，但为了提高效率引入滑动窗口机制，确定性稍差；TTE 在标准以太网基础上通过时钟同步加入了时分复用机制，具有时间确定性；TCP Reno、HSTCP 等针对 TCP 的效率和公平性做出了改进，这无疑增强了确定性。

MPLS 和 IPSec 在这个谱系中居于中间位置，分别加入了某种面向连接的特性，增强了传输确定性和安全确定性。

如果说确定性还分为安全确定性、传输确定性、性能确定性等不同侧面，具有某种不可比的特点,那么我们可以用一种更一致的方法来看待上述谱系的构建。为此，我们要先回答一个问题，即面向连接的连接到底是什么？连接是对象多层次多元标识符和属性(安全、性能、质量等)的端到端绑定和全路径确认。绑定的标识符和属性越多，路径上对这种绑定的确认越严格，连接性越好，确定性也就越好。

按照上述办法，我们可将更多的具体 TCP/IP 技术和协议放到这个谱系的合适位置。这样，我们在 TCP/IP 协议栈上做的所有工作原来就在这个谱系上摆动，即对在连接性上绑定的标识和属性做取舍、组合和折中，要么确定性好，但效率低且流量适应性差，要么确定性差，但效率高且流量适应性强。

可见，在传统体系结构下，确定性和效率是不可兼得的。这个谱系很难突破。

1.3　集中-分布-集中的螺旋式上升

在本章的结尾我们想说，TCP/IP 互联网技术非常好，极其成功，未来网络无论怎么发展，TCP/IP 仍将发挥作用，但是同时发展又是不可避免的。那么，发展的方向将是什么？

单平面结构加分布式自组织是 TCP/IP 最大的特点，也是它最成功的地方。优点往往是缺点，太过自由的分布式组网模式，也带来很多问题，正如前面谈到的。

未来的网络技术是否需要回到多平面加集中的老路上来？我们的答案既是肯定的，也是否定的。

TCP/IP 之前的网络，传统的以 PSTN 为代表的电信网络，无论是话音还是数据网，曾经是集中式，业务面和控制面分离，控制集中。TCP/IP 将网络结构简化，业务和控制结合，单平面结构，分布式控制。未来，控制的集中是值得重视的解决方案，SDN 正在做这样的工作，并且效果不错。

不过，SDN 的集中一定不是简单地回到从前的 PSTN，而是在 TCP/IP 上的集中。在这个意义上，无论是理念还是技术，SDN 都不是真正的从头再来，而是一次从集中到分布，再到集中的螺旋式上升。事实上，SDN 不仅是集中，还带来很多崭新的特性。我们预期，未来的网络可能是局部集中，全局分布的结构。

参考文献

[1] Baran P. On distributed communications networks. IEEE Transactions on Communications Systems, 2009, 12(1): 1-9.
[2] 吴建平, 林嵩, 徐恪, 等. 可演进的新一代互联网体系结构研究进展. 计算机学报, 2012, 35(6): 1094-1108.
[3] 吴建平, 吴茜, 徐恪. 下一代互联网体系结构基础研究及探索. 计算机学报, 2008, (9): 48-60.
[4] Clark D D .The design philosophy of the DARPA internet protocols. ACM SIGCOMM Computer Communication Review, 1988, 18(4): 106-114.
[5] Kopetz H, Ademaj A, Grillinger P, et al. The time-triggered ethernet (TTE) design// Eighth IEEE International Symposium on Object-Oriented Real-Time Distributed Computing, 2005: 22-33.
[6] Steinbach T, Korf F, Schmidt T C. Comparing time-triggered ethernet with FlexRay: An evaluation of competing approaches to real-time for in-vehicle networks// IEEE International Workshop on Factory Communication Systems Proceedings, 2010: 199-202.
[7] 周明天, 汪文勇. TCP/IP 网络原理与技术. 北京: 清华大学出版社, 1993.
[8] 刘强. 时间触发以太网网络控制机制和关键构件研究. 成都: 电子科技大学, 2013.
[9] Deering S, Hinden R. RFC2460-Internet Protocol, version 6(IPv6) Specification. New York: IETF, 1998.

第 2 章　SDN 概述

2.1　SDN 起源

随着互联网络规模的扩大，其不足之处逐步显现。从 1990 年开始，世界上的主要国家陆续启动了下一代互联网络研究计划。虽然这些研究计划涉及的技术非常广泛，但是综合起来，研究计划的路线主要有两条。一条是渐进式的革新道路，即在现有网络技术的基础上实现演化，逐步替代原有的网络技术，这种思路的好处是能够保护已有的投资，但是在技术选择上难免受限制；另外一条路是完全革命式的道路，不考虑与当前网络技术的兼容性、投资等约束条件，用最合适的技术重新构建网络，这种思路没有任何历史的羁绊。

2006 年前后，美国斯坦福大学 Casado 在下一代网络研究计划 Clean Slate[1]的资助下开展 Ethane 项目，期间的工作成果为 SDN 奠定了基础。Ethane 项目的主要目的之一是解决企业网络日常管理和安全管理问题，如检查用户接入、控制访问时段等。实现该项目需求要涉及对路由器的控制和管理。路由器的主要功能是在一定的约束条件下转发到达的数据包。路由器要实现转发，首先要生成路由信息，这通常是通过 BGP 或 OSPF 协议等协议交换网络拓扑信息后计算得到；然后根据到达数据包的目的 IP 地址和已生成的路由信息决定转发的路径。在逻辑上，路由器可以分为控制平面和数据平面两大部分。路由信息的生成等属于控制功能的范畴，在控制面完成，而查表转发则属于转发功能的范畴，在数据面完成。

如果把控制功能从现有的路由设备中剥离，并且集中在一起形成具有统一控制能力的软件，路由设备将仅保留转发功能，能给项目带来巨大的便利。Casado 于是将路由设备的控制功能和转发功能分离，开发了新的网络交换机及控制软件。控制软件实现了生成交换机转发规则等功能(实际上，此时的控制软件功能还包含除转发规则外的控制信息的生成)。新型交换机根据控制软件部署的转发规则进行数据包转发，是一个仅具有数据转发能力的设备，可以实现数据面的功能。

虽然也称为交换机，但是新型交换机与传统的二层交换机不同，是只具有转发能力的哑的、专门用于数据转发的设备。控制软件运行在独立的服务器上，提供交互接口，可以通过编程控制，且可控制多台交换机。这样，网络设备的控制面与数据面便完全分离，软硬件完全解耦。

McKeown 是 Clean Slate 的负责人，也是 Casado 的指导教师。McKeown 深知

网络领域从 1990 年开始就有可编程网络的诉求，控制面与转发面分离是实践网络可编程的主要思路，但是由于时代、技术的一些限制，没有取得广泛的应用。McKeown 意识到 Casado 工作成果的价值，遂与 Casado、Shenker 等于 2007 年成立了一家专门从事该研发的公司 Nicira。后来，Nicira 在 2012 年被 VMware 以 12.6 亿美元收购。同时，McKeown 注意到 Casado 所提方法在学术上具有创新性，通过深入研究于 2008 年发表学术论文，提出 OpenFlow[2]的概念。其核心思想就是 Ethane 项目的控制面、数据面分离，但是更加关注控制面、数据面间的交互协议 OpenFlow。2009 年，McKeown 等正式阐述了 SDN 的概念。SDN 模型秉承控制功能与转发功能分离的思想，由控制软件实现决策功能，由具有标准化接口的交换机实现转发功能，控制软件与交换机间的交互由标准协议完成。标准协议的主要作用是由控制软件向交换机下发携带处理规则的消息，同时控制软件也接收交换机的状态变化消息。

就在 SDN 提出的时候，云计算在业界得到了重视。云计算通常用于数据中心。网络虚拟化是数据中心常用的隔离技术。VLAN 等传统技术可用作网络虚拟化，但与云计算的主机部署自动化相比，传统的交换机需要逐台手工配置 VLAN，这实在是太慢了，并且随着虚拟机在数据中心的广泛应用，频繁、便捷的虚拟机迁移需要自动化的网络虚拟化配置。SDN 能够适应这一需求，因此 SDN 在云化的数据中心得到广泛应用，迈出了走向实际应用的关键一步。

自此，学术界与产业界对 SDN 都给予了相当的热情和重视，并将其应用于网络的各个方面。SDN 技术于 2009 年入选美国《技术评论》杂志十大新兴技术之一。

2.2 SDN 基本思想

究其技术根源，SDN[3-10]抓住了传统互联网的症结：软硬件紧密耦合的封闭设备形态导致管理繁杂、很难创新；控制软件分布在交换机中很难实施一致的管控策略。SDN 解决问题的基本思路是：控制功能与转发功能分离，转发功能置于交换机中，决定如何转发的控制功能不再封闭在交换机中，而是集中在控制软件，即控制器中。这样便实现了软硬件完全解耦，这是 SDN 最突出的特征。因此，控制器与交换机可以独立发展，并且交换机可以不依赖具体的设备厂商，就像现在的操作系统与通用计算机一样，营造了良好的产业生态链，并可为学术界提供创新平台。

SDN 的基本结构如图 2.1 所示。控制平面(也称为控制层、控制面)的实现即控制器，转发平面(也称为转发面、转发层、数据平面、数据面、数据层)即交换机组成的网络，应用平面(也称为应用层、应用面)即应用程序。具有智能、处于核心地位的控制面有两个接口与外界交互：一个是控制面的 NBI，即控制面的编程接口，向上为用户提供广义的编程能力，负责与应用层通信；另外一个是控制面的

SBI，控制面与数据面的接口，向下与交换机交互，即负责与数据层通信。SBI 首先被标准化。目前占优势的 SBI 标准是 ONF 制定的 OpenFlow 协议。OpenFlow 协议在 OSI 体系结构下，是一个应用级别的协议，主要用于控制面增加、删除交换机中的处理规则，也可用来获取交换机的运行状态。NBI 标准化工作进展较缓慢，用得较多的是 RESTful API。

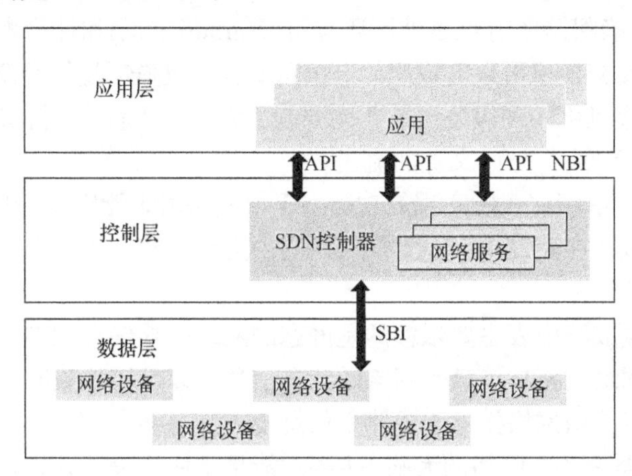

图 2.1　SDN 的基本结构

传统互联网络协议是分层次的，不同层次的协议是在数据包的头部加上特定协议相关的信息。数据包转发的基本过程是，由路由协议在必要的路由器间交换包含网络拓扑结构的信息，在路由器中建立全局或者有限知识的拓扑结构，并以一定的形式存放在路由表中；当数据包到达时，根据数据包的特定头部信息匹配路由表进行路由选择，根据路由选择结果将数据包发往下一路由器，必要时路由器会修改头部信息，如头部的 TTL 域等。

SDN 秉承了传统网络的这种数据包匹配-转发的基本模式，并考虑数据平面独立于具体的协议，模式实际升级为匹配-操作，操作涵盖转发、头部修改等。

匹配-操作规则由控制器下发到交换机，然后交换机进行存储。存储在交换机中的匹配-操作的集合就是通常所说的流表(flow table)，每一个匹配-操作规则就是流表项。

SDN 交换机利用流表，即处理规则表，取代传统路由器的路由表。流表可以理解为是以(匹配模式，操作，优先级，计数器)为表项的表。匹配模式类似于“关键字+键值的形式”。关键字一般采用从第二层到第四层的数据包头部表示地址(MAC 地址、IP 地址、端口号等)、标识(MPLS 标签、VLAN 标识等)等常规信息。OpenFlow 版本的变化更多体现在支持的可匹配关键字数量的增加上。键值是具体的数值，表示期望匹配的实际值，支持通配符表示。操作是根据匹配结果采取的处理方式，包括转发、丢弃、转交控制器或者修改数据包头部等。优先级决定流表项的匹配顺序。计数器用来记录统计信息，如流量的大小、数据包的数量等。由于三态内容寻址存储器 (ternary content addressable memory，TCAM)可以较好地支持通配符模式，SDN 交换机在实现时多采用 TCAM 存储流表。

需要注意的是，为了便于理解，本章在讲述时作了一些简化。

① 实际的流表结构比上述的要复杂，但是这不影响我们理解。

② SDN 交换机除了有流表外，还有组表(group table)和计量表(meter table)。借助组表，SDN 交换机可以完成组播、链路聚合、故障恢复等复杂功能；借助计量表，SDN 交换机可实现每条流的速率限制。为了简化叙述，除非特别提及，本章认为组表和计量表都是广义上的流表。

③ 实际上，依赖流表能实现的功能强于依赖路由表能实现的功能，因为协议有关的功能也包括在流表中，而不仅仅是路由选择。我们可以简化理解，将流表约等同于路由表。

传统网络生成路由表主要依赖的是静态的网络拓扑信息。SDN 控制器生成转发规则可以是网络的拓扑信息、网络的状态信息，以及用户策略等。这显然比传统路由器几乎只能由网络拓扑生成路由信息要灵活得多。

SDN 控制器是整个网络的大脑，主要功能是生成流表项并将这些流表项下发给交换机。SDN 交换机的功能是为到达的数据包进行流表匹配，并按照流表项规定的操作处理数据包。控制器下发流表项到交换机的时机有两种选择，其一是与传统的路由器一样，事先在数据包未到达前向交换机下发流表项，当数据包到达时，为它匹配流表项即可；其二是交换机接收到未匹配的数据包时，以 OpenFlow 协议消息形式上报控制器，控制器根据既定策略为该数据包计算处理规则，形成流表项，并将流表项下发给相关的交换机。对于同一台交换机，可以同时使用这两种方法下发流表项。

SDN 交换机收到数据包后，匹配流表项信息，根据恰好匹配的最高优先级流表项规定的操作处理该数据包。如果交换机中没有可供匹配的流表项，交换机可以把该数据包传送给控制器，由控制器为其计算和下发流表项，或者根据设定丢弃该数据包。

交换机根据流表规则进行处理的示例如表 2.1 所示。

表 2.1　交换机根据流表规则进行处理的示例

源 IP 地址	目的 IP 地址	操作
1.2.*.*	3.4.5.*	丢弃
..*.*	3.4.*.*	从端口 2 转发
10.1.2.3	*.*.*.*	转交控制器

2.3　SDN 的特点及存在的问题

通过以上简单介绍，可总结 SDN 具有以下的几个基本特点。

① 控制功能与转发功能分离(也称为转控分离)，软件与硬件解耦。与软件解耦的 SDN 交换机作为一个纯粹的硬件设备，可以转发任何可被流表项匹配的数据包，独立于任何网络协议。

② 控制逻辑集中。控制器集中控制了网络中的多台交换机，这些交换机都与控制器交互，而交换机彼此间不需要交互。这样传统网络为选路而设计的分布式路由协议，在纯粹的 SDN 中将不复存在。计算路由的系统由分布式系统变为集中式系统。理论上，控制器可掌握全网的状态信息，并可据此来决策。

③ 控制器具有广义的编程接口，可以根据应用程序的需求对数据流进行较细颗粒度的灵活调度。SDN 控制器生成流表项信息的方法不是传统网络那种几乎完全依靠于网络拓扑的方法，可根据相应的策略(保证服务质量，提高资源利用率等)生成。SDN 对于数据包具有非常灵活的路由选择能力，即使对于包含同样头部信息的数据包，控制器也可动态地根据策略为其选择不同的传输路径。

④ 网络具有更强的计算能力。当传统网络需要计算能力时，一般通过在网络中添加中间件(middlebox，是实现网络功能的设备，如防火墙、NAT 设备等)的方式达到，这会破坏网络协议体系的细腰特性，加剧传统网络结构的复杂化。通过在 SDN 中添加通用计算节点(服务器)，利用 SDN 灵活的流调度能力，并在确保计算节点仍然独立于网络的同时，赋予网络更强大的计算能力。

这几个特点实际上是有联系的。分离出来的控制功能集中到控制器上，以软件的形态出现且可以提供编程接口，流控的颗粒度可以由编程决定，而转发功能则由网络硬件设备实现。

尽管 SDN 有很多突出的特点，并且相应的支撑技术仍然在发展中，但是 SDN 也面临以下问题需要解决。

① SDN 的可扩展性。例如，由控制面与转发面分离带来的二者的通信开销问题，以及控制器为新到数据包计算转发路径并下发流表导致的新数据包传输延迟问题；由逻辑集中带来的控制器负载过重问题；由细颗粒度流调度带来的交换机流表空间膨胀问题等。这些问题都限制了 SDN 大规模的应用，目前国内外在 SDN 可扩展性问题上展开了很多的研究，研究成果将为 SDN 的大规模推广打下坚实的基础。

② SDN 的安全性。传统的网络设备是封闭的、厂商相关的、分布式的。接口标准化、控制中心化的 SDN 暴露了脆弱性的一面，势必让攻击者有更好的切入

点。对控制器进行 DDoS 攻击、伪装控制器向交换机发送蠕虫病毒等都将给 SDN 带来很大的影响，甚至导致网络瘫痪。有关的安全认证、安全框架、安全策略的研究将逐步解决这些问题，为 SDN 的发展提供保障。

③ SDN 演进趋势问题。随着 SDN 的持续发展，传统网络将与 SDN 长期共存，二者之间如何兼容共存，目前还没有标准和规范可遵循。SDN 控制器东西向跨域通信接口也需要规范化，否则多个 SDN 将无法互联互通。需要强调的是，SDN 演进趋势不单是技术问题，主要是规范化和标准化的问题。

2.4　SDN 对网络形态的影响

利用 SDN 交换机组网后，会给网络带来以下几个方面的影响。

① 提高网络性能，降低网络成本。转发功能和控制功能解耦后，网络转发设备就只需要具有简单、标准的转发数据包的能力。网络设备厂商就能专门针对数据转发进行性能优化，大大提高网络性能。同时，基于 SBI 的统一标准，不同厂商的网络设备能够互通替换，将极大降低网络的建设成本和运维投入。

② 提高网络利用率。除了转发设备功能简化后的转发性能提升外，网络资源集中控制的 SDN 将比基于分布式算法和局部状态转发的传统网络有更多的资源优化解决方案，从而提高网络资源的利用率。

③ 加速网络创新。首先，SDN 通过控制平面对底层网络设备进行功能抽象，提供全局资源视图，从而提升网络控制的灵活性，这有利于网络控制管理技术的创新。其次，SDN 的控制平面向应用平面提供标准的应用程序编程接口，使上层应用能够直接使用所需要的网络资源和服务，屏蔽了下层网络的差异性和复杂性，这有利于应用与网络融合的创新。最后，SDN 降低了网络应用程序的开发门槛，顺应了网络 IT 化的发展趋势，将吸引更多的开发者参与到网络创新的大潮中。

当前互联网中的核心设备是路由器。路由器的功能是为到达的数据包选择路由，但是为了解决随着网络发展出现的一些问题，很多与路由无关的功能，例如 NAT、DHCP 等逐步被集成在路由器中，Firewall、IDS 等专有设备为实现某些功能被作为中间件配置于网络中特定的位置。这样带来的后果是，网络形态很复杂，维护、排错等变得很困难，网络连接的变更也较为麻烦，网络升级更依赖厂商。图 2.2 所示的网络便是包含大量中间件的网络[11,12]。

结合 SDN 的特点，以及当前技术的进展，未来网络的整个形态将受到影响，我们预计会发生以下几点变化。

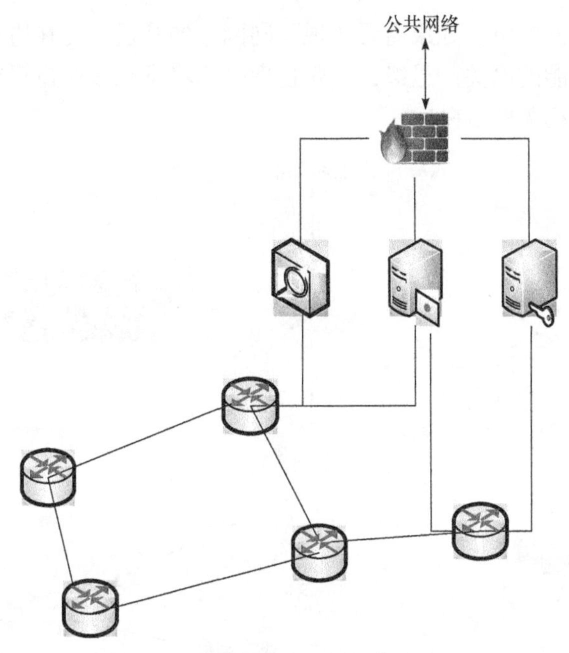

图 2.2　路由器+中间件的传统网络

① 加速传统网络功能由硬件实现向软件实现的转变。从理论上讲，软件一定能够实现硬件的功能，而在通用计算机上，软件实现网络功能的主要缺点是处理速度过慢，性能较低。随着 CPU 处理速度的提高，以及 DPDK 等技术的推出，这个问题正逐步得到改善。因此，可将原来放置在路由器中的非转发功能，如 NAT、DHCP 等，剥离出来，并将这些功能在通用计算机上用软件实现，再利用 SDN 灵活的流调度能力将数据流调度给通用计算机进行相关处理。这样，很多原先硬件实现的网络功能将软件化。利用通用计算机上运行的软件来代替网络硬件设备中的功能通常称为 NFV。NFV 结构的标准化由 ETSI 主导，目的是使网络功能独立于复杂的专属设备，解决网络运营中的困难。从逻辑上说，NFV 与 SDN 没有必然的联系，NFV 在没有 SDN 的情况下也能够实现，但 SDN 灵活的流调度能力可为 NFV 的实现带来便利性。未来网络的形态将朝着 SDN+NFV 的方向发展，如图 2.3 所示。

② SDN 的数据平面实际上是协议无关的，SDN 可以同时支持多种不同的网络协议。同一组 SDN 交换机组建的物理网络可以同时承载不同协议构建的逻辑网络。运行不同协议的终端主机可以同时连接到 SDN 交换机上(前提是链路层的接口被 SDN 交换机所支持)。如果要为网络增加新协议(前提是 SBI 支持该协议、交换机支持新协议的匹配项)，简单的办法是令控制器支持新的网络协议，不需要替换现有的硬件交换机。这样，网络的升级、更替就不会像现在这么复杂，只要

升级控制器的软件即可。如果需要实现不同网络的互通，可在边界交换机旁部署实现协议转换功能的网关。最终，一张物理网络将承载多张逻辑网络，各个逻辑网络可以配置其相关的NFV。

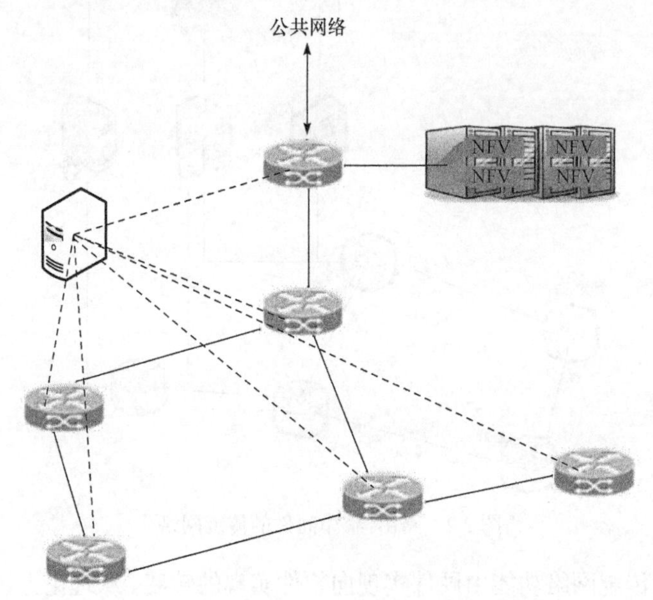

图2.3　SDN+NFV的网络

2.5　SDN的未来

控制面与转发面的分离带来了控制面的可编程，也带来诸多优势，因此SDN受到业界的重视，相关组织在积极地推进标准化工作。OpenFlow协议在SBI中占得先机，可以看作SDN中最具代表性的协议。

OpenFlow协议从最初的1.0版本[13]，几经修订已经发展到目前的1.5版本。历次版本的升级，有的增加了多级流表处理模式，有的增加了组表，有的增加了出端口的处理方式，提升了SDN交换机的能力或者性能。

此外，还有一些协议版本的升级是单纯增加匹配项和必要动作的类型和数量。OpenFlow支持的匹配项已经从最初的12种增加到目前的四十余种，动作类型从13种增加到20余种，但是仍有VxLAN和GRE协议等常用网络协议没有被支持。

OpenFlow协议这种增加匹配项演进的方式带来了一些问题。我们知道，传统交换机、路由器通常由专用ASIC交换芯片+CPU双芯片构成，SDN交换机也是这种结构。CPU是可编程的，而ASIC交换芯片通常是定制的。当协议升级，增加数据包头部的匹配项时，运行在 CPU 中的交换机操作系统可以较方便地升级，但是 ASIC 交换芯片是无法直接升级的。因为这需要各设备厂商首先进行 ASIC 交换芯片电路设计，然后流片、量产，最后投入商用，整个过程通常需要 1～2 年的时间。因此，尽管 OpenFlow 自提出以来取得了巨大的成功，但是在其后续演进上，设备厂商较被动，难以快速跟进、部署新版本的协议。背后的原因是数据面专用的 ASIC 交换芯片不可编程。

为了实现数据面的完全可编程，McKeown 教授提出 P4: Programming Protocol-Independent Packet Processors[14]。P4 是一种可重新配置转发能力的交换芯片。在 P4 交换机上，可以实现控制面与数据面的编程。使用 P4 交换机分为两个步骤，首先通过 P4 语言静态编写程序重新配置 P4 交换芯片的匹配项和动作等，甚至可以定义处理流程的跳转和分支；然后在运行时采用经过扩展的 OpenFlow 协议对交换机进行控制。McKeown 教授把 P4 称为 SDN 2.0。

创新一直在路上，重新“发明”互联网不是梦。我们终将像计算机编程一样为网络编写程序。

2.6　小　结

本章从组网技术的角度讨论 SDN 的发展历史。重点介绍 SDN 转控分离思想的来源、针对的问题和具有的意义，对 SDN 的特点和存在的问题也进行了剖析，同时展望了 SDN 的前景。

参 考 文 献

[1] Stanford University. Clean slate program. http://cleanslate. stanford. edu/[2006-10-8].

[2] Mckeown N, Anderson T, Balakrishnan H, et al. OpenFlow: Enabling innovation in campus networks. ACM SIGCOMM Computer Communication Review, 2008, 38(2): 69-74.

[3] 张顺淼, 邹复民. 软件定义网络研究综述. 计算机应用研究, 2013, 30(8): 2246-2251.

[4] 付永红, 毕军, 张克尧, 等. 软件定义网络可扩展性研究综述. 通信学报, 2017, 38(7): 141-154.

[5] 张朝昆, 崔勇, 唐翯祎, 等. 软件定义网络(SDN)研究进展. 软件学报, 2015, 26(1): 62-81.

[6] 左青云, 陈鸣, 赵广松, 等. 基于 OpenFlow 的 SDN 技术研究. 软件学报, 2013, (5): 168-187.

[7] 王蒙蒙, 刘建伟, 陈杰, 等. 软件定义网络: 安全模型、机制及研究进展. 软件学报, 2016, 27(4): 205-228.

[8] Kreutz D, Ramos F M V, Esteves V P, et al. Software-defined networking: A comprehensive survey. Proceedings of the IEEE, 2014, 103(1): 10-13.

[9] 周桐庆, 蔡志平, 夏竟, 等. 基于软件定义网络的流量工程. 软件学报, 2016, 27(2): 394-417.

[10] Clark D D. The design philosophy of the DARPA internet protocols. ACM SIGCOMM Computer

Communication Review, 1988, 18(4): 106-114.

[11] 李晟如. 软件定义网络中协议无感知转发的关键技术研究. 合肥: 中国科学技术大学, 2018.

[12] Song H. Protocol-oblivious forwarding: Unleash the power of SDN through a future-proof forwarding plane// Proceedings of the Second ACM SIGCOMM Workshop on Hot Topics in Software Defined Networking, 2013: 127-132.

[13] Open Networking Foundation. OpenFlow Switch Specification version 1.0.0. Open Networking Foundation, 2009.

[14] Bosshart P, Daly D, Izzard M, et al. Programming protocol-independent packet processors. ACM SIGCOMM Computer Communication Review, 2014, 44(3): 87-95.

第 3 章　SDN 工作原理

在了解了 SDN 发展背景和基本思想之后，本章将介绍 SDN 的逻辑结构和工作原理。

SDN 的核心思想是将控制层与转发层分离。控制能力集中在实现控制层的控制器中，而实现数据层的 SDN 转发设备只负责转发数据包，理论上可以没有任何的智能。控制器通常提供与转发设备交互的 SBI，以及与应用交互的 NBI，因此网络具有可供用户编程的能力。

3.1　SDN 逻辑结构

在正式讲述 SDN 逻辑结构之前，首先需要澄清一个容易误解的概念，那就是 OpenFlow 并不等同于 SDN[1]。SDN 是一种控制与转发分离的网络结构思想，而 OpenFlow 是 ONF 定义的 SDN 框架中具体的 SBI 协议[2]。

除了以 OpenFlow 协议为核心的解决方案外，还有一些其他的 SDN 解决方案。例如，IETF 成立的 I2RS 工作组的研究目标，是在传统网络设备的路由及转发设备上定义开放接口，使外部应用或控制实体可读取路由器中的信息，从而可基于拓扑变化、流量统计等信息动态下发转发策略到转发设备上，以实现网络的可编程能力。I2RS 解决的核心问题是在保留传统网络设备的情况下，集中网络的控制能力。此外，还有一些早期的网络协议，如 PCEP，旨在将很少一部分控制平面(如路由计算)的功能拿到外部，从传统控制平面中独立出来，在转发设备的专用组件上完成路由计算。这两种方案也具有 SDN 的特征，即转发与控制分离。但是，这两种方案仍然是基于传统的路由器和网络结构。控制与转发功能仍在同一网络设备中，并没有像 OpenFlow 那样将整个网络的控制功能集中到控制器上。

本书主要讨论的 SDN 逻辑结构是基于 OpenFlow 的，因为 OpenFlow 是最能体现 SDN 的控制与转发分离的核心特点，也是目前最主流的 SDN 代表性解决方案。

正如第 2 章所说，SDN 体系结构可分为应用层、控制层、数据层[3]。应用层与控制层之间通过 NBI 通信。控制层与数据层之间通过 SBI 通信。SDN 逻辑结构如图 3.1 所示。

本节围绕 SDN 逻辑结构每一层的具体功能和相互之间的联系展开叙述。

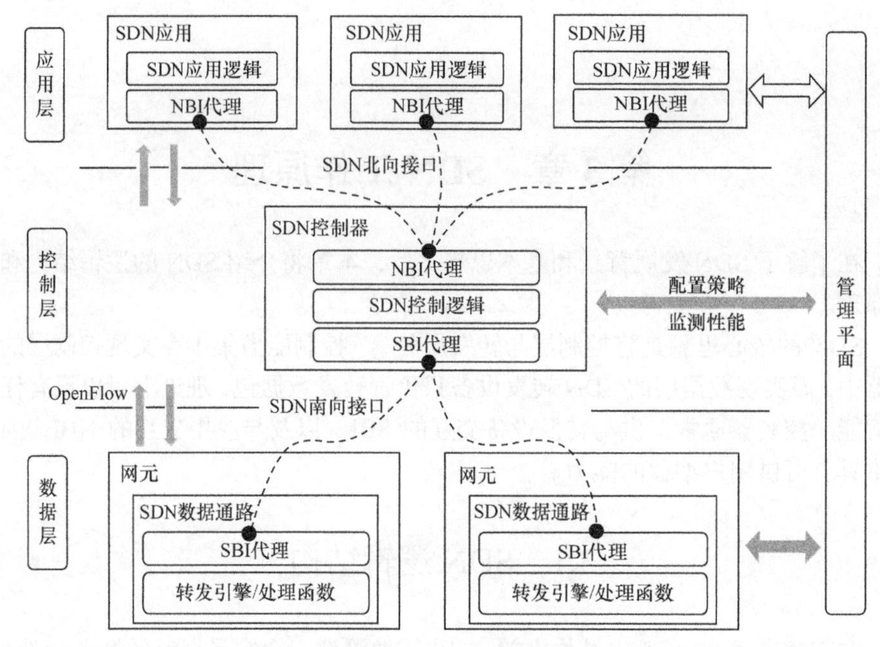

图 3.1　SDN 逻辑结构

首先，SDN 的核心部分是 SDN 控制层。SDN 的智能在逻辑上体现在 SDN 控制层。控制层结构上包括 NBI 代理、SDN 控制逻辑和 SBI 代理。两个代理分别负责与应用层、数据层进行交互。SDN 控制器是实现控制层核心功能的软件。在实际开发中，控制器作为逻辑集中式实体，SDN 定义中并没有规定和限制实现细节，因此留下了足够的研究空间，可以实现多个控制器的联合，控制器的分层连接等。目前市面上有很多控制器可供开发者选择，7.2 节对多个典型的 SDN 开源控制器做了详细的介绍，开发者可根据不同的需求灵活选用不同的控制器。

SBI 用于控制层和数据层的交互，目前使用最多的南向协议是 OpenFlow。作为一个开放的协议，OpenFlow 突破了传统网络设备厂商形成的设备能力接口壁垒。OpenFlow 协议是事实上的标准，NOX、Onix、Floodlight 等开源控制器都支持 OpenFlow 协议。当然，正如本章一开始所说的，SDN 并不是只有 ONF 提出的以 OpenFlow 为核心的这一种解决方案。本书将在 3.3 节介绍更多的南向协议。

SDN NBI 是控制层与应用层的接口。与 SBI 不同，现在 NBI 还没有业界公认的标准，实现方案思路有的从用户角度出发，有的从运营商角度出发，有的从产品能力角度出发，各有不同。

SDN 数据层主要由网络设备(如交换机)组成。这一层主要负责执行控制层下发的转发策略，完成数据包的转发等。SDN 简化了网络设计和运维，也简化了网络设备本身。简单来说，就是它们不再需要了解和处理数千种协议标准，只是接受来自 SDN 控制器的“指令”。数据层的实现可以是支持 OpenFlow 的硬件交换机，随着虚拟化技术的发展，也可以是非硬件交换机，例如 OVS 就是一款基于开源技术实现的具备交换机功能的软件，可以实现 SDN 组网。

应用层是 SDN 结构中最上层的部分，是一系列的应用集合。SDN 应用通过 NBI 与 SDN 控制器交互。SDN 应用程序由一个 SDN 应用程序逻辑、一个或多个 NBI 代理程序组成。开发者可以在应用层开发网络应用，包括网络可视化相关应用，如拓扑结构、网络状态、网络统计等；网络自动化相关应用，如网络配置管理、网络监控、网络故障排除；网络服务策略等用户业务相关应用，如服务链、QoS 等。

管理平面不包含在应用层、控制层和数据层之内，它独立处理静态任务，例如厂商和客户之间的业务关系管理、为客户分配资源、设置物理设备、配置引导、监测性能等。OpenFlow 协议本身是不涉及物理设备配置的，默认交换机已配置完成，因此 ONF 提出 OF-config 协议，用于配置 SDN 交换机，此项工作就是在管理平面完成的，可以实现管理平面与数据层的交互。特别地，应用层与管理平面之间的接口在逻辑上也是存在的，但是并没有被标准化，没有相关的协议标准，在实际开发中也不是关注的重点。

3.2　控　制　层

SDN 结构中的控制层是 SDN 的重要组成部分，相当于 SDN 的大脑。控制器是控制层的具体实现，通过 NBI 向上提供可编程能力，同时通过 SBI 对网络设备进行统一的管理和控制。

SDN 控制层拥有全局网络抽象视图，负责路由计算，控制数据包的转发路径，下发流表到网络设备执行转发，并根据网络拓扑结构或外部服务请求对流表进行微调。控制层集中控制了 SDN 数据传输路径，有利于资源分配和调度。这允许网络以复杂的、精确的、可编程的策略运行，可提高网络资源利用率，提供更高的服务质量保证。控制器一般包括链路发现、拓扑管理、策略制定、流表下发等功能。其中，链路发现和拓扑管理是控制器利用 SBI 的上行通道对底层网络设备上报信息进行统一监控和统计的技术；策略制定和表项下发是控制器利用 SBI 的下行通道对网络设备实施统一控制的技术。

3.2.1　控制层通用核心组件

如图 3.2 所示，SDN 控制层通用模型的功能结构一般包括控制层管理支持与编配组件、应用支撑组件、控制层服务组件、资源抽象组件。控制层理论上包括图中的组件，但在实际开发中，具体结构还是由开发人员视情况而定的，不必拘泥于理论结构。

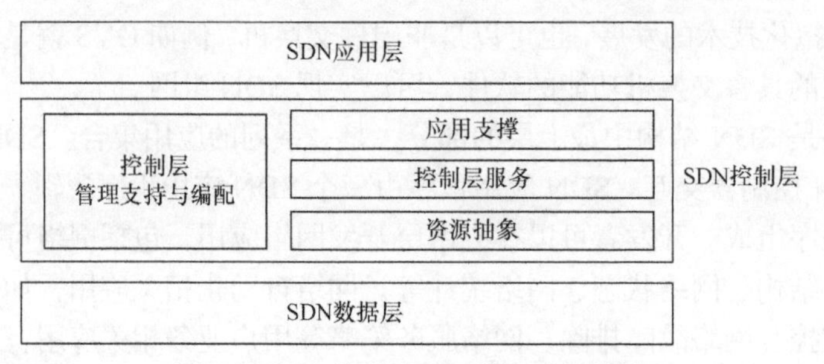

图 3.2　SDN 控制层通用模型功能结构

控制层管理支持与编配组件负责对 SDN 控制层的其他功能组件进行管理和编排。该组件包括实现控制层服务、提供访问端点，以及确保控制层服务组件以正确的顺序进行工作等功能。除此之外，还负责连接不同 SDN 域，进行域间操作。该组件负责建立域间操作所需的通信路径，根据其他 SDN 域的请求，提供并传递连接所需的身份证书。

应用支撑组件是控制层提供给应用层，用于访问网络信息并提供 SDN 控制层执行应用程序请求的接口。该功能组件对信息和数据模型进行抽象，并传递给 SDN 应用层。应用支撑组件包括(但不限于)以下子组件：拓扑库功能组件，该组件存储网络的最新拓扑，以及所有虚拟网络的拓扑(如果存在)；资源分配功能组件，负责分配控制层建立的虚拟网络的抽象资源。

控制层服务组件提供可编程控制的网络管理功能。该组件在所有 SDN 实现中都是强制性存在的基础功能组件，包括控制层的通用功能，如拓扑发现、资源监控和路由计算等。

资源抽象组件隐藏了数据层中不同网络设备的配置和特点，通过资源抽象提取，提供全局网络视图。其主要作用是实现 SDN 数据层网络设备的统一可编程性，提供底层网络资源的信息和数据模型的抽象视图，因此开发人员可以简化程序逻辑，无须详细了解底层网络资源的多种异质技术。

SDN 控制器在逻辑上汇总了网络状态，并将应用程序需求转换为抽象的规则。这并不意味着控制器一定是物理集中的，考虑性能问题，以及可扩展性和可靠性的因素，可以实现物理分布、逻辑集中的 SDN 控制器结构，以便多个物理控制器协作控制网络，为应用程序提供高效稳定的服务。

3.2.2　控制层特性

控制层具有一致性、可用性和容错性等特性，要让各个特性达到平衡的状态是研发人员必须考虑的一个重要问题。

(1) 控制逻辑一致性

前面的章节已经说过，SDN 最重要的一个特性就是将控制逻辑集中在控制层。从理论上说，SDN 控制层的集中保证了网络控制的一致性，因为控制层向上提供全局网络视图，用户可以根据全网视图对网络进行统一的管控。

然而，在实际应用中，大多数情况下网络设备跨地域广泛分布，单台控制器能够支持的网络规模有限，并且控制器与交换机之间的距离过远会导致网络时延高、性能差。分布式控制器能够提升网络的性能和可扩展性，然而分布式控制器可能出现不满足控制面一致性的情况。如果要保证分布式状态下的控制器严格一致，那么网络的性能将大大降低；如果要求控制器保证快速处理请求，那么全局的一致性就很难保证。因此，如何达到性能和一致性的平衡状态，是研究人员需要考虑的。

如图 3.3 所示，由于时延的影响，数据包在交换机 2 安装规则之前已经到达，因此交换机 2 重新将数据包发送到控制器上有可能造成部分数据包在交换机 2 上经历的控制逻辑不一致。

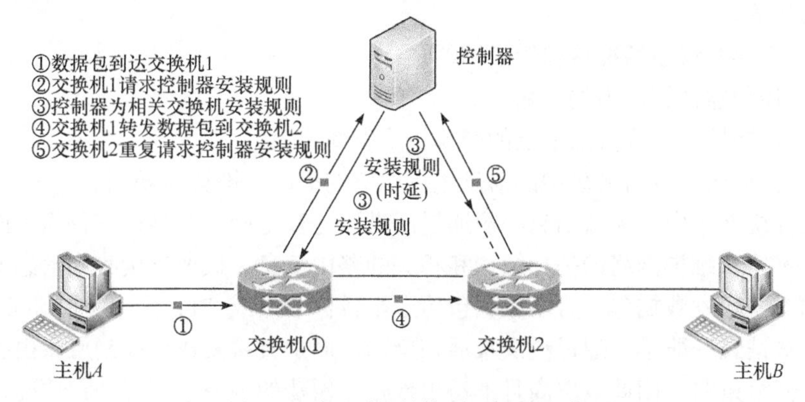

图 3.3 时延引发的控制逻辑不一致

即使不受时延的影响，控制逻辑本身执行的顺序也有可能导致网络进入暂时的中间状态，从而影响控制逻辑的一致性。

(2) 可用性

控制器作为 SDN 的核心处理节点，需要处理来自交换机的大量请求，过重的负载会影响 SDN 的可用性。设计分布式控制器可以在一定程度上解决 SDN 可用性问题，通过对交换机请求进行分布式处理，可以有效地平衡负载，提升整体的可用性。例如，对于层次型控制器结构，控制器可分为局部控制器和全局控制器，由于局部控制器承担了交换机的大部分请求，全局控制器可以为用户提供更好的服务。

然而，分布式控制器结构仍然存在可用性问题。因为交换机和控制器之间的映射是静态配置的，在流量动态变化的情况下很可能导致控制器之间的负载分配不均匀。为了解决这个问题，Dixit 提出一种弹性的分布式控制器结构[4]。该结构采用负载窗口的方式对流量进行动态调整，周期性地检查负载窗口，当负载窗口的总负荷发生改变时，控制器池根据流量情况动态增长或收缩，以适应当前实际需求，保证网络的可用性。

此外，通过减少交换机的请求次数也可以对可用性进行优化。该方法按粒度将数据流分成长流和短流[5]，并在交换机上建立一些特定规则，使数据层能够直接处理短流，控制层仅需要处理长流。一般情况下，长流数量相对非常少，因此可以降低控制器的负载，增强可用性。

(3) 容错性

与传统网络类似，SDN 中仍然存在节点失效或链路失效的问题。不同的是，SDN 控制器必须具有较强的容错能力，能够根据全网信息快速地恢复失效节点。网络节点或链路失效恢复收敛的过程如下。

① 假设网络中有一台交换机出现失效,那么其他交换机通过链路检测可以感知到该故障。

② 交换机将该情况传递给控制器。

③ 控制器计算出新的流路径。

④ 控制器向受到失效影响的交换机下发新流表。

⑤ 交换机对各自流表中的信息进行相应的更改，即更新规则。

在传统网络中，失效信息一般通过泛洪法通知全网。泛洪是一种简单的路由算法，不要求维护网络的拓扑结构和相关的路由信息，仅要求接收到信息的节点以广播方式转发数据包，直至数据包传送至目标节点或 TTL 为 0。在 SDN 结构中，失效信息一般不是通过泛洪来通知全网，而是直接发送给控制层，由控制器来制定恢复策略，因此效率高且不易出现路由振荡的现象。还有一种情况，如果是交换机和控制器之间的链接失效导致无法通信，那么收敛过程将遇到困难。这时可以采用传统网络的 IGP(如 OSPF 协议)通信，并通过泛洪恢复，也可以采用故障转移的方式[6]，同样能够缓解链路失效收敛的时间问题。此外，通过在交换机上安装用于验证拓扑连接性的静态转发规则,可以更好地实现网络故障的快速收敛。

3.2.3 控制器的评价要素

SDN 控制器是整个 SDN 的核心，因此控制器的性能对整体网络性能有直接、显著的影响。文献[7]给出了在选择一个合适的控制器时，在技术层面需要考虑的 10 个方面。

(1) 是否支持 OpenFlow

OpenFlow 是一种业界认可的主流南向协议。绝大多数的控制器都支持

OpenFlow，不同之处是控制器对 OpenFlow 支持的版本，以及支持的程度。大部分控制器都支持 OpenFlow 的 1.0 版本[8]。

支持 OpenFlow 的控制器都应具备一些基本的功能，如 OpenFlow 操作，以及协议特性，如支持 IPv6、组表等。

(2) 网络虚拟化支持程度

SDN 结构的一个重要优点就是较好地支持网络虚拟化。网络虚拟化并不是新提出的概念，早在几十年前就已经有 VLAN 这样的网络虚拟化概念了。SDN 的出现促进了自动化的网络虚拟化技术的发展。

网络虚拟化就是通过软硬件解耦及功能抽象，使网络设备功能不再依赖专用硬件，资源可以充分灵活共享，以便实现新业务的快速开发和部署等。网络虚拟化使面向用户的虚拟网络与物理网络解耦。网络虚拟化带来许多优点，例如能够在不影响现有流量的情况下，对物理网络进行更改操作，如扩容升级等。

SDN 控制器能够在全局信息的基础上做出更优化的网络资源分配决策，进而提高网络利用率，加速服务部署。由此可见，支持网络虚拟化是一个优秀 SDN 控制器所必备的功能。

(3) 支持网络功能的多少

SDN 控制器作为一个网络控制器，支持网络功能的多少是衡量其特性的重要指标。SDN 控制器基于多个数据包头部字段决定路由，并且可以对不同流实施不同的 QoS 策略，还可以不增加复杂的新协议就实现端到端的多路径传输。

(4) 可扩展性

传统的网络是多层次结构，多个二层网络利用三层路由功能进行互连。随着网络流量的剧增，在支持东西向流量时，传统结构的网络不能很好地扩展，因为在端到端路径中至少涉及一个三层网络设备，或者多个三层网络设备。

SDN 结构集中控制的特性能够集中管理网络资源，在需要时添加网络功能，但同时也会带来新的扩展性问题。由于 SDN 控制器的性能有限，特别是在大规模网络情况下时，因此 SDN 控制器的可扩展能力是非常重要的。判断标准一般是 SDN 控制器可以支持的交换机数量。通常来说，基本要求是一个控制器至少可以支持 100 台交换机。

制约 SDN 控制平面可扩展性的主要原因有以下几点。

① 流的细粒度处理需求使控制器需要响应更多的流请求事件。虽然控制器可以通过主动决策机制提前将控制逻辑部署到数据转发单元，减少控制器的处理开销，但控制逻辑的变化通常是动态的，尤其是当网络拓扑改变或者存在移动节点时。在 SDN 网络中，提前安装流表项也会占用大量流表空间，浪费资源。实际上，大部分流的持续时间是很短的。

② 随着接入控制、负载均衡、资源迁移等新型应用需求逐渐增加到控制平面

当中，控制器需要对日趋复杂的管控功能进行有效的整合，这进一步增加了控制平面的处理负担。

③ 传统分布式网络设备仅根据局部的、静态的路由信息实现路由转发，而SDN控制器需要维护全局的网络状态信息，这也使控制平面的可扩展性不但需要考虑性能的需求，而且要考虑网络状态的一致性。

④ 在网络规模增大、数据平面转发设备数量增加的情况下，单控制器设备可能难以支持网络的扩展。

(5) 性能

SDN控制器最重要的一个功能是为交换机建立流表项，因此评价SDN控制器的两个关键性能指标是建立流表项的时延和控制器每秒可建立的流表项数量。在部署SDN的时候，必须考虑交换机的数量，当交换机产生的新流数量超过现有SDN控制器能处理的最大数目时，SDN控制器的性能会受到严重影响，出现因为等待流表项时间过长而连接中断等情况。出现这种情况后，应增加控制器的数量，使分摊到每个控制器的流在控制器能承担的最大数目以内。

流表项可以通过主动和被动方式进行设置。控制器通过主动设置的方式下发流表项的情况发生在数据包到达SDN交换机之前，因此当第一个数据包到达交换机时，交换机已经知道如何处理数据包，从而可以忽略建立流表项的延迟，这种方式对控制器每秒可建立的流表项数量没有真正的限制。理想情况下，SDN控制器会尽可能地预先下发流表，保证网络正常运行。被动方式下，当交换机接收到与流表项不匹配的数据包时，交换机通过Packet_In消息上报到控制器，并将数据包发送到控制器进行处理。控制器触发被动下发处理逻辑，决定如何处理流并下发流表项。

流表项下发时延是从交换机向SDN控制器发送Packet_In消息至交换机接收到SDN控制器返回Packet_Out消息所需时间的总和，包括SDN控制器的处理时延和双向传输时延。影响处理时延的关键因素包括控制器的处理能力、I/O性能，以及不同编程语言编写的程序运行速度等。由此可见，控制器的性能受多方面因素的影响。

(6) 网络可编程

在传统的IT环境中，配置网络是以设备为单位逐个进行的。这种方法非常耗时且容易出错。此外，这种方法是静态的，静态配置不会随实际网络条件的改变而改变。SDN的关键特征在于控制器的可编程性，通过控制器的网络可编程能力，可以实现更加智能的网络管理，进行实时(相对于静态来说)、动态的网络配置和管理。

SDN网络可编程的典型应用之一是流量重定向。例如，出于安全原因，企业会选择让进入内网的外部流量通过防火墙。为了降低防火墙压力，干净的流量最好不占用防火墙资源，只将不可信的流量定向到防火墙设备，但流量的特征都是动态变化的，因此这样的操作在传统的网络环境中通过静态调度是很难完成的。在 SDN 中，控制器的可编程性则可以实现流量的动态调度，完成流量的动态配置和管理。

SDN 控制器实现可编程性的另一个体现是 NBI。NBI 使 SDN 应用程序能够动态操作交换机，执行如通过最优路径转发数据包等任务，或者基于可用带宽或其他因素改变 QoS 参数设置。这些 SDN 应用还包括传统的网络服务，如防火墙和负载均衡，以及云中心编排系统，如 OpenStack 等。

(7) 可靠性

SDN 控制器可以用来增强整个网络结构的可靠性。如果 SDN 控制器在源主机和目的主机之间建立了多路径传输，那么网络的可靠性不会受到单条链路中断的影响；如果 SDN 控制器仅设置从源主机到目的主机的单条路径，在遇到链路故障时，控制器必须能够快速计算出备份路径，保障网络的可靠性。因此，控制器应该支持旨在提高网络可靠性的技术和设计方案。

就控制器本身的可靠性而言，最容易出现问题的是控制平面单点故障，发生这样的问题会使全网瘫痪。为了提高控制平面的可靠性，充分利用硬件和软件冗余功能来构建控制器至关重要。此外，有时候控制器启用集群的手段也是必要的。例如，将两个或更多 SDN 控制器集群进行热备份，可提高可靠性、可扩展性和性能。

(8) 网络安全性

为了提供网络安全，SDN 控制器必须能够支持企业级的认证和授权。此外，网络管理员必须能锁定关键的流量(如控制流量)，监控 SDN 控制流量，以保证安全。

SDN 控制器还应该有实现动态智能 ACL 的能力，确保共享网络结构每个用户的数据流量与所有其他用户的流量完全隔离。另外，由于 SDN 控制器是恶意攻击的常选对象，因此 SDN 控制器需要能够对控制信息进行速率限制、检测攻击，及时向网络管理员发出警报，提高网络的安全性。

(9) 集中监控和可视化

就传统网络而言，大多数情况下，在应用程序性能下降、网络发生故障的时候，最先发现故障的人往往是用户，而不是网络管理人员。主要原因是，网络管理人员缺乏端到端网络流量的可视化手段，无法及时发现问题。可视化的网络监控技术也各有长短，例如 sFlow 就是一种广泛使用的可视化流量监控技术。sFlow 的问题是只关注少量特征进行采样监控。随着网络速率的增加，采样率通常会相对降低，无法提供应用程序所需的流量特征。

传统网络实现可视化是很困难的。在多个虚拟网络运行在物理网络之上的环境中，可视化的重要性和难度都会增加。在这种情况下，SDN 控制器的全局网络信息掌控能力显得尤为重要，可以对物理网络上运行的多个虚拟网络进行可视化展示。

(10) 控制器支撑团队

随着 SDN 的快速发展，大量的企业和组织进入这个领域。由于 SDN 市场总体未稳定，评价 SDN 控制器不仅需要关注控制器的技术属性，还需要考虑控制器背后提供服务支撑的团队。控制器支撑团队的整体实力、支撑项目的财力和技术资源等因素在很大程度上决定了该控制器的生命力。

3.3 南向接口

SDN 结构的核心特点在于控制面和数据面分离(即转控分离)。SBI 就是实现控制面和数据面之间交互、通信的接口，用于控制器集中控制数据平面的数据转发、从网络设备收集拓扑信息、网络设备接收控制器下发的控制消息等。由此可见，SBI 控制协议是 SDN 结构中至关重要的接口标准。根据南向协议的应用范围，SDN 南向协议可分为狭义 SDN 南向协议和广义 SDN 南向协议两大类[9-11]。

狭义 SDN 南向协议是指与 SDN 相辅相成，基于 SDN 结构制定的接口通信协议，典型的有 OpenFlow 协议。OpenFlow 协议可以通过下发流表项对数据平面设备的网络数据处理逻辑进行编程，从而实现可软件定义的网络。

广义南向协议指狭义南向协议外，本来就存在的管控分离网络协议。其应用范围很广，不限于应用在 SDN 控制平面和数据平面之间传输控制信令的协议。广义南向协议的代表有 PCEP。PCEP 并不是专门为 SDN 设计的，而是之前就提出的网络协议，由于转控分离的思想在一定程度上的一致，因此可以被应用在 SDN 框架中。PCEP 最初被广泛用于 TE 领域，在 SDN 出现以后，又经常被应用在 SDN 框架中。

(1) OpenFlow

OpenFlow 最初提出的目的是便于在校园网中进行网络实验，使用 OpenFlow 创建一个软件可控网络模型，可灵活控制数据包的转发。后来，研究人员使用 OpenFlow 实现了一个独立的软件可控网络，这对 SDN 的发展是一个重大推动。

OpenFlow 协议是目前较为成熟的 SBI 协议，由 ONF 独立提出。其他的一些标准化组织和厂商也推出了相应的 SBI 协议，再加上某些原有的网络协议和 SDN 结构思想有一定的契合度。这些新旧协议都属于广义上的 SBI 协议。本节将选择其中几个典型的协议进行介绍，并分析它们和 OpenFlow 协议的区别。

(2) PCEP

PCEP 是由 IETF 成立的 PCE 工作组[12]制定的 PCE 和 PCC 之间通信交互的

协议。主要用于 MPLS 和 GMPLS 流量工程复杂约束条件下的路由计算问题。PCE 是网络中专门负责路由计算的功能实体，基于已知的网络拓扑结构和约束条件，根据 PCC 的请求计算出一条满足约束条件的最佳路由。PCE 可以位于网络的任何地方，集成在网络设备内部，如集成在 LSR 内部，或者集成在运营支撑系统内部，也可以是一个独立的设备。PCC 向 PCE 提交路由计算请求并获得路由计算结果。PCC 可以是 MPLS/GMPLS 网络中的 LSR 或者 NMS。

回顾 PCEP 的发展道路[12]。2006 年发布的 RFC4655 描述了如何基于 PCE 体系结构计算 MPLS/GMPLS 的 LSP。该模型从 PCC 中分离出 PCE，并允许 PCE 之间合作，这就需要 PCC 和 PCE 之间，以及 PCE 之间的通信协议。随后在 RFC4657 指出这种协议的一般要求，包括在 PCC 和 PCE 之间，以及 PCE 之间使用相同的协议。RFC4657 不包括其他应用特定的要求(如区域间、AS 间等场景)。这些应用特定要求的例子体现在 RFC4927 和 RFC5376 中。RFC5440 规定了 PCC 和 PCE 之间或两个 PCE 之间通信的协议 PCEP。这种交互包括路由计算请求和路由计算响应，以及在 MPLS 和 GMPLS 流量工程环境中使用 PCE 有关的特定状态的通知。之后，PCE 工作组于 2016 年 6 月发布更新 RFC7896，2017 年 10 月发布 RFC8253 勘误。

传统的网络厂商提出控制平面型 SDN[13]，关注现有的 IP/MPLS RIP 的可编程性。假定现有的分布式控制网络已经具备对设备表项的编程，优化或简化网络操作。只将很少一部分控制平面(如路由计算/LSP)拿到外部，由于只对控制平面做调整，因此称为控制平面型 SDN。

PCE 结构的基本思想是将路由功能从控制平面中独立出来，在专用组件上完成路径计算和选择。PCE 的体系结构十分灵活，IETF RFC4655 中给出了以下几种 PCE 结构。

① 复合 PCE。在 LSR 中实现 PCE 功能。

② 外部 PCE。外部 PCE 独立于网络设备。源节点收到服务请求后，向外部 PCE 请求一条路由，待外部 PCE 返回路由计算结果后，源节点再通过信令协议建立业务。

③ 多 PCE。多个 PCE 协作进行路由计算。一个 PCE 只返回部分路由，中间节点继续向下一个 PCE 发起剩余路由计算请求。

④ 具有 PCE 间通信的多 PCE 路径计算。通过引入 PCE 间的通信与合作，一个 PCE 能够请求其他 PCE 帮助实现路径计算。

PCEP 建立在 TCP 的可靠通信和流量控制基础上，用于 PCE 与 PCC，以及 PCE 与 PCE 之间的通信。PCE 结构如图 3.4 所示。其中，基于流量工程扩展的资源预留协议(Resource Reservation Protocol-Traffic Engineering，RSVP-TE)作为 RSVP 的一个补充协议，用于为 MPLS 网络建立 LSP，支持无论有无资源预留均明确传送 LSP 的实例。

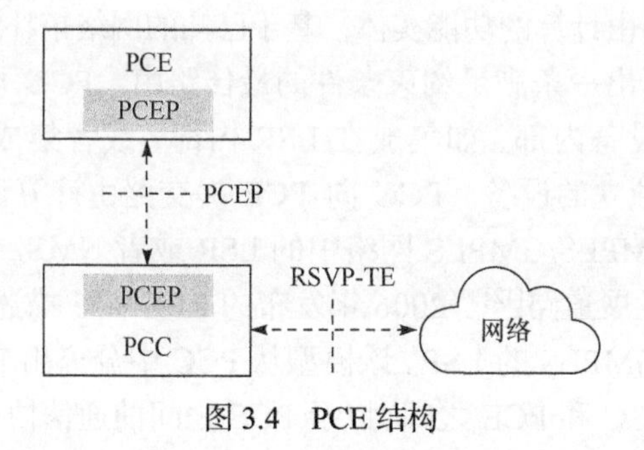

图 3.4　PCE 结构

PCEP 消息类型如表 3.1 所示。

表 3.1　PCEP 消息类型

消息	作用
Open、Keepalive	用于创建和维持 PCEP 会话
PCReq	PCC 向 PCE 发送的路径计算请求，包括路径的源地址和目的地址；带宽和 QoS 参数；使用或者避免使用的资源；需要的不相交路径数量，以及是否能接受准不相交路径；链路资源的弹性、可靠性和健壮性等信息
PCRep	PCE 向 PCC 发送的路径计算响应，包括积极响应（一个或多个可行路径）；计算失败（返回错误原因）以及约束修改建议
PCNtf	PCC 与 PCE 之间的双向事件确认消息
PCErr	错误事件消息
Close	关闭 PCEP 会话

与 OpenFlow 相比，PCEP 完善的东西向接口可以支持多个 PCE 协同工作，缓解集中控制的单点压力；PCEP 允许运营商或设备厂商使用不同的路由算法，基于复杂的参数和策略计算路由，允许 PCE 向 PCC 发送多条路径作为对请求的应答，可实现流量的按需调度，提高系统的容灾性。在现有 SDN 结构中，PCEP 作为 SBI 协议，一般承担 SDN 控制器的路径计算补充功能，可以与其他 SDN 技术结合起来构成一个复合功能的 SDN 结构。

(3) ForCES

ForCES[14,15]的基本思想是把 IP 路由器的转发和控制功能分离，让 CE 独立成为控制平面。2001 年，IETF ForCES 工作组成立。该工作组致力于 ForCES 协议等相关标准的制定和更新。2004 年，ForCES 协议设计组成立。2010 年 3 月，IETF 发布 ForCES 标准文档 RFC5810，2014 年 10 月该文档被 RFC7121 和 RFC7391 取代。

ForCES 协议是 FE 与 CE 之间的标准通信协议，以开放可编程理论为基础，具备转发与控制分离的特性，可以作为实现 SDN 的一种手段。

ForCES 是针对一般网络设备提出控制面-转发面分离的基本结构，其目标是定义一个框架和相关的协议。ForCES 协议定义了控制平面和转发平面之间通信的体系结构，以及控制平面和转发平面之间的信息交换的规范，控制平面通过 ForCES 协议完成对转发平面的控制和管理操作。

ForCES 协议体系结构框架如图 3.5 所示。以一个 ForCES 的 NE 为例，一个 NE 由多个 FE 和 CE 组成。FE 负责每个数据包的处理，并由 CE 指示如何处理数据包。一个 CE 可以控制多个 FE，同时一个 FE 也可以由多个 CE 控制。每个 FE 包含一个或者多个物理介质接口 Fi/f。该接口用来接收从 NE 外部来的数据包或者将数据包传输到其他的 NE。这些 FE 接口的集合就是 NE 的外部接口。在 NE 外部还有两个辅助实体，即 CE 管理器和 FE 管理器，它们用于在配置阶段对相应的 CE 和 FE 进行配置。图中，Fp 为 CE 和 FE 间的接口(通信过程由 ForCES 的标准协议完成)，其间可以经过一跳或多跳网络实现。Fi 表示 FE 间的接口，Fr 表示 CE 间的接口，Fe 表示 CE 管理器和 CE 间的接口，Ff 表示 FE 管理器和 FE 间的接口，Fl 表示 CE 管理器和 FE 管理器之间的接口。

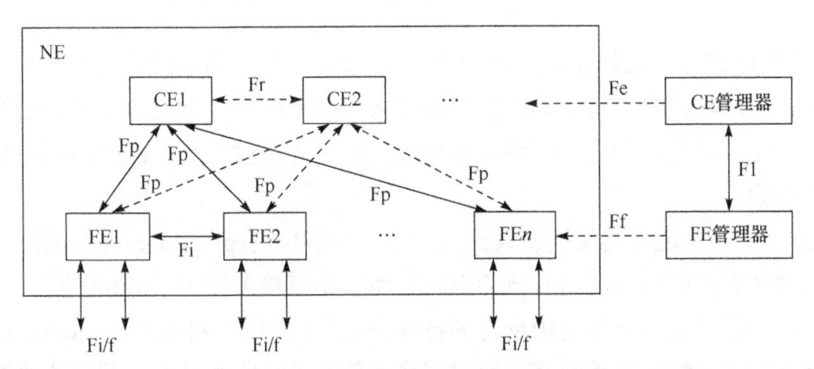

图 3.5 ForCES 协议体系结构框架

OpenFlow 和 ForCES 的对比如表 3.2 所示。它们在如下方面存在差异。

表 3.2 OpenFlow 和 ForCES 的对比

项目	OpenFlow	ForCES
设计目标	实施 SDN	转发和控制分离
基本结构	网络设备和结构都有改变	等同于传统路由器
转发模型	流表	逻辑功能模块
接口协议	OpenFlow、OF-config 协议	ForCES PL、TML

总体而言，ForCES 将传统网络设备中的 CE 和 FE 分开，并提供了很好的模块化能力，在厂商层面的扩展性是非常好的。ForCES 将控制平面和转发平面仍然封闭在同一网络设备中，并没有体现 SDN 控制平面集中的概念。

(4) I2RS

2016 年 6 月，IETF 正式通过关于 I2RS 结构模型的标准文档 RFC7922，并于 2017 年 9 月先后发布了关于 I2RS[16-19]的安全问题和详细需求的标准文档 RFC8241 和 RFC8242。

SDN 强调包括路由协议在内的上层逻辑都要运行在集中式的控制器上。这与传统的分布式路由协议不可避免地存在矛盾，因此 I2RS 的设计出发点是不抛开传统网络设备，而是最大限度地保留传统路由技术。基于原有设备，所有路由器都开放一个接口，用客户端进行管理，实现可编程能力。

I2RS 的核心思想是在传统网络的路由及转发设备上定义开放接口，使外部应用或控制实体可读取转发设备的状态，从而可基于拓扑变化、流量统计等信息动态下发路由、策略到转发设备上，以实现网络的可编程能力。I2RS 沿用了传统网络设备中的路由、转发等结构与功能，并在此基础上进行功能的扩展与丰富。

通过 I2RS 控制器或网络管理系统，可以完成对路由系统的实时或事件驱动的交互，可以将信息、策略和操作参数注入路由系统中，也可以从路由系统中读取这些数据，从而在现有的网络配置管理功能之外提供更强大的实时可编程的网络配置能力。

I2RS 主张在现有网络层协议的基础上，增加插件(plug-in)，并在网络与应用层之间增加客户端进行能力开放的封装，而不是直接采用 OpenFlow 进行能力开放。其目的是尽量保留和重用现有的各种路由协议和 IP 网络技术。I2RS 的路由系统需要发布网络拓扑和状态，通过网络元数据进行路由计算，并将相关结果传递给各设备的控制平面。I2RS 接口的使用者可能是管理应用、网络控制器，也可能是需要对网络定制的用户应用。

如图 3.6 所示，应用程序通过 I2RS 客户端访问 I2RS 服务。单个 I2RS 客户端可以提供一个或多个应用程序对 I2RS 服务的访问。

图中还显示了与路由系统相关的数据模型的逻辑视图，而不是功能视图(RIB、FIB、拓扑、策略、路由/信令协议等)。客户端 *A* 和客户端 *B* 分别为应用程序 *A* 和应用程序 *B* 提供访问，而客户端 *P* 为多个应用程序提供访问。

应用程序 *A*、*B* 通过本地客户端访问 I2RS 服务，而应用程序 *C*、*D*、*E* 通过远程客户端访问 I2RS 服务。I2RS 客户端可以访问一个或多个 I2RS 代理。客户端

B、*P* 访问 I2RS 代理 1、2。同样，I2RS 代理可以向一个或多个客户端提供服务。I2RS 代理 1 向客户端 *A*、*B*、*P* 提供服务，而代理 2 仅向客户端 *B*、*P* 提供服务。I2RS 代理和客户端使用异步协议通信。因此，单个客户端可以将多个请求同时发布到单个代理或多个代理。此外，代理可以同时处理来自单个客户端或多个客户端的多个请求。

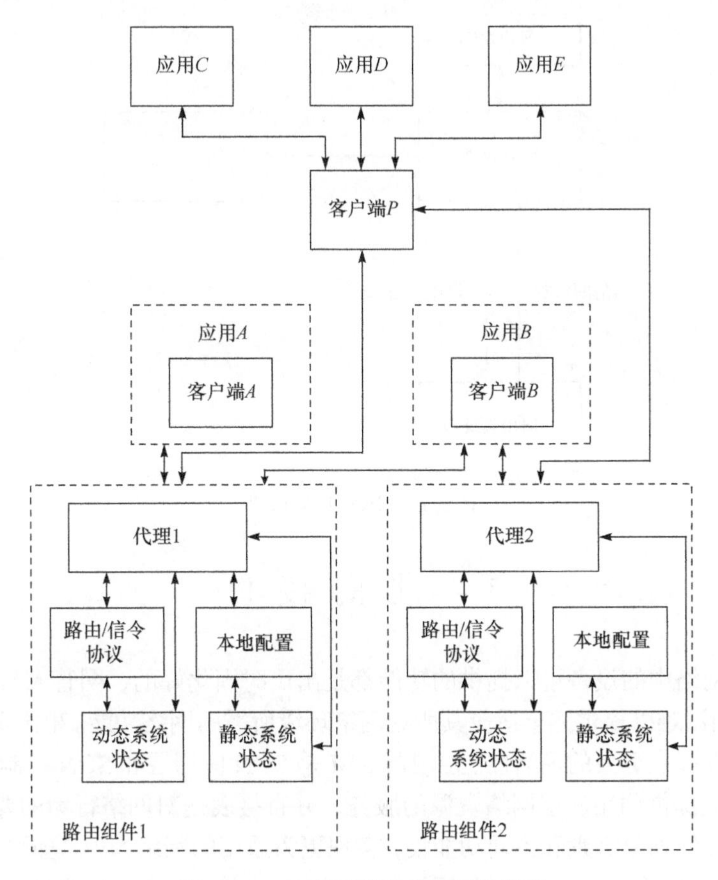

图 3.6 I2RS 客户端与代理结构模型

如图 3.7 所示，I2RS 采用客户端/代理模式实现外部应用与网络设备路由系统的通信，提供标准的数据模型和语义。网络应用通过 I2RS 客户端与 I2RS 代理交互，获取路由及转发系统信息，修改路由系统状态。I2RS 代理运行在网络设备上，对外提供路由系统支持的 I2RS 服务。I2RS 客户端分为本地客户端和远程客户端，本地客户端与路由系统在相同的物理设备上运行，而远程客户端以应用的形式存在，在网络上运行。

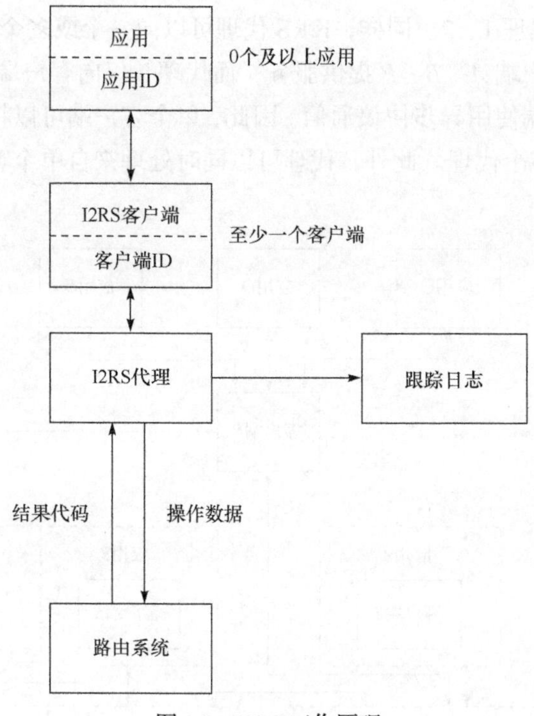

图 3.7　I2RS 工作原理

3.4　北向接口

传统网络中的设备可以提供的功能都是出厂时固化好的，网管人员只能选择用或者不用，难以提供完全适应其所处网络环境所需的网络功能。相比之下，SDN 可为开发者提供更大的灵活性。控制器 NBI 是 SDN 应用层和 SDN 控制器之间的接口，向上提供调用底层网络资源的服务，并直接表达对网络行为的要求。NBI 可以支持任何抽象级别和不同功能集，实现更为通用的网络物理/逻辑抽象，如拓扑视图、虚拟化网络切片、链路/网络层管理信息库接口，以 API 形式提供强大的二次开发功能。

SDN NBI 可以确保控制器及其以下部分作为网络驱动供上层 SDN 应用调用。其基础是网络抽象和网络虚拟化。网络抽象可提供物理网络视图、虚拟网络叠加视图、指定域抽象视图、基本连接视图，以及 QoS 相关连接视图等。网络虚拟化可提供隧道流量处理，以及叠加网络启/停等。另外，NBI 还可以实现基础的网络功能，如路由计算、环路检测、安全等，同时向编排系统提供网络管理的功能。

(1) ONF NBI

2013 年 10 月，ONF 成立 SDN NBI 工作小组(Northbound Interface Working

Group，NBI-WG)，旨在加速 NBI 的标准化，推进 SDN 的商用。统一 NBI 需要考虑的因素非常多。首先，这套 API 对于转发设备必须具有良好的稳定性，对于控制器必须具有很强的可扩展性，对于应用开发必须具有灵活性和敏捷性。其次，标准化的 NBI 必须具备底层无关性。这就意味着这套 API 的设计需要适应包括 OpenFlow 在内的各种南向协议，兼容不同厂商设备的底层差异，并在一致性的基础上允许不同控制器间的差异化。最后，这套 API 中的各个接口必须具有简洁明了的功能，接口间的层次必须非常清晰，允许传统网络工程师在不了解 SDN 底层实现的情况下使用网络各个层次的可编程能力。

NBI 通常设计为具有一定的层次结构。最底层为控制器收发信令的基础能力。信令可以是 OpenFlow 消息，也可以是其他的 SBI 协议。往上面一层是自验证能力、开发所用的编程语言。再向上一层是设备的抽象层。这三层提供了网络转发设备级的编程接口。网络切片、拓扑生成、路径发现、路由与交换等提供了网络路由设备级的编程接口。其余部分则提供更高层的业务逻辑，如服务链、QoS 等。这种结构的设计目标是提供一套层次清晰、功能完善的 NBI，但是结构的复杂性大大增加了设计的难度。这部分工作目前仍未得到完善。

(2) 其他 NBI

Cisco 公司推出的 OnePK(one platform kit)开发平台，提供了一套完整的可编程环境，如图 3.8 所示。OnePK 提供了一套通用的编程接口 OnePK API。上层应用可以基于这套 API 使用不同的高级语言进行开发，并通过 OnePK API 基础结构实现上层 API 和底层 NOS 之间的适配和代理。作为从传统网络到 SDN 的过渡性解决方案，OnePK 的可编程能力可跨越传统的 Cisco IOS、Cisco NXOS、Cisco IOS XR 交换机操作系统。

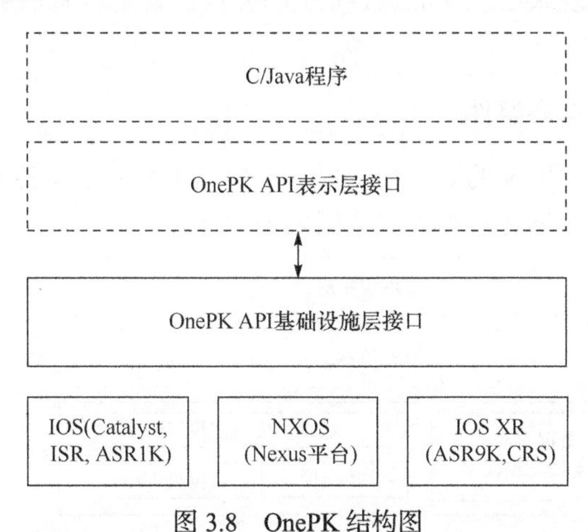

图 3.8　OnePK 结构图

目前，SDN NBI 的发展现状仍不甚明朗。市场上控制器的种类五花八门，还没有一个统一的 NBI 标准，因此研发效率受到了影响。毫无疑问，SDN 未来大规模商用离不开 NBI 的标准化。

从实现风格上讲，REST API 以其灵活易用性在 SDN NBI 设计中得到广泛的应用。REST 定义了一组体系结构原则，开发者可以根据这些原则设计以系统资源为中心的 Web 服务。REST 在 SDN NBI 的设计中，可将控制器基本功能模块和网络设备都看作网络资源，对其进行标识，通过增删查改的方法操作相应资源的数据。很多控制器都使用 REST API，向用户提供这种通过 Web 对 SDN 进行管理和设计的方式。

3.5 数 据 层

SDN 的体系结构强调通过软件控制网络，复杂的控制功能被统一提升至控制层，由控制器集中实现。网络设备简化，完成转发工作即可，并通过 SBI 与 SDN 控制器交互。

传统网络设备的控制面和数据面在物理上是紧密耦合的，分布在各个单独的交换/路由设备中，并且只支持预定的网络标准协议，用户很难动态部署新的、个性化的网络策略。再加上各厂商的设备接口均对外封闭，用户无法自行管理和调用网络设备功能，在使用厂商设备时不得不同时依赖其软件和服务，因此网络缺乏足够的灵活性。与传统网络技术不同，SDN 将交换设备的数据平面和控制平面完全解耦，对所有数据包的控制策略由远端控制器通过 SBI 协议下发。这样可以大大提高网络管控的效率。交换设备只保留数据面，专注数据包的高速转发，还可以降低交换设备的复杂度。因此，SDN 中的交换设备不再有二层交换机、路由器、三层交换机之分。

3.5.1 数据层通用核心组件

如图 3.9 所示，SDN 的数据面主要包括数据平面管理支持与编配组件、数据层控制支撑组件、数据传输组件和数据处理组件。

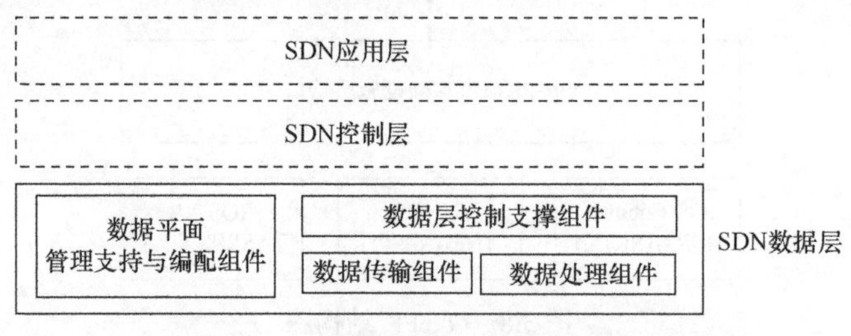

图 3.9　SDN 数据层通用模型功能结构

数据平面管理支持与编配组件提供资源描述，包括供应商信息、软件版本及系统状态，如 CPU 负载、随机存储器使用情况等。该组件还提供所有数据层组件的生命周期管理。

数据层控制支撑组件负责与控制层交互，提供从网络资源(交换机等)抽象出的数据模型。在底层技术支持资源抽象的情况下，该组件本身可以提供资源抽象能力。该组件是可编程的，可以更新或修改数据传输和数据处理功能组件。例如，可以添加新协议或新的一组接口规范，以增强数据传输和数据处理功能组件的功能。

数据传输组件提供数据转发功能。数据转发功能处理输入数据流，利用控制层策略计算和建立的数据转发路径转发数据。数据转发功能是可扩展的。

数据处理组件提供检查和操纵数据的功能。数据处理功能能够改变数据包的格式和有效载荷。数据处理功能是可扩展的，包括增强现有数据处理能力，提供新数据的处理能力。

3.5.2　交换机设计与转发策略

在 SDN 中，具体的数据转发方式有硬件和软件两种。对于硬件转发方式，具有速度快、成本低和功耗小等优点。一般来说，交换机芯片的处理速度比 CPU 处理速度快两个数量级，这样的性能差异将持续很长时间。在灵活性方面，硬件方式远低于依靠 CPU 等可编程器件实现的软件转发方式。如何设计交换机，做到既保证硬件的转发效率，同时还能确保转发规则的灵活性，是目前研究的热点问题。

为了解决硬件方式中数据层的转发规则匹配严格和动作集元素数量太少等限制性问题，Bosshart 等针对数据平面转发提出 RMT 模型[20]。该模型可以实现可重新配置的流表，允许在流水线阶段（流表匹配）支持任意宽度和深度的流表匹配。重新配置数据层涉及 4 个方面，即允许任意替换或增加域定义；允许指定流表的数量、拓扑、宽度和深度，该指定受限于芯片的整体资源状态(如芯片内存大小等)；允许创建新动作；允许将数据包放到任意队列中，并指定发送端口。

数据层的研究主要围绕交换机设计和转发策略设计两个方面展开。交换机设计时应考虑可扩展、快速转发两个原则，确保灵活、快速地进行数据流的转发。转发策略设计的目的在于确保策略更新时的一致性。

在交换机设计方面，基于硬实现的方式转发速率快，但是存在转发策略匹配过于严格、动作集元素数量太少等问题。因此，如何使交换机在达到一定转发速率的同时保持一定的灵活性，是交换机设计的关键挑战之一。

SDN 交换机策略一致性是另一个关键问题[21]。例如，由管理人员手动进行更新容易造成失误，导致转发策略不一致。即使没有失误，若网络中部分交换机的转发策略已更新，而部分交换机的转发策略尚未更新，也会导致转发策略的不一致。此外，网络节点失效也会造成转发策略的不一致。

将较低层次的配置抽象为较高层次的管理方式是解决这个问题的方式之一[22]。该方式有两个步骤：第一步，在有更新策略需求时，控制器处理已完成旧策略下数据流处理任务的对应交换机的更新；第二步，若所有交换机策略更新都已完成，则视为更新策略成功，否则更新策略失败。基于这种处理方式，新策略对应数据的处理要等到旧策略数据处理完毕再进行。该处理方式的使用前提是，支持以标签化的方式对要转发的数据进行预处理，以此来标识新策略、旧策略的版本号。更新策略时，交换机首先通过检查数据的标签确认策略的版本号，当数据转发出去时，需要将数据的标签去掉。

3.5.3 Open vSwitch

如前所述，SDN 可以使用软件转发的方式。Open vSwitch，即 OVS 是一款开源虚拟交换机软件，遵循 Apache 开源协议。OVS 支持所有主流虚拟化平台，被集成在很多虚拟化管理系统中。OVS 的主要功能如表 3.3 所示。

表 3.3 OVS 的主要功能

编号	功能
1	支持 NetFlow 和 sFlow 流量分析监测技术、IP 数据流信息输出(IP flow information export，IPFIX)、交换机端口分析器(switched port analyzer，SPAN)、远程交换机端口分析器(remote switched port analyzer，RSPAN)、监视虚拟机之间的通信
2	支持 LACP(IEEE 802.1AX-2008)
3	支持标准 IEEE 802.1Q VLAN Trunk
4	支持 STP(IEEE 802.1D-1998)
5	支持细粒度 QoS 控制
6	可按虚拟机接口分配流量，定制策略
7	支持绑定网卡、基于源 MAC 地址负载均衡，支持主动备份
8	支持 OpenFlow 协议 1.0 以上的众多扩展
9	支持 IPv6
10	支持多种隧道协议(GRE 协议、VxLAN、IPSec、基于 IPSec 的 GRE 协议和 VxLAN)
11	支持与 C 和 Python 绑定的远程配置协议
12	内核模式和用户空间模式可选
13	支持拥有流缓存的多流表转发
14	支持转发抽象层来简化移植到新的软件和硬件平台的过程

OVS 具有四大特性。

① 网络安全方面：支持 VLAN 隔离、流量过滤。

② 网络监测方面：支持 NetFlow、sFlow、SPAN、RSPAN。

③ 服务质量 QoS：支持流量队列化、流量整形。

④ 自动控制方面：支持 OpenFlow 协议、OVSDB 管理协议。

OVS 工作原理如图 3.10 所示。OVS 主要应用在虚拟环境，为虚拟机提供桥接功能，其工作原理与物理交换机类似。虚拟交换机外联物理网卡，内联虚拟机的虚拟网卡，连接形式常用虚拟链路。虚拟交换机内部维持一张自学习映射表，把虚拟网卡的 MAC 与虚拟链路对应起来。当收到数据包时，就从目的 MAC 对应的虚拟链路转发出去。与这一经典转发模型不同，支持 OpenFlow 协议的 OVS 内部维持的转发表是流表。流表项包含二层（数据链路层）信息、三层网络层信息、四层传输控制层信息，以及操作指令集合。

处理也是按照流表项的优先级依次匹配数据包，匹配成功则执行操作指令，否则采取默认处理，或丢弃数据包，或以 Packet_In 消息上报控制器。

OVS 还能够通过物理网卡将来自虚拟机的数据包发往外部主机或外部虚拟机，从而满足位于不同宿主机的虚拟机之间的组网需求。

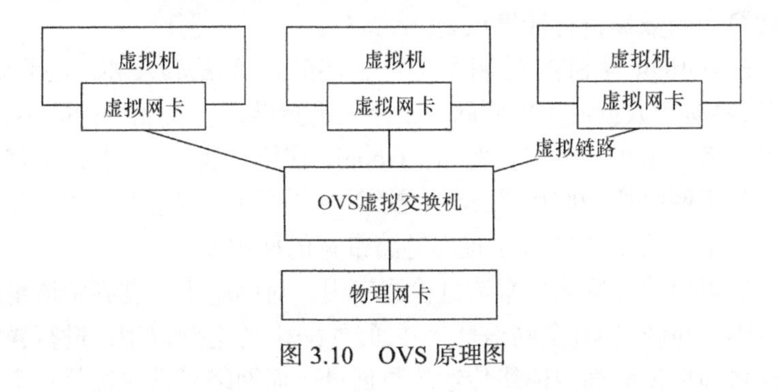

图 3.10　OVS 原理图

3.6 应　用　层

SDN 应用层是 SDN 三层结构中的最上层，部署定义网络行为的应用程序和服务，包括与网络业务相关的管理、编排、安全等应用，以及根据用户需求定制的具有其他指定功能的网络业务应用。通常，直接、主要支持转发平面的功能(如控制平面内的路由进程)不包括在应用层中。

提到应用层，大家会想到传统网络 OSI 七层模型的应用层，它是和 SDN 结构中的应用层完全不同的概念。OSI 模型中的应用层主要部署面向用户的应用，由若干个面向用户的应用层协议组成，包括 FTP、HTTP、Telnet、SMTP、互联网中继会话(Internet relay chat，IRC)、网络新闻传输协议(Net News Transfer Protocol，NNTP)等。

SDN 应用层主要实现 SDN 应用对网络的控制。该层由若干个 SDN 应用构成，应用通过 NBI 与控制层交互，将需要请求的网络行为提交给控制器。

SDN 对复杂网络抽象以后，通过开发 NBI 带来网络可编程的特性，由此带来应用开发和自动化网络编排的能力。

目前，业界对 SDN 的关注点主要集中在控制器和数据转发实现上，对 SDN 应用层的研究相对较少，并没有相关的标准文档限定 SDN 应用的开发范围。

SDN 应用是个开放区域，等同于在操作系统上开发应用，包括网络的可视化、拓扑结构、网络状态、网络统计等，以及网络自动化相关应用(网络配置管理、网络监控、网络故障排除、网络安全策略等)。

例如，可以通过编写一个流量调优应用，基于当前网络负载情况进行自动的、精确的流量调整，并根据用户的需求对网络进行动态调度。网络中流量调度的过程是控制器通过 SBI 获取全网拓扑信息，并通过 NBI 提供给流量调优应用；应用根据拓扑信息和用户自定义需求为业务应用计算路由，并通过 NBI 将路由计算结果提交控制器；控制器通过 SBI 向设备下发相关配置；路由（交换）节点按照相应配置对网络中的数据进行转发控制。

目前，Floodlight 等 SDN 控制器均采用 Dijkstra 算法转发和控制数据。然而，Dijkstra 算法容易使数据流集中到同一条路径进行转发，从而产生网络拥塞。研究人员不断推出新方案进行改进。例如，Google 在第二届 ONF 会议上宣布其已经在数据中心骨干网络成功应用了 SDN 技术[23]，通过在网络上应用优先级流量调度，使用基于哈希的 ECMP 算法提高链路带宽的使用率。

另外，还可以编写网络异常流量检测应用，对网络中出现异常流量的情况进行检测。SDN 控制器拥有全网信息，并通过 NBI 传递到应用，进行异常流量检测。网络流量即单位时间内网络传输的数据量，而网络异常流量是一个相对的概念，即偏离正常流量的情形。在网络中，正常流量并非具备固定不变的状态，它会随着用户操作的不同、业务流的不同、管理事务的不同而改变。因此，异常流量的检测依赖网络的正常基准值。网络异常流量产生的原因有许多，通常由网络操作、病毒传播、集中访问、网络攻击等行为引起。其中，DoS 攻击是引起网络异常的常见原因之一。网络异常流量的检测对于网络监控及管理有重要作用，及时发现网络中的异常有助于维持网络正常运行，减少甚至避免损失。近几年来，网络异常流量的检测已成为研究人员重点关注的问题，主要有阈值法、特征检测、统计分析、大数据、机器学习等方法。对于异常的检测，需要采集分析数据流的相关参数及特征。根据采集数据的不同，攻击类异常检测的方法主要分为两种。一种方法是利用数据包中携带的信息进行检测，通过提取数据包中的特征信息或行为来建立正常模型，将实际收集到的流量信息与之前建立的正常模型进行对比分析，从而判断异常是否发生。另一种方法是利用网络流量的统计特征实现对异常的检测，通过使用统计方法建立关于网络流量行为特征参数的表征信息，将实际情况与事先建立的各类攻击的表征信息进行比较分析，若特征相近则将其划归为攻击流量。

除此之外，还可以编写网络安全管理应用，对网络安全域内主机间的访问通信进行检查，根据用户需求实现灵活的网络访问控制策略，通过 SDN 应用实现分连接允许、业务流量识别、可变 QoS 等各种网络业务。

实际上，由于 NBI 没有标准化，因此很多在逻辑上应该属于应用层的开发在实践中大多是在控制层完成的。

3.7　SDN 工作流程解析

下面对 SDN 的工作流程进行总结，让读者有一个直观的认识。

举一个简单的例子介绍传统网络的工作原理，网络中的路由器收到一个数据包，先暂时存储，按照数据包头部的目的地址查找路由表，然后根据路由信息从合适的接口转发出去，把数据包交给下一个路由器。这样一步一步地，以存储转发的方式，把数据包交付给最终目的主机。各路由器之间通过交换彼此掌握的网络拓扑信息，以便创建和维护各自的路由表，这是一个分布式自组织的过程。SDN 则是将数据平面与控制平面分离，并将控制平面集中，在两者之间建立规范的接口，如 OpenFlow。控制平面决定路由转发策略，数据平面负责具体数据的转发。

基于 OpenFlow 的 SDN 工作流程(完全被动下发方式)如图 3.11 所示。控制器与交换机首先建立安全信道。控制器通过安全信道控制和管理交换机，并收集相关的网络层信息。当交换机收到一个数据包且流表中没有匹配条目时，交换机会

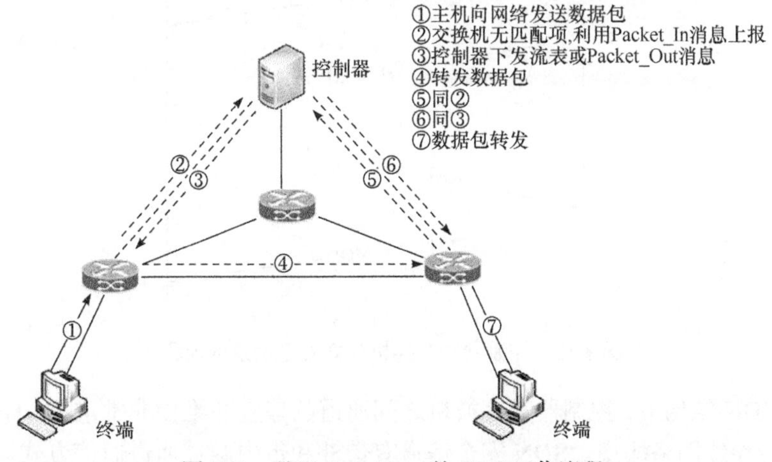

图 3.11　基于 OpenFlow 的 SDN 工作流程

将数据包封装在 Packet_In 消息中并发送给控制器。此时，数据包会缓存在交换机中等待处理。控制器收到 Packet_In 消息后，可以发送 Flow-mod 消息向交换机写一个流表项，即向交换机写入一条与数据包相关的流表项，并指定该数据包按照该流表项的动作处理。但是，并不是所有的数据包都需要向交换机添加一条流表项来匹配处理，网络中存在多种短流数据包(如 ARP、IGMP 等)，以至于没有必要通过流表项指定这一类数据包的处理方法。此时，控制器可以使用 Packet_Out 消息，告诉交换机如何处理数据包。

接下来，我们将 SDN 工作流程详细解析成四个阶段进行讲述。

(1) 控制器和交换机的安全信道建立

控制器和交换机建立安全信道的流程如图 3.12 所示。

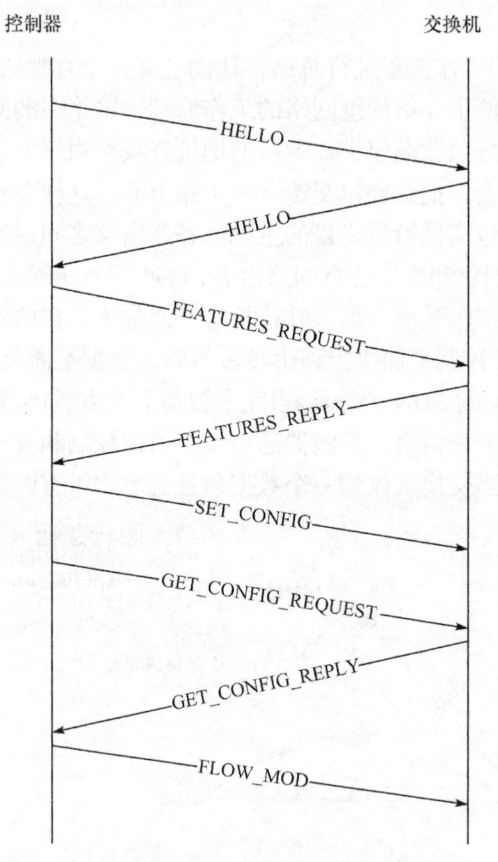

图 3.12 控制器和交换机建立安全信道的流程

在 SDN 结构下，控制器和交换机之间通道的建立和维护非常重要，如果出现故障，会导致网络瘫痪。SDN 安全信道有带外和带内两种通道通信方式。

① 带外方式。交换机通过独立的物理网络和控制器连接。控制通道消息和用

户业务不会共用物理链路。交换机通过专用接口连接到管理网络上，通常的交换机管理地址配置在这个专用接口上。这个独立的带外网络，可以直接运行简单的传统分布式控制协议确保交换机和控制器之间的通信畅通。

② 带内方式。控制通道和用户业务共用同一物理网络。交换机通过共用物理链路和控制器进行通信，即控制通道消息和转发数据包共用物理链路。交换机管理地址可配置在业务接口上。对于大型 IP 网络，出于成本考虑，一般选择带内控制通道方式。

在一些场景下，控制器需要穿越物理网络去控制远程网络，一个简单的方案就是在控制器和交换机之间建立一个隧道，并在这个隧道上启动 IGP。

用上述方法建立的安全信道，当网络发生状态变化时，由于采用传统的分布式控制网络技术作为控制通道建立的手段，因此能够达到任何时刻只要拓扑上有路径连接，通信上就能够打通的要求，同时故障感知后的收敛时间也都在可以接受的范围内。

(2) SDN 控制器收集资源信息

一旦控制器和交换机的安全信道通过传输层安全机制(如 TSL 或 SSL)打通，控制器和交换机之间就可以建立控制协议的连接了。例如，OpenFlow 协议通过认证之后，控制协议的连接就建立起来了。

① 网元资源信息收集。

交换机向控制器注册信息、上报资源(接口资源、标签资源、VLAN 资源、设备资源等)。此外，控制器还需要收集标签信息。这里的标签指 MPLS 标签，这是因为控制器控制的网络内部交换技术通常采用 MPLS 交换，其数据包封装比较短小(4Byte)，有利于节省对网络带宽的占用。

② 拓扑信息收集。

资源收集过程结束后，控制器还需要进行网络拓扑信息收集。控制器收集网络拓扑的方法目前有不少标准协议定义，其中一个主要的协议是 LLDP，它是 IEEE 定义的二层链路发现协议。

LLDP 使接入网络的设备可以将其地址、设备标识、接口标识等信息发送给接入同一个局域网络的其他设备。当一个设备从网络中接收到其他设备的这些信息时，可以将这些信息存储起来，用于发现相应设备的物理拓扑结构，以及管理配置信息。LLDP 不是一个配置和控制协议，无法通过该协议对远端设备进行配置。它只提供关于网络拓扑，以及管理配置的信息。这些信息可以用于管理和配置，如何使用则取决于信息的使用者。LLDP 为网络设备，如交换机、路由器定义了一种标准的方法，使这些设备可以向网络中其他节点公告自身的存在，并保存各个邻近设备的发现信息。具体来说，LLDP 定义了一个通用公告信息集、一个传输公告的协议和一种用来存储所收到的公告信息的方法。要公告自身信息的设备可以将多条公告信息放在一个局域网数据包内传输。传输的形式为 TLV 标准。

拓扑信息收集的基本原理是控制器向交换机发送 LLDP 消息，交换机向每个接口发送该 LLDP 消息，接收到 LLDP 消息的设备添加接收该消息的接口信息和设备 ID。该消息通过 Packet_In 上报控制器，因此控制器就获得两台交换机之间的连接信息。如果控制器从每台交换机都获得类似的信息，控制器就可以获得完整的二层网络拓扑。拓扑信息收集的另一个协议是三层拓扑收集协议，一般采用 IGP。

(3) 控制器的流表计算和下发

控制器计算网络路由是根据业务策略进行的，有的业务需要考虑网络的带宽、时延等属性，有的业务只关心可达性，因此是视情况而定的。

(4) 数据包转发

数据层的网络设备根据具体流表项信息对数据包进行处理(转发、更改等)。

3.8 小　结

SDN 在逻辑上采取三层结构，控制层居中，北向是应用层，南向是数据层，三者之间以控制层为核心用 NBI 和 SBI 联系。这样的结构简洁明快，为 SDN 的发展打下了很好的基础。

本章详细讨论了 SDN 三层结构和各层的组成、特性和关键技术，介绍了南北向接口的功能，以及 SDN 的工作流程。

参考文献

[1] Mckeown N. Software-defined networking. 中国通信: 英文版, 2009, 11(2): 1-2.

[2] Open Networking Foundation. Software-Defined Networking: The New Norm for Networks. Open Networking Foundation，2012.

[3] Open Networking Foundation. SDN Architecture Overview. https://www.opennetworking. org/software-defined-standards/specifications/[2019-12-1].

[4] Dixit A, Hao F, Mukherjee S, et al. Towards an elastic distributed SDN controller. ACM SIGCOMM Computer Communication Review, 2013, 43(4):7-12.

[5] Curtis A R, Mogul J C, Tourrilhes J, et al. Devoflow: Scaling flow management for high-performance networks. ACM SIGCOMM Computer Communication Review, 2011, 41(4):254-265.

[6] Klaus-Tycho F, Yvonne-Anne P, Stefan S, et al. Local fast failover routing with low stretch. ACM SIGCOMM Computer Communication Review, 2018, 48(1):35-41.

[7] Metzler J, Metzler A. Ten things to look for in a SDN-controller. http://www.webtorials. com/content/2013/07/ten-things-to-look-for-in-an-sdn-controller-1.html[2013-7-28].

[8] Open Networking Foundation. OpenFlow Switch Specification version 1.0.0. Open Networking Foundation，2009.

[9] 张朝昆, 崔勇, 唐翯祎, 等. 软件定义网络(SDN)研究进展. 软件学报, 2015, 26(1): 62-81.

[10] Rawat D B, Reddy S R. Software defined networking architecture, security and energy efficiency: A survey. IEEE Communications Surveys & Tutorials, 2017, 19(1): 325-346.

[11] Singh S, Jha R K. A survey on software defined networking: Architecture for next generation network. Journal of Network & Systems Management, 2017, 25(2): 1-54.

[12] Vasseur J. RFC4655-a path computation element(PCE)-based architecture. IETF, 2006.

[13] 雷葆华, 王峰, 王茜. SDN 核心技术剖析和实战指南.中国科技信息, 2013,(21):52-52.

[14] Doria A, Salim J H, Haas R, et al. RFC5810-forwarding and control element separation (ForCES) protocol specification. IETF, 2010.

[15] Halper N. RFC5812-forwarding and control element separation (ForCES) forwarding element model. IETF, 2010.

[16] Boucadair C. RFC7149-software-defined networking: A perspective from within a service provider environment. IETF, 2014.

[17] Farrel L. RFC7399-unanswered questions in the path computation element architecture. IETF, 2014.

[18] Haleplidis E. RFC7426-software-defined networking (SDN): Layers and architecture terminology. IETF, 2015.

[19] Clarke G. RFC7922-interface to the routing system (I2RS) traceability: Framework and information model. IETF, 2016.

[20] Bosshart P, Gibb G, Kim H S, et al. Forwarding metamorphosis: Fast programmable match-action processing in hardware for SDN// Proceedings of the SIGCOMM, 2013:99-110.

[21] Canini M, Venzano D, Peresini P, et al. A NICE way to test OpenFlow applications// Usenix Conference on Networked Systems Design & Implementation USENIX Association, 2012:85-95.

[22] Reitblatt M, Foster N , Rexford J, et al. Abstractions for network update. ACM SIGCOMM Computer Communication Review, 2012, 42(4):323-334.

[23] Jain S, Kumar A, Mandal S, et al. B4: Experience with a globally-deployed software defined WAN// Proceedings of the SIGCOMM, 2013:1-12.

第 4 章　OpenFlow 协议

OpenFlow 起源于斯坦福大学 Clean Slate 研究计划的 Ethane 网络安全与管理研究项目。

大多数现代以太网交换机和路由器都包含用于重要网络功能数据包转发的转发表。转发表可以用于路由、子网划分、防火墙保护和数据流统计分析等。OpenFlow 将转发表升级为流表，提供方便灵活的数据包操作。OpenFlow 协议用来规范 OpenFlow 交换机与 SDN 控制器之间的通信[1,2]，通过安全的 TCP 通道远程增加、删除、修改流表项。

自 2009 年 10 月发布第一个正式版本 1.0 以来，OpenFlow 协议已经经历了多个版本的演进过程，如表 4.1 所示。

表 4.1　OpenFlow 协议的发展

版本	发布年月	主要特征
OpenFlow 协议 1.0	2009 年 10 月	单表、IPv4
OpenFlow 协议 1.1	2011 年 2 月	多表、MPLS、支持组表
OpenFlow 协议 1.2	2011 年 10 月	IPv6、多控制器
OpenFlow 协议 1.3	2012 年 4 月	重构能力协商、IPv6 扩展头、测量表、辅助连接
OpenFlow 协议 1.4	2013 年 10 月	流表同步机制、Bundle 消息
OpenFlow 协议 1.5	2014 年 12 月	细化了数据包类型

4.1　OpenFlow 相关的概念与术语

4.1.1　流表

在传统网络设备中，数据包利用转发表进行匹配，通过匹配表项的 key 值返回匹配成功的 value 值，转发表中的 key 值是各种网络协议数据包头部中的字段，匹配成功时返回的值就是对数据包的操作指令。OpenFlow 交换机采用流的概念描述具备相同特征的网络数据包集合。流表由多个流表项组成，每个流表项就是一个转发处理规则。用户通过这些表项区别对待不同的流，同时通过编程对流进行处理。

OpenFlow 的流表结构将网络处理层次扁平化，使链路层、网络层、传输层的协议字段在同一表结构中处理，并使网络数据的处理满足细粒度的处理要求。在这种结构下，网络的逻辑控制功能可以通过中央控制器的高层策略灵活地进行动态管理和配置，方便在不影响传统网络正常通信的情况下增加部署新型网络结构。

OpenFlow 初期流表项和 v1.3 流表项结构如图 4.1 所示。

匹配域	计数器	指令

(a) OpenFlow初期流表项结构

匹配域	优先级	计数器	指令	计时器	cookie	标志位

(b) OpenFlow v1.3流表项结构

图 4.1　OpenFlow 初期流表项和 v1.3 流表项结构

流表项结构[3]的几个主要域的说明如下。

① 匹配域(match fields)：用来匹配数据包的标志集合，包括入端口、包头标志域，以及可选的其他字段，如前一个表指定的元数据(metadata)。元数据是一个可屏蔽的记录值，用于携带交换机内的信息，可以用作流表之间的标记。简单来说，匹配域用来描述流。

② 优先级(priority)：描述每个流表项的匹配优先级。当数据包与多条流表项匹配成功时，需要按照优先级进行选择，选择出一条优先级最高的流表项，并执行该表项的指令。

③ 计数器(counters)：记录匹配数据包信息，匹配后更新该字段。

④ 指令(instructions)：每个流表项都包含一组操作指令，当数据包与某项流表项匹配成功时，交换机就执行该操作指令来处理数据包。通常每条操作指令包括一个或多个动作(action)，而交换机就是通过这些具体的动作来修改或转发数据包的。指令和动作是不同的概念。指令是影响动作的，例如通过指令将动作添加到动作集中，或者通过指令清空动作集。动作是一系列直接对流的操作，例如丢弃数据包，或者将其转发到某一条链路等。

OpenFlow 定义的指令有以下几种。

Meter：用来指定处理该流的测量表(meter table)。测量表用来测量该流的速率并执行相应的动作。按照 OpenFlow 标准术语，每个测量表包含几个测量带(meter band)，每个测量带对应一个速率和动作。测量带的意思就是如果所测量的流的速率超过指定的速率，就执行相应的动作，如丢弃等。

Apply-Action：立即对数据包执行一个动作列表(action list)指定的所有动作。这些动作执行的结果有可能影响下一级流表查找。

Write-Action：不立即对数据包执行动作，而是把一个动作列表中的多个动作写到一个动作集(action set)中，等所有流表都处理完了，再一次性执行这个动作集的所有动作。如果两个不同的流表所对应的操作有冲突，那么后面的操作将覆盖前面的。

Clear-Action：清除前面所有流表处理后产生的动作集。对只支持单流表的交换机，这个指令无意义。

Write-Metadata：元数据 Metadata 可以认为是代表一条流的独一无二的特征 ID，用来在多级流表之间传递信息以达到关联多级流表的目的。

Goto-Table：继续下一级指定流表的处理。这个指令是所有指令中唯一 required(必须支持的)的指令，其他都是可选的。对于只支持单流表的交换机，这个指令无意义。

⑤ 计时器(timeouts)：该流表项在交换机中有效的最大时间或闲置时间，分为硬超时(hard timeout)和闲置超时(idle timeout)。前者表示从该流表项创建开始，到了超时设定的时间之后，无条件删除该流表项。后者表示如果闲置超过设定的时间，没有任何数据包匹配过该流表项，就把它删除。

⑥ cookie：控制器设置的一个不透明数据值，在多控制器中用来过滤流的统计数据(计数器的相关信息)、流修改和流删除的通告消息。

4.1.2 组表

组表广义上也是流表的一种。组表是在 OpenFlow v1.1 中提出的新概念，主要是为了提升数据转发技术，例如用组表进行多播路由处理。组是 OpenFlow 为多个流执行相同动作集的高效方法。组表由多个组表项组成，每个组表项是对组播、泛洪、多动作处理等的转发处理规则，是一个动作组的集合。

如图 4.2 所示，每一个组表项都包括组标识符、组类型、计数器和动作桶。一个组表项可以包含零个或多个动作桶。没有动作桶的组会丢弃数据包。动作桶通常包含修改数据包的动作，或将其转发到某端口的动作。利用组表，每个数据流可以划分到相应的组中，动作的执行可以针对属于同一个组标识符的所有数据包，这非常适合实现广播或多播，或执行某些特定动作集的流。

组标识符	组类型	计数器	动作桶

图 4.2　OpenFlow 的组表结构

其中，组类型规定了是否所有动作桶中的动作都会被执行，一共定义了如下 4 种类型。

① 全类型(all)：执行所有动作桶中的动作集，可用于组播或广播。对应流的数据包都被复制到每个动作桶，然后进行处理。如果某个动作桶将数据包直接转发到入端口，那么复制的包将被丢弃，避免广播风暴。

② 选择类型(select)：执行组中一个动作桶中的动作，可用于多路径转发。通常用交换机自己的算法来选择这个动作桶，例如用户配置的哈希算法，或简单的循环算法。所有的选择算法都在 OpenFlow 外部运行。选择算法的实现可以使用等负荷分配，也可以有选择地根据动作桶的权重进行。当动作桶中指定的端口出现故障时，交换机可以选择剩余的端口，而不是丢弃数据包。这样做可以减少链路或交换机的中断对网络业务的影响，经常用于流量的网络负载均衡。

③ 间接类型(indirect)：执行唯一定义的一个动作桶中的动作。该类型允许多个流表项指向同一组标识符，这样可以使转发更快速、高效地聚集。通常这种类型的组表项比其他类型组表项多。

④ 快速恢复类型(fast failover)：该类型可以完成失效后备。当前动作桶失效时，它总是执行第一个具有有效活动端口的动作桶中的动作。

4.1.3　测量表

测量表也是一种转发表类型的抽象模型，用于流量控制，其结构如图 4.3 所示。一个测量表可以测量与它关联的数据包的速率，进而控制其聚合速率。任何一个流表项都可以使用指令关联某一个测量表，从而控制与该流表项能够成功匹配的数据包的聚合速率。基于此，可以实现简单的 QoS 功能，如速率限制等。

测量表标识符	测量带集	计数器

图 4.3　测量表的结构

下面简单介绍测量表表项结构。

测量表标识符：一个 32 位无符号整数，作为测量表表项的唯一标识。

测量带集：一个无序的测量带集合。每个测量带都指明了传输速率，以及处理数据包的动作。

计数器：被该测量表表项处理过的数据包的统计量。

每一个测量表表项都可能有一个或者多个测量带。每个测量带都指明了传输速率，以及对数据包的处理动作。数据包基于当前的速率会被其中一个测量带处理。其筛选策略是选择某个所定义的传输速率略低于当前数据包的传输速率的测量带。若当前数据包的传输速率均低于任何一个测量带定义的传输速率，那么不选择任何测量带。

测量带的结构如图 4.4 所示。

测量带类型	速率	计数器	类型特定参数

图 4.4　测量带的结构

下面简单介绍测量带表项结构。

测量带类型：定义数据包的处理动作。具体类型包括 drop(丢包)和 dscp remark(增加数据包 IP 头 DSCP 域的丢弃优先级)。

速率：一个测量带的唯一标识，定义可以应用的最低速率。

计数器：被该测量带处理过的数据包的统计量。

类型特定参数：某些测量带有一些额外的参数。

4.1.4 端口

OpenFlow 端口是用于在 OpenFlow 处理流程和网络其他组件之间传递数据包的网络接口。OpenFlow 交换机通过 OpenFlow 端口相互逻辑连接。通过前一台 OpenFlow 交换机的出端口和后一台 OpenFlow 交换机的入端口将数据包从一台 OpenFlow 交换机转发到另一台 OpenFlow 交换机。OpenFlow 交换机提供多种类型端口用于 OpenFlow 处理。OpenFlow 端口与交换机硬件提供的网络接口不完全一样，OpenFlow 可能会禁用某些网络接口。此外，OpenFlow 交换机还定义了其他 OpenFlow 端口。

OpenFlow 数据包在入端口被接收，并由 OpenFlow 流水线处理，后者可能将它们转发到出端口。数据包入端口是整个 OpenFlow 流水线中数据包的属性，表示将数据包接收到交换机的 OpenFlow 端口。匹配数据包时可以使用入端口。OpenFlow 流水线可以决定使用输出动作在出端口上发送数据包，该动作定义了数据包如何返回网络。

OpenFlow 交换机支持三种类型的 OpenFlow 端口，即物理端口、逻辑端口和保留端口。

OpenFlow 物理端口是交换机定义的与交换机硬件接口对应的端口。例如，在以太网交换机上，物理端口一对一映射到以太网接口。在一些网络部署中，OpenFlow 交换机可以实现交换机硬件虚拟化，在这种情况下，OpenFlow 物理端口可以代表交换机相应硬件接口的虚拟对象。

OpenFlow 逻辑端口是交换机定义的没有直接与交换机硬件接口对应的端口。逻辑端口是更高层次的抽象，可以使用非 OpenFlow 方法(如链路聚合组、隧道、回送接口)在交换机中定义。逻辑端口可能包括数据包封装，并映射到物理端口。逻辑端口的处理流程取决于实现，但必须对 OpenFlow 透明。这些端口必须与 OpenFlow 处理流程进行交互。物理端口和逻辑端口之间的唯一差别是与逻辑端口相关的数据包可能包含一个额外的隧道字段，称为与之关联的 Tunnel-ID，并且当一个逻辑端口收到的数据包被发送到控制器时，它的逻辑端口和底层物理端口都被报告给控制器。

OpenFlow 保留端口用于指定通用转发操作，如发送到控制器、泛洪或使用非

OpenFlow 方法进行转发。需要注意的是，OpenFlow 交换机不需要支持表 4.2 列出的所有保留端口，因此分为必须保留端口类型和可选保留端口类型。

纯粹的 OpenFlow 交换机不支持 NORMAL 端口和 FLOOD 端口，混合的 OpenFlow-hybrid 交换机可能支持它们。是否将数据包转发到 FLOOD 端口取决于交换机的实现和配置。实际上，使用 ALL 类型的端口进行转发使控制器能够更灵活地实现泛洪。

表 4.2　OpenFlow 保留端口类型

名称	属性	说明
ALL	必须	交换机可用于转发特定数据包的所有端口。此类型端口只能用作出端口，在这种情况下，数据包的副本将发送给所有标准端口(除了数据包入端口和配置为非转发的端口)
CONTROLLER	必须	OpenFlow 控制器的控制通道。当用作出端口时，将数据包封装在 Packet_In 消息中，并按照协议规定发送到控制器；当用作入端口时，识别源自控制器的数据包
TABLE	必须	OpenFlow 流水线的开始。只在 Packet_Out 消息操作列表中的 Output 操作中有效，并将该数据包提交给第一个流表进行处理
IN_PORT	必须	数据包入端口的指代。只能用作出端口，通过数据包入口端口发送数据包(实际上是反向转发该数据包)
ANY	必须	端口的通配描述。在没有指定端口的情况下，既不能用作通配入端口，也不能用作出端口
UNSET	必须	该特殊值表示出端口在动作集中尚未设置，是一个操作中间类型。既不能用作入端口，也不能用作出端口
LOCAL	可选	交换机的本地网络栈及其管理栈，可以用作入端口或出端口。LOCAL 端口使远程设备能够通过 OpenFlow 网络与交换机及其网络服务交互，而不是通过一个独立的控制网络。结合一组适当的流表项，它可以实现带内控制器连接
NORMAL	可选	使用交换机的传统流水线进行转发。只能用作出端口，使用非 OpenFlow 流水线处理数据包。通常会桥接或路由数据包，但是实际结果取决于实现。如果交换机不能将来自 OpenFlow 流水线的数据包转发到传统的流水线，则必须明确指出它不支持
FLOOD	可选	对传统数据平面(非 OpenFlow 流水线)进行泛洪操作。只能用作出端口。一般情况下，转发数据包到所有端口，除了入端口和处于阻塞状态的端口。此外，还可以使用数据包 VLAN ID 或其他标准来选择要进行泛洪操作的端口

4.2　OpenFlow 逻辑交换机

SDN 交换机虽然不需要对控制逻辑进行过多考虑，但是要遵循 OpenFlow 交换机的工作原理。从本质上看，传统设备中无论是交换机还是路由器，其工作原理都是在收到数据包时，将数据包头部的某些特征域与设备自身存储的一些表项进行比对，当发现匹配时则按照表项的要求进行相应处理。SDN 交换机也是类似的原理，但是其中的这些表项并非设备自身根据网络状况自行生成的，而是由控制器统一下发的，因此各种复杂的与控制逻辑相关的知识学习过程，如链路发现、MAC 地址学习、路由计算等都无须在 SDN 交换机中实现。SDN 交换机几乎是不具有智能的、哑的交换设备。

SDN 交换机可以忽略控制逻辑的实现，全力关注基于表项的数据处理。因此，数据处理的性能就成为评价 SDN 交换机优劣的关键指标。

另外，考虑 SDN 和传统网络的混合工作问题，支持混合模式的 SDN 交换机也是当前设备层技术研发的焦点。同时，随着虚拟化技术的出现和完善，虚拟化环境将是 SDN 交换机的一个重要应用场景，因此 SDN 交换机也可以以软件的形态出现。

OpenFlow 交换机[4]主要由流表、安全信道和 OpenFlow 协议组成。其结构如图 4.5 所示。它的网络数据处理流程是，首先数据包从某个端口进入 OpenFlow 交换机，对数据包的包头部分进行分析，然后根据分析的结果选择匹配的流表进行处理。在流表内部，解析出来的数据包头部内容会与每个流表项进行比较。假如数据包成功匹配到一条流表项，则 OpenFlow 交换机对该数据包执行流表项中规定的处理操作。反之，在所有的表项中都不能够匹配，则按照某种缺省指令来处理，如丢弃或转发给控制器。

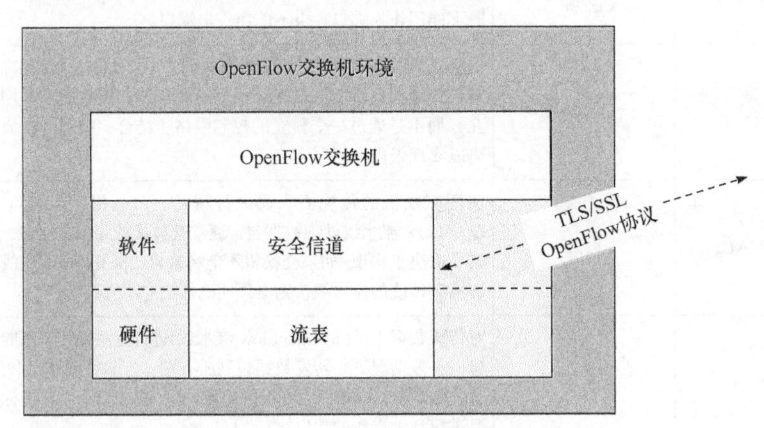

图 4.5　OpenFlow 交换机结构图

OpenFlow 交换机对每个数据包的处理取决于其包头标识域在匹配表中的搜索结果。这个搜索结果会说明需要对数据包做何种操作。

4.3　控制器与交换机间的 OpenFlow 交互

控制器与交换机间的信息交互，以及控制器向交换机下发流表等命令消息都是通过 OpenFlow 协议完成的。OpenFlow 协议是控制器与交换机间连接通道的接口标准。OpenFlow 协议消息包括控制器到交换机(Controller-to-Switch)、异步消息(Asynchronous)和对称消息(Symmetric)三大类。每大类又包含许多子类型消息。

① 控制器到交换机类的消息由控制器主动向交换机发起,用来向交换机发送具体控制信息，以及主动请求获取交换机的自身属性等信息，主要包括 Features、Configuration、Modify_State、Barrier 等消息类型。OpenFlow v1.5.1 协议中 Controller-to-Switch 消息如表 4.3 所示。

表 4.3　Controller-to-Switch 消息

消息	含义
Features	控制器通过发送该消息请求交换机的特性。通常在建立 OpenFlow 通信时执行
Configuration	控制器通过该消息配置和查询交换机参数
Modify_State	控制器发送该消息管理交换机的状态。主要目的是添加、删除和修改流/组表项，并插入、删除组的动作桶，以及设置交换机端口属性
Read_State	控制器通过该消息从交换机收集信息，如当前配置、统计数据和处理能力
Packet_Out	控制器使用该消息发送数据包到交换机指定端口，或转发通过 Packet_In 消息接收的数据包。该消息必须包含要按指定顺序执行的动作列表
Barrier	控制器使用 Barrier request/reply 消息来确保控制器和交换机间的消息按序通告
Role_Request	控制器使用该消息设置或查询控制器角色，特别是当交换机连接到多个控制器时
Asynchronous_Configuration	控制器使用该消息在其接收的异步消息上设置一个附加的过滤器，或者查询该过滤器

② 异步消息由交换机主动发起，用来向控制器报告网络中发生的网络事件，以及交换机自身的状态变化，主要包括 Packet_In、Flow_Removed、Port_Status 等消息类型。OpenFlow v1.5.1 协议中的 Asynchronous 消息如表 4.4 所示。

表 4.4　Asynchronous 消息

消息	含义
Packet_In	将数据包的控制权转移到控制器。对于所有转发到 CONTROLLER 保留端口或 table-miss 流表项的数据包，发送该消息到控制器。其他处理(如 TTL 检查)也可能生成该消息发送到控制器
Flow_Removed	通知控制器已删除流表项。为设置删除通告标志的流表项发送该消息
Port_Status	通知控制器端口的变化，包括端口配置更改和端口状态更改
Role_Status	告知控制器其角色的变化。当新控制器作为交换机的主控制器时，交换机应该将该消息发送给前一个主控制器
Controller_Status	当某个 OpenFlow 信道的状态发生变化时通知所有控制器。如果控制器间失去通信能力，该消息可以帮助进行故障处理
Flow_Monitor	通知控制器流表的变化

③ 对称消息既可以由控制器主动发起，也可以由交换机主动发起，主要用来建立和维系交换机和控制器之间的连接，主要包括 Hello、Echo 等消息类型。OpenFlow v1.5.1 协议中 Symmetric 消息如表 4.5 所示。

表 4.5　Symmetric 消息

消息	含义
Hello	用于建立连接，交换机与控制器互发该消息
Echo	主要用于验证控制器和交换机连接的活跃性，也可用于测量其延迟或带宽
Error	交换机或控制器使用该消息将错误信息通知给连接的另一端，主要用于交换机通告控制器其发送的请求失败
Experimenter	该消息为 OpenFlow 交换机提供一种类型空间，实现附加功能，主要用于未来 OpenFlow 修订

通常情况下，交换机连接到网络后，用户会为交换机配置控制器的 IP 地址与一个特定的 TCP 端口号，以便交换机向控制器发起一个 TCP 或 TLS 连接。这个连接就是 OpenFlow 连接。OpenFlow 连接在建立之初，交换机和控制器之间先交换 Hello 消息来协商双方共同支持的最高协议版本，然后控制器与交换机进行配置信息和控制信息的交互。

下面以 Packet_In 为例，进行详细叙述。交换机接收数据包后，根据流表，如果数据包将被转交给控制器，则交换机将数据包封装在 Packet_In 消息中，发送给控制器。交换机在下面这两种情况下向控制器发送 Packet_In 消息。

① 当交换机收到一个数据包后，查找流表与数据包包头相匹配的条目。如果流表中有匹配条目，则交换机按照流表指示的动作列表处理数据包。如果流表中没有匹配条目，则按照缺省配置 table-miss 交换机会丢弃该数据包或将数据包封装在 Packet_In 消息中发送给控制器处理。如果是后一种情况，数据包会被缓存在交换机中等待处理。

② 若交换机流表指示的动作列表包含转发给控制器的动作(Output=CONTROLLER)，则将数据包封装在 Packet_In 消息中发送给控制器。此时，数据包不会缓存在交换机中。

4.4　OpenFlow 网络结构

(1) OpenFlow 网络组成

OpenFlow 网络体系结构[5]主要由三部分组成，分别是一组 OpenFlow 交换机构成的数据平面；一个或多个 OpenFlow 控制器构成的控制平面；安全信道，即 OpenFlow 控制器与交换机间的通信信道。OpenFlow 网络体系结构如图 4.6 所示。

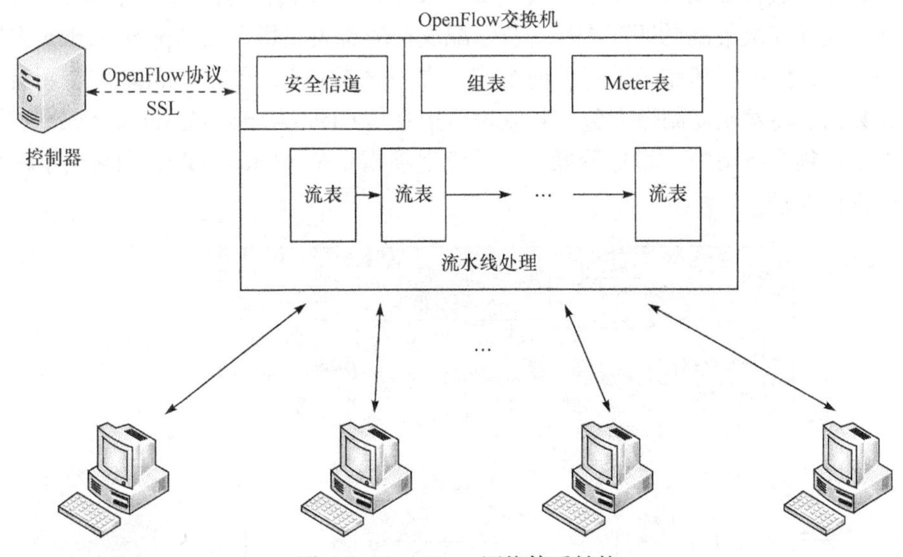

图 4.6　OpenFlow 网络体系结构

传统网络中的交换机、路由器等网络设备耦合了路由计算、数据转发等诸多功能。随着网络功能的增加，网络设备的控制逻辑也更加复杂，最终导致网络复杂臃肿且难以管理控制。在 OpenFlow 网络中，OpenFlow 交换机只有数据转发功能，路由计算等控制功能集中在 OpenFlow 控制器中。

OpenFlow 网络体系结构的控制平面由 OpenFlow 控制器组成。控制器通过 OpenFlow 协议与交换机交互。控制器可使用与交换机之间的连接发送协议消息探测网络中交换机之间的链路连通性，根据探测到的交换机间的链路连通性构建全网的网络拓扑。控制器基于它维护的网络拓扑，结合业务需求，为数据包选择路由，并将这些信息以流表的形式发送到交换机中，助其完成数据包的转发。

OpenFlow 网络体系结构的数据平面由 OpenFlow 交换机组成。交换机主要根据控制器下发的控制策略转发网络中的数据包。转发控制策略在 OpenFlow 交换机中以流表的形式存在。流表类似于传统路由器的路由表。流表是交换机对数据包进行转发和其他操作所依照的规则表。

安全信道是交换机与控制器进行连接和信息交互的通道。控制器通过该通道向交换机下发转发规则。

(2) OpenFlow 数据包处理过程

数据包的转发规则保存在 OpenFlow 交换机流表中，每条转发规则是一个流表项。一个流表由多条流表项组成。当一个数据包到达交换机后，交换机用数据包的头部与流表项进行匹配，匹配成功后执行相应的处理操作。数据包在单个流表中的处理流程如图 4.7 所示。首先提取数据包包头域，与流表中的流表项进行匹配查找优先级最高的匹配表项。若匹配成功的流表项指令是 Apply-Action(立即应用动作，而不对动作集进行任何更改)，如修改数据包、更新匹配域、更新流水线元数据、转发或复制数据包。若流表项指令是 Clear-Action 或 Write-Action，则对下动作集进行清空、增加等操作。若流表项指令是 Goto-Table，则转到下一个流表进行处理。

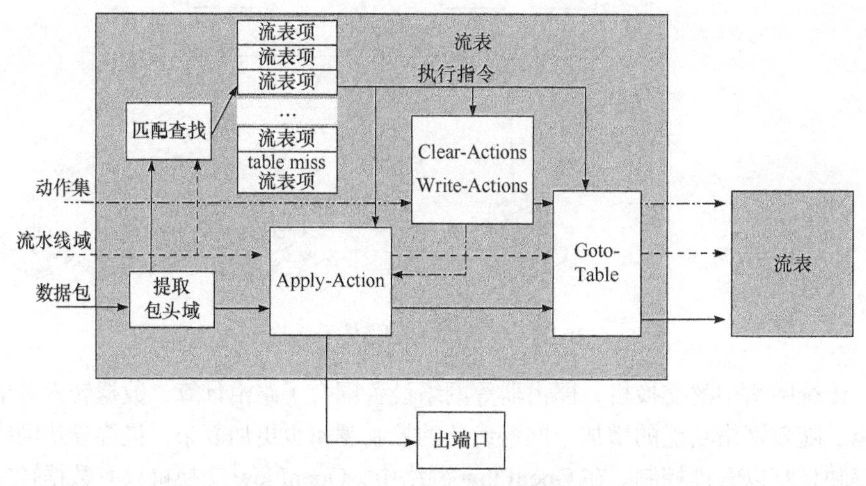

图 4.7　数据包在单个流表中的处理流程

在最初版本的 OpenFlow 协议中，OpenFlow 交换机只有一个流表，也就是单流表。随着网络的不断发展，流表中存在大量流表项，此时会导致数据包匹配速度下降，转发效率低下。因此，在后期的 OpenFlow 网络体系结构中，交换机支持多级流表结构，而在支持多级流表结构的交换机中数据包的匹配采用流水线模式。OpenFlow v1.3 开始对多级流表作了进一步完善，提出在多级流表的每个表的最后都可以增加一个 table-miss 项(缺省可不设置该项)，用于指明数据包与其他流表项都不匹配。table-miss 项将没有发生匹配作为一个流表项，它的所有匹配域都支持通配符，同时该流表项的优先级被设置为最低的优先级(0 级)。

目前的大多数 OpenFlow 交换机都支持多级流表结构，且所有流表从 0 开始按编号，即第一个流表为 0 号流表。多级流表结构交换机采用流水线的方式对接收到的数据包处理，如图 4.8 所示。

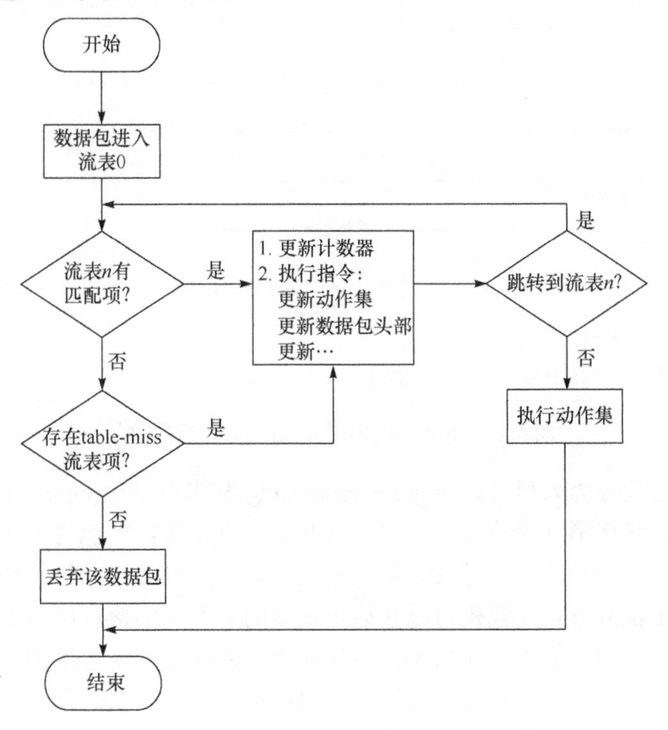

图 4.8　OpenFlow 交换机数据包处理流程

所谓流水线处理方式是指交换机总是从第一个流表开始匹配接收到的数据包。当数据包在某个流表中匹配到流表项后，该流表项可能不是将数据包从某个端口转发出去，而是明确指出由其他流表以同样的处理方式继续处理该数据包。原则是，后面处理数据包的流表的表号必须大于之前处理该数据包的流表表号。换句话说，流水线处理只能前进不能后退。如果匹配的流表项是对数据包执行流表项中的具体动作，并且包含将数据包转发出去的动作，那么流水线处理将停止，数据包将从指定的端口送出。如果流水线处理到了最后一个流表或者匹配项中没有指明流表跳转指令，则流水线处理停止，执行动作集中的动作。如果一个数据包没有与流表中任何流表项匹配，那么这是一个查表不中(table-miss)的行为。一个查表不中行为会根据交换机的具体配置处理没有匹配的数据包，通常是通过 Packet_In 消息将数据包发送给控制器处理。

OpenFlow 对多级流表的处理定义了流水线处理流程，如图 4.9 所示。

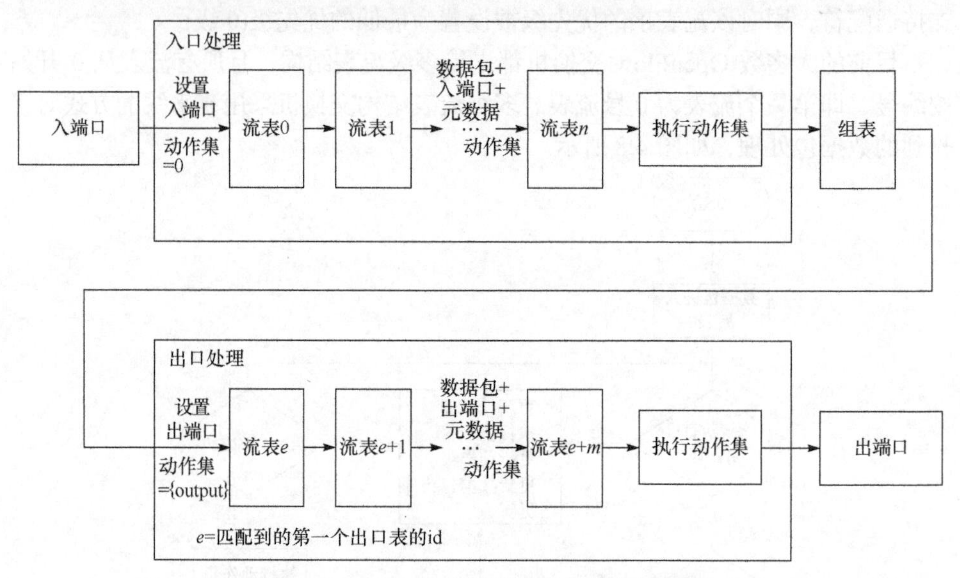

图 4.9 OpenFlow 多级流表流水线处理流程

流水线处理分为入口处理(ingress processing)和出口处理(egress processing)。流水线处理始终从第一个流表的入口处理开始，首先将数据包与流表 0 匹配。根据第一个表中匹配的结果，继续处理数据包。如果处理的结果是将数据包转发到出端口，则 OpenFlow 交换机可以在该出端口的上下文中执行出口处理。出口处理不是一定发生的，如果交换机不支持任何出口表或没有配置使用出口表，那么就没有出口处理。如果没有有效的第一个出口流表，那么该数据包必须由出端口处理，大多数情况下，数据包直接从交换机转发出去。如果已配置有效的第一个出口流表，那么必须将该数据包与该流表进行匹配。

综上所述，当数据包进入交换机后，首先进入入口处理过程，从流表 0 开始依次匹配。在后续处理中，流表可以按次序从小到大越级跳转，但不能跳转至编号更小的流表。流表项将以优先级高低的顺序与数据包进行匹配。数据包成功匹配到一条流表项后，会首先更新该流表项对应计数器记录的统计数据(如数据包的数量和总字节数等)，然后根据流表项中的指令进行相应操作。例如，使用

Goto-Table 指令跳转至后续的某一流表继续处理、修改或者立即执行该数据包对应的动作集合等。当数据包已经处于最后一个流表时，其对应的动作集中的所有动作将被执行。例如，转发至某一端口、修改数据包某一字段、丢弃数据包等。出口处理过程与入口处理过程类似。

控制器何时向交换机下发流表，不是由 OpenFlow 协议规定的。控制器可以选择两种流表下发方式，即主动式和被动式。当一个数据包到达 OpenFlow 交换机后，若没有被任何现有的流表项匹配，通过设置 table-miss 项，这个数据包可被送到控制器。控制器对此数据包进行处理，然后向交换机下发合适的流表项。交换机将此数据包及之后类似的数据包从正确的端口输出。这就是被动式流表下发方式。主动式流表下发方式是，在数据包到达交换机之前，控制器已经向交换机中下发了流表。

4.5 小　结

控制器与交换机的交互是 SDN 的关键问题。SDN 通常采用 OpenFlow 协议通过控制器控制交换机的行为，包括路由、转发、服务质量、安全等。这样的机制充分体现了 SDN 转控分离双平面的特点。

本章介绍了 OpenFlow 的术语体系，重点介绍了控制器与交换机之间 OpenFlow 协议交互过程。此外，还讨论了 OpenFlow 逻辑交换机的概念，OpenFlow 网络的结构，以及交换机流表处理过程。

参考文献

[1] Mckeown N. Software-defined networking. 中国通信: 英文版, 2009, 11(2): 1-2.
[2] Open Networking Foundation. Software-defined networking: The new norm for networks. Open Networking Foundation，2012.
[3] 张朝昆, 崔勇, 唐翯祎, 等. 软件定义网络(SDN)研究进展. 软件学报, 2015, 26(1): 62-81.
[4] Rawat D B, Reddy S R .Software defined networking architecture, security and energy efficiency: A survey. IEEE Communications Surveys & Tutorials, 2017, 19(1): 325-346.
[5] Open Networking Foundation.SDN Architecture Overview. https: // www. opennetworking. org/ software-defined-standards/specifications/[2019-12-1].

第5章　SDN交换机

相对于传统交换机，SDN交换机的功能更加单纯，主要根据流表对数据包进行处理，而流表则来自控制器。因此，SDN交换机的结构也更加简单，价格也更低。本章将介绍SDN交换机的工作原理和系统结构。控制器通过OpenFlow协议可以实现对交换机层面数据处理的控制，OpenFlow协议没有提供对交换机进行配置管理的能力。本章将介绍SDN交换机配置协议。这些协议仍介于SDN控制器与交换机之间，可以配置交换机端口上的队列、配置控制器IP地址等。常见的交换机配置协议有OF-config协议、NETCONF协议、OVSDB管理协议等。目前这些协议被许多主流SDN控制器和交换机支持。OF-config协议(封装在NETCONF协议中)和OVSDB管理协议可以分别独立作为OpenFlow的伴侣协议，完成对交换机的配置管理。

5.1　SDN交换机工作原理

传统网络的设计遵循OSI七层模型。网络交换设备包括工作在链路层的交换机和网络层的路由器。交换机可以识别数据帧中的MAC地址，并基于MAC地址转发数据帧。路由器可以识别数据包中的IP地址，并基于IP地址转发实现数据路由。

对于传统交换机，当交换机收到数据时，它会检查目的MAC地址，然后把数据从目的主机所在的端口转发出去。交换机通过MAC学习构建MAC地址表。MAC地址表记录了网络中所有MAC地址与该交换机各端口的对应信息。当某一数据帧需要转发时，交换机根据该数据帧的目的MAC地址查找MAC地址表，从而得到该地址对应的端口，即知道具有该MAC地址的设备是连接在交换机的哪个端口上，然后交换机把数据帧从该端口转发出去。如果数据帧中的目的MAC地址不在MAC地址表中，则向除入端口外的所有端口转发。这一过程称为泛洪。

传统路由器工作在网络层。其主要任务是接收网络端口的数据包。根据数据包的目的地址，决定下一跳地址。路由器时刻维持一张路由表，所有数据包的转发都通过查找路由表来实现。这个路由表可以静态配置，也可以通过动态路由协议产生。路由器物理层从一个端口收到一个数据包，交给数据链路层。数据链路层去掉链路层封装，根据数据包的协议字段交给网络层。网络层首先判断数据包是否是送给本机的，若是，则去掉网络层封装，交给上层；否则，根据数据包的目的地址查找路由表。若找到路由，将数据包送给相应端口的数据链路层转发，反之，丢弃数据包。

SDN 交换机与传统交换机、路由器的工作原理的主要差异在于指导数据转发和处理的控制信息来源不同。无论是传统的交换机，还是路由器，控制信息来源于网络设备本身的控制模块。SDN 交换机的控制信息来自独立于网络设备的控制器，控制器与交换机之间的交互协议就是 OpenFlow 协议[1]。

传统的交换机、路由器收到数据包之后根据各自的转发表进行匹配转发。SDN 交换机也是首先匹配自己内部的流表(但这个表是控制器给的，不像传统交换机是自己生成的)，如果有匹配项，就按匹配项规则处理；否则，通过匹配 table-miss 项决定怎么处理该数据包。

5.2　SDN 交换机结构

基于 ASIC 的 OpenFlow 交换机结构如图 5.1 所示。SDN 交换机[2]往往采用 ASIC+CPU 的双芯片模式，其中 ASIC 负责数据包转发，CPU 为操作系统及其上的各个模块提供算力。所以，操作系统管理的硬件资源主要包括 CPU 和 ASIC 两个部分。流表管理模块是整个 OpenFlow 交换机结构的核心，主要负责管理 OpenFlow 流表项的相关部署和操作，如添加、删除、更新等。控制器连接管理模块对交换机资源进行分割，并创建不同的实例去管理这些资源。每个实例维护一个与控制器之间的接口和安全信道。数据传输模块主要负责将消息封装成 OpenFlow 协议，并通过标准的 TCP 连接和控制器进行通信。硬件适配层的主要

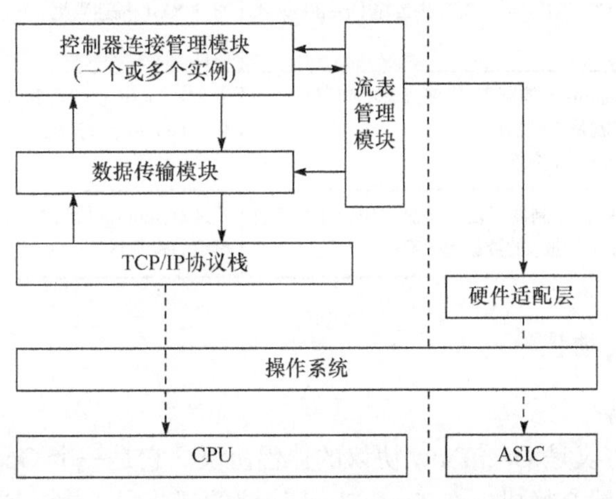

图 5.1　基于 ASIC 的 OpenFlow 交换机结构

功能是将流表管理模块的指令翻译成与 ASIC 芯片相关的操作，并将其写入 ASIC 寄存器或 TCAM。

5.3 OF-config 协议和 NETCONF 协议

在 OpenFlow 协议的规范中，控制器需要和已配置的交换机进行通信[3]。对交换机进行配置后，网络才能正常工作，而这些配置超出了 OpenFlow 协议规范的范围，需要用其他协议来完成。OF-config 协议就是一种 OpenFlow 交换机配置协议。

为了方便读者理解，我们先简单地梳理 OpenFlow 协议、OF-config 协议与 NETCONF 协议之间的关系。OF-config 协议主要定义 OpenFlow 交换机配置的数据模型，具体操作使用的是 NETCONF 协议的指令，因此可以理解为 OF-config 协议封装在 NETCONF 协议中[3-6]。

OF-config 协议可以很好地弥补 OpenFlow 协议规范之外的内容。在 OpenFlow 协议的 SDN 框架中，OF-config 协议负责完成交换机的配置工作，包括配置控制器信息等内容。

OpenFlow 协议与 OF-config 协议的差异如表 5.1 所示。

表 5.1　OpenFlow 协议与 OF-config 协议的差异

差异	OpenFlow 协议	OF-config 协议
设计动机	修改流表项等规则，指导通过 OpenFlow 交换机的网络数据包的修改和转发等动作	通过远端的配置点来对多个 OpenFlow 交换机进行配置，简化网络运维工作
传输	通过 TCP、TLS 或者 SSL 来传输 OpenFlow 比特流	通过 XML 描述数据，并通过 NETCONF 协议来封装
协议终节点	① OpenFlow 控制器(代理或者中间层在交换机看来就是控制器) ② OpenFlow 交换机	① OF-config 协议配置点 ② OpenFlow 交换机
使用示例	OpenFlow 控制器下发一条流表项指导交换机将从端口 1 进入的数据包丢弃	通过 OF-config 协议配置点将某个交换机连接到指定的控制器

5.3.1 OF-config 协议

(1) 协议框架

OF-config 协议是 OpenFlow 协议的伴侣协议。它是一个 OpenFlow 交换机配置协议，负责配置交换机。在 OpenFlow 协议的规范中，控制器需要和已配置的交换机进行通信。但是，这些配置超出了 OpenFlow 协议规范的范围，理应由其他配置协议来完成。OF-config 协议与 OpenFlow 协议的关系如图 5.2 所示。

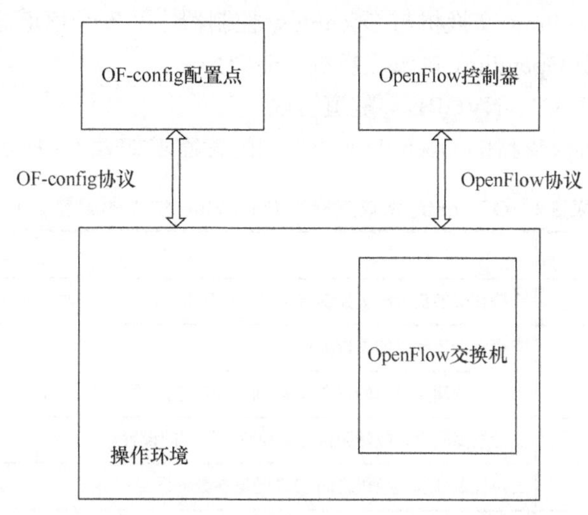

图 5.2　OF-config 协议与 OpenFlow 协议的关系

OF-config 配置点是指通过发送 OF-config 协议消息来配置 OpenFlow 交换机的一个节点。它既可以是控制器上的一个软件进程，也可以是传统的网管设备。它通过 OF-config 协议对 OpenFlow 交换机进行管理。OF-config 协议组件主要分为 Server 和 Client 两部分，其中 Server 运行在 OpenFlow 交换机端，Client 运行在 OF-config 配置点上。本质上，OpenFlow 配置点就是一个普通的通信节点，可以是独立的计算机，也可以是部署了控制器的计算机。通过 OF-config 配置点上的 Client 程序，可以远程配置交换机的相关特性，如连接的控制器信息、交换机特性、端口和队列等。这里的交换机可以是物理交换机，也可以是虚拟交换机。

作为一种交换机配置协议，OF-config 协议要求配置连接必须是安全可靠的，但不必是实时的。为满足实际网络运维要求，OF-config 协议支持通过配置点对多台交换机进行配置，也支持多个配置点对同一台交换机进行配置。

(2) 设计需求

为了满足 OpenFlow 版本更新的需求，以及协议的可扩展性，OF-config 协议采用 XML 描述数据结构。此外，OF-config 协议的规范中也规定了使用 NETCONF 协议中的基本操作进行封装，以表明是对交换机进行查询、设置等。

OF-config 协议 1.2 版本支持 OpenFlow 协议 1.3 版本的交换机，主要配置需求如下。

① 配置安全信道(OpenFlow 逻辑交换机与控制器之间)连接的控制器信息，支持配置多个控制器信息，以实现备份或负载均衡。

② 配置交换机的端口和队列，以实现资源的分配。

③ 远程改变端口的状态，以及特性。

④ 完成 OpenFlow 交换机与 OpenFlow 控制器之间安全信道的证书配置。

⑤ 支持发现 OpenFlow 逻辑交换机的能力。

⑥ 配置 VxLAN、NVGRE 等隧道协议。

OF-config 协议支持的 OpenFlow 协议的配置需求如表 5.2 所示。

表 5.2 OF-config 协议支持的 OpenFlow 协议的配置需求

项目	说明
控制器连接	支持在交换机上配置控制器参数，包括 IP 地址、端口号及连接使用的传输协议等
多控制器	支持多个控制器的参数配置
逻辑交换机	支持对逻辑交换机的资源(如队列、端口等)设置，且支持带外设置
连接中断	支持故障安全、故障脱机等两种应对模式的设置
加密传输	支持控制器和交换机之间 TLS 隧道参数的设置
队列	支持队列参数的配置，包括最小速率、最大速率、自定义参数等
端口	支持交换机端口的参数和特征的配置
能力发现	发现虚拟交换机的能力特性

(3) 数据模型

OF-config 协议的数据模型由 XML 定义。如图 5.3 所示，OF-config 协议的数

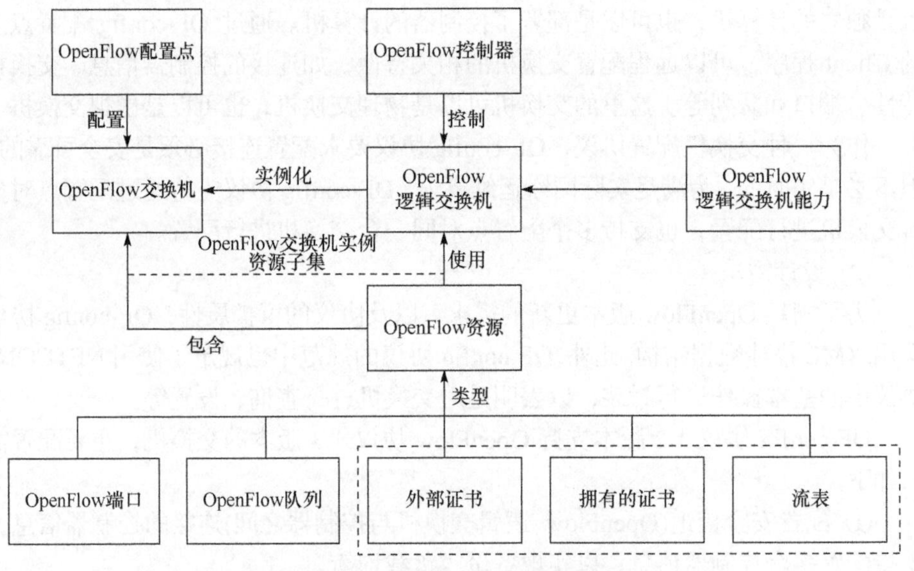

图 5.3 OF-config 协议数据模型

据模型主要由类和类属性构成。协议定义了 OpenFlow 端口和 OpenFlow 队列两类资源，它们属于每台交换机。每个 OpenFlow 交换机中包含多个逻辑交换机的实例。每个逻辑交换机拥有相应的资源。利用 XML 定义数据模型，可以具有较好的扩展性，同时也便于软件实现。

以下是利用 OF-config 协议配置 OpenFlow 逻辑交换机的 XML 文件示例。

```
<logical-switch>
<id>LogicalSwitch5</id>
<capabilities>
...
</capabilities>
<datapath-id>datapath-id0</datapath-id>
<enabled>true</enabled>
<check-controller-certificate>false</check-controller-certificate>
<lost-connection-behavior>failSecureMode</lost-connection-behavior>
<controllers>
...
</controllers>
<resources>
<port>port2</port>
<port>port3</port>
<queue>queue0</queue>
<queue>queue1</queue>
<certificate>ownedCertificate4</certificate>
<flow-table>1</flow-table>
<flow-table>2</flow-table>
...
<flow-table>255</flow-table>
</resources>
</logical-switch>
```

该文件采用 XML 扩展的元素结构。第一层包括逻辑交换机标识、数据路径标识、控制器认证、安全信道失效模式、交换机能力、控制器和交换机资源等元素。第二层是扩展的元素，如交换机资源元素中包括对端口资源、队列资源，以及流表资源等的配置；控制器元素包括控制器特性的配置，如控制器 IP 地址、监听端口号，以及控制器主从地位等。

5.3.2 NETCONF 协议

OF-config 协议规定了利用 NETCONF 协议[5,6]进行 OF-config 协议的封装传输。NETCONF 协议非常成熟，已经广泛应用在多种平台上，能够完全满足 OF-config 协议提出的交换机管理配置需求。利用 NETCONF 协议封装 OF-config 协议的关键是在其消息层之上定义一个操作集。

为了支持 OF-config 协议，OpenFlow 交换机在实现中必须支持图 5.4 中定义的内容层中的方法。当前，NETCONF 协议已经能够有效地支持 OF-config 协议 v1.0 中 OpenFlow 配置点到 OpenFlow 交换机之间的通信，同时它具有的扩展性还能满足 OF-config 协议未来发展的新需求。

NETCONF 协议规定的所有基本操作都可用于对 OF-config 配置数据进行检索、编辑、复制和删除等操作。

IETF 于 2003 年成立 IETF NETCONF 协议工作组[7]。该工作组在 2006 年 12 月制定并通过标准协议 RFC4741，即基于 XML 的网络配置和管理协议。该文档在 2011 年被 RFC6241 更新。RFC6241 定义了 NETCONF 协议的整体框架、传输协议需求、RPC 模型、协议操作、核心能力等。对 NETCONF 协议、RPC、通知等相关配置和状态数据进行建模的数据模型语言是 YANG 语言[5]。

NETCONF 协议定义的是可以管理网络设备的简单机制，使用 YANG 作为数据建模语言，支持用户对网络设备的配置数据信息进行检索，并且可以增加、修改、删除配置数据。通过 NETCONF 协议，网络设备可以提供规范的 API，应用程序可以直接使用这些 API 向网络设备发送和获取配置。

(1) 协议结构

NETCONF 协议采用分层结构，每个层分别对协议的某一方面进行封装，向上提供相关服务。分层结构的优点在于每层相对独立、相互依赖小，各层内部需要变更时，对其他层的影响非常小，实现更加简单。如图 5.4 所示，NETCONF 协议包括内容层、操作层、消息层、安全传输层。

① 内容层：以 NETCONF 协议数据模型标准的形式独立呈现。目前，IETF 采用 YANG 数据模型语言来规范 NETCONF 协议数据模型和协议操作。该语言涵盖 NETCONF 协议层次中的操作层和内容层。内容层主要包括网络设备的配置数据、通知数据等。

② 消息层：提供一种简单的、与传输无关的 RPC 和通知编码机制。NETCONF 协议使用基于 RPC 的通信模型，两端基于 RPC 框架实现请求和响应。RPC 消息

如表 5.3 所示。

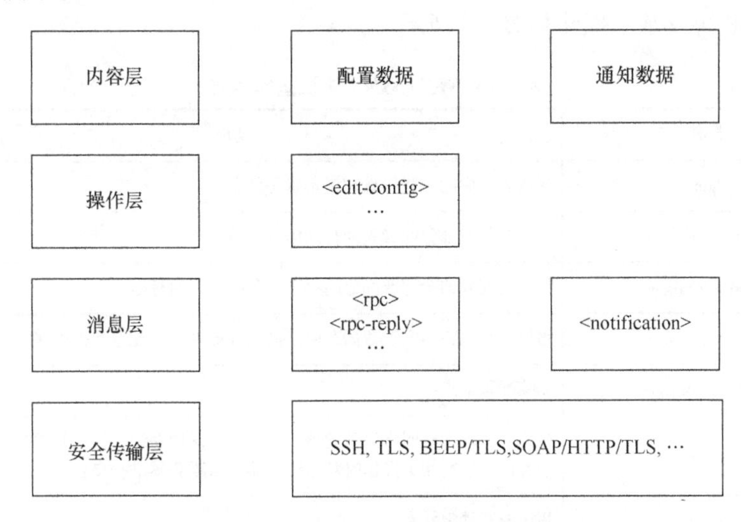

图 5.4　NETCONF 协议层次结构

表 5.3　RPC 消息

消息	含义
<rpc>	客户端发往服务器端的 NETCONF 协议请求
<rpc-reply>	服务器端发回客户端的 NETCONF 协议响应
<rpc-error>	在<rpc-reply>消息中发送的错误信息
<ok>	在<rpc-reply>消息中发送的确认信息

此外，NETCONF 协议还提供异步的事件通知机制，使 NETCONF 协议客户端能够向 NETCONF 协议服务器端发送订阅请求并接受相关事件通知消息。

③ 操作层：NETCONF 协议的核心定义了一组 RPC 中使用的基本操作集。这些操作基于 XML 编码，作为参数包含在 RPC 方法中，用于管理网络设备配置，获取设备状态信息。

设备信息一般存放在数据库中，因此 NETCONF 协议操作应提供对数据库信息的获取、编辑、复制和删除等功能。NETCONF 协议定义了九种基础操作，涵盖取值操作、配置操作、锁操作和会话操作。取值操作包括<get>、<get-config>，用于获取配置信息和网络设备的状态信息；配置操作包括<edit-config>、<copy-config>、<delete-config>，用于对配置数据进行编辑、复制或删除；锁操作包括<lock>、<unlock>，用于对配置数据库进行加锁、解锁，防止并发操作产生混乱；会话操作包括<close-session>、<kill-session>，用于 NETCONF 协议会话。NETCONF 协议基本操作如表 5.4 所示。

表 5.4　NETCONF 协议基本操作

操作	功能
<get>	获取运行中的配置信息和设备状态信息
<get-config>	获取全部或部分配置数据存储信息
<edit-config>	将特定配置的全部或部分内容下载到指定的目标数据存储
<copy-config>	用另一个完整的配置数据存储来创建或更换整个配置数据存储
<delete-config>	删除配置信息
<lock>	允许客户端锁定网络设备的整个配置数据存储系统，锁定是暂时的，确保一个客户端进行相关操作时其他客户端不与服务器进行交互
<unlock>	释放配置锁定状态
<close-session>	请求 NETCONF 协议会话终结
<kill-session>	强制终结一个 NETCONF 协议会话

④ 安全传输层：提供客户端和服务器之间可靠安全的通信路径。NETCONF 协议可以使用任何符合基本要求的传输协议，如 TLS、BEEP/TLS 等协议，而不绑定于某一种特定协议。

(2) NETCONF 协议与 OF-config 协议

OpenFlow 交换机的配置协议是 OF-config 协议。OF-config 协议使用 NETCONF 协议对设备进行操作，实现 OpenFlow 交换机的具体参数配置。

对于 OF-config 协议的传输需求，NETCONF 协议提供以下功能。

① 支持 TLS 作为通信传输协议，可用于提供完整性、保密性和相互身份验证。

② NETCONF 协议的所有指定传输映射可使用 TLS 或 TCP 作为基础传输协议以提供可靠的传输。

③ 与 NETCONF 协议建立连接的常用方法是从配置点到交换机。

④ 仅当 BEEP 用作传输协议时，NETCONF 协议标准才支持反向配置。

⑤ 支持部分交换机配置到最细粒度级别。

⑥ 通过一次操作支持完整的交换机配置。

⑦ 支持配置数据的设置。

⑧ 支持配置数据检索。

⑨ 支持(非配置)状态数据检索。

⑩ 支持创建、修改和删除配置信息。

⑪ 支持在完成配置操作后返回成功代码。

⑫ 支持部分或完全失败的配置请求错误代码报告。

⑬ 支持发送与先前请求是否完成无关的配置请求。这些请求可以在交换机处同时排队或处理，可以针对每个请求单独地发送成功或失败报告。

⑭ 支持事务功能，包括每次操作的回滚。

⑮ 其扩展在 RFC5277 中定义，支持从交换机到配置点的异步通知。

⑯ 可以添加新操作，通过功能检索来检查其是否得到支持。

5.4　OVSDB 管理协议

与 OF-config 协议类似，OVSDB 管理协议也是一种 OpenFlow 伴侣协议，是 VMWare 公司提出的负责管理 OVS 数据库的协议。IETF 发布的 RFC7047 以 OVS 为例给出了 OVSDB 管理协议相关系统结构[8]。

OVS 是支持 OpenFlow 的软件虚拟 SDN 交换机。OVSDB 是虚拟交换机中保存的各种配置信息(如网桥、端口)的数据库，是针对 OVS 开发的轻量级数据库。控制平面可以通过 OVSDB 管理协议远程配置该数据库，以实现对底层虚拟交换机 OVS 的管理。

在 OVS 实现中，OVSDB 管理协议与其他管理器和控制器一起构成控制与管理集群，向交换机数据库服务器提供配置信息。控制器使用 OpenFlow 识别通过交换机的数据包的详细信息。每台交换机可以接收来自多个管理者和控制器的指示，并且管理者和控制器可以控制管理多台交换机。使用 OVSDB 管理协议，可以确定 OVS 中虚拟网桥的数量，从而便于网络工程师创建、配置和删除网桥中的端口和通道，还可以创建、配置和删除队列。

OVSDB 是一个轻量级的数据库，有 15 种类型的表，用于存储虚拟交换环境中包含的各种数据结构，同时通过不同类型的消息对其进行管理。

OVSDB 的结构如图 5.5 所示。

OVSDB 服务器负责将 OVS 的配置信息保存到 OVSDB 中。

OVS 交换机支持 OpenFlow 交换机的转发处理核心功能，直接与 OVS 转发路径内核模块进行通信。此外，交换机还会将 OVS 的配置、数据流信息及其变化等，通过 OVSDB 服务器保存到 OVSDB 中。

转发路径模块是 OVS 的内核模块，负责根据流表进行数据包转发和隧道封装。

OVSDB 管理协议定义的 OVS 配置信息包括创建、修改、删除 OpenFlow 数据通道；配置 OpenFlow 数据通道所连接的控制器与管理集群；配置 OVSDB 服务器连接的控制与管理集群；创建、修改、删除 OpenFlow 数据通道的端口；创建、修改、删除 OpenFlow 数据通道的隧道接口；创建、修改、删除队列；配置 QoS 策略，并将这些策略与队列相关联；收集统计信息。

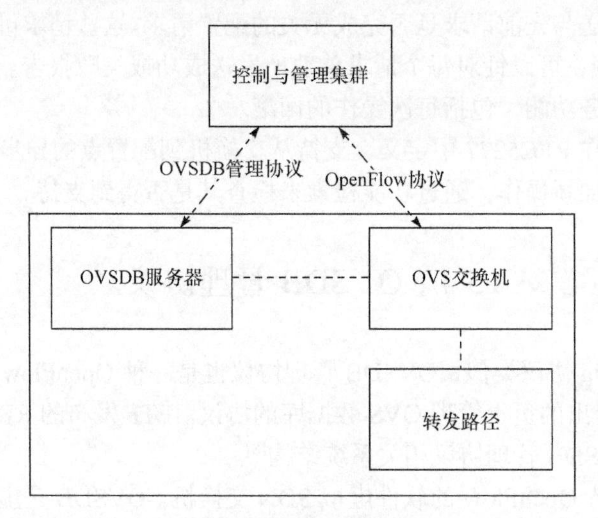

图 5.5 OVSDB 结构图

OVSDB 管理协议和 OF-config 协议都是 OpenFlow 的伴侣协议，但是由于 OVS 的普及，再加上 OVSDB 管理协议实现灵活、可扩展性强，导致 OVSDB 管理协议的普及程度比 OF-config 协议更高。

5.5 小 结

SDN 交换机具有与传统网络二层、三层交换机不同的特征，是只具有转发能力的哑的、专门用于数据转发的设备。与传统交换机一样，一般在使用 SDN 交换机前，需要对其进行配置。

本章对 SDN 交换机的基本工作原理、基于 OpenFlow 的 SDN 交换机结构，以及主要 SDN 交换机配置协议进行了详尽的介绍。

参 考 文 献

[1] Mckeown N, Anderson T, Balakrishnan H, et al. OpenFlow: Enabling innovation in campus networks. ACM SIGCOMM Computer Communication Review, 2008, 38(2): 69-74.

[2] Open Networking Foundation. Software-Defined Networking: The New Norm for Networks. Open Networking Foundation，2012.

[3] Open Networking Foundation. OpenFlow Switch Specification version 1.0.0. Open Networking

Foundation，2009.

[4] Open Networking Foundation. OpenFlow Management and Configuration Protocol(OF-config 1.1). Open Networking Foundation，2012.

[5] Bjorklund M. RFC6020-YANG-A Data Modeling Language for The Network Configuration Protocol (NETCONF). IETF, 2010.

[6] Enns R. RFC6241-Network Configuration Protocol (NETCONF). IETF, 2011.

[7] Ersue M. RFC6632-An Overview of the IETF Network Management Standards. IETF, 2012.

[8] Davie B. RFC7047-The Open vSwitch Database Management Protocol. IETF, 2013.

第 6 章 SDN 安全

SDN 控制与转发相互分离的结构为网络服务提供了便利。由于 SDN 技术尚处于发展初期，安全方面的设计并不完善，且其结构本身对传统网络结构冲击巨大，如果不对其进行相应的安全加固，盲目代替现有网络设备及部署结构，SDN 的引入将同样会给网络安全带来挑战。

6.1 SDN 安全的特点

传统网络将控制逻辑分布在各个网络设备上，并采用分布式路由算法实现路由计算完成数据转发，即使某一台网络设备出现故障，剩余的网络依然能够保证正常运行。此外，传统网络通过大量异构封闭的网络设备完成数据转发和安全检测，如二层交换设备、三层路由设备和面向安全检测的防火墙等。这些异构封闭的网络设备本身就是一种差异化、多样化的安全防护措施[1]。

基于 OpenFlow 的 SDN 技术与传统网络相比，主要在集中控制和开放接口这两个方面带来革新。这种革新也使 SDN 的安全问题呈现出独有的特点。

SDN 的集中控制特性体现在网元的控制平面都集中在 SDN 控制器上。这种特性在一定程度上降低了攻击者的攻击难度，因为一旦攻击者对控制器成功地实施了攻击，就会造成大面积的网络瘫痪。简而言之，集中控制使攻击目标变得单一化，对攻击者而言，攻击难度会大大下降。

开放接口是 SDN 结构提供可编程特性的基础。SDN 的开放性使应用和网络可以无缝对接，但是网络的开放性也同样带来一些潜在的安全问题。首先，开放性意味着把 SDN 控制器的相关配置和转发策略等信息完全地暴露在攻击者面前，给攻击者提供了充足的信息去制定可行的攻击策略。其次，SDN 开放性的实现需要提供大量的可编程接口，但这很可能导致接口的滥用。

由上述内容可知，SDN 安全问题主要存在以下两个特点。

① SDN 的网络安全问题更加集中化，而传统网络的安全问题则较分散。

② SDN 的安全问题将变得更加复杂化，因为 SDN 开放性的存在，用户难以掌握自己可能遇到的安全问题。

6.2 SDN 的安全问题

6.2.1 应用层的安全问题

SDN 应用层包含网络管理、规则配置，以及安全服务等功能，对网络是否正常运行起着至关重要的作用。由于没有标准或开放规范限定应用程序通过控制平面控制网络服务和功能，应用程序可能对网络资源、服务和功能构成严重的安全威胁。尽管 OpenFlow 支持以安全应用程序的形式部署基于流的安全检测算法，但目前还没有令人信服的此类程序。此外，由于还没有公认的令人满意的通用 SDN 应用开发环境、网络编程模型或范例，因此在不同的独立开发环境中使用不同的编程模型和范例开发的第三方应用程序的多样性可能造成安全策略冲突。目前针对 SDN 应用层安全保护机制的研究还不成熟，实际应用中依然存在很多严峻的挑战。例如，外部恶意应用程序的入侵，SDN 应用程序身份认证及访问权限威胁，针对 SDN 应用层模块参数配置的缺陷产生的安全隐患等。下面针对图 6.1，详细分析外部恶意应用程序、应用程序的身份认证及权限管理、应用配置缺陷等方面存在的安全问题[2,3]。

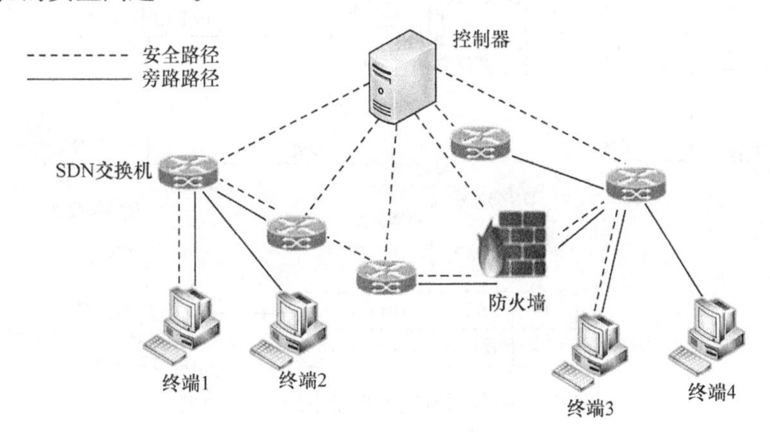

图 6.1 SDN 结构下网络安全模型

(1) 外部恶意应用程序

SDN 技术推广以来，一直处于不断完善的过程。代码开源是 SDN 控制器和交换机基本的存在形式。代码开源的一个目的是尽快完善 SDN 的功能，以及方便部署，从而达到推广的目的。与此同时，恶意应用程序的部署也不可避免地成为一大隐患。它们通过在应用层的应用中植入蠕虫、间谍程序等，达到窃取网络信息、更改网络配置、占用网络资源等目的，从而干扰控制面的正常工作进程，影响网络的可靠性和可用性等。SDN 应用本身具有较高的决策权，极易获得全局网络的配置信息，以及相关策略，如果缺乏完善的保护措施和审核机制，恶意部署的 SDN 应用很容易就可以扰乱整个网络的正常运行。

一种恶意应用场景下的 SDN 模型如图 6.2 所示。在该模型中，表示的是 IP 地址为 10.1.1.1 的发送者与 IP 地址为 10.1.1.2 的接收者的通信过程。正常的交互过程应该是，IP 地址为 10.1.1.1 的主机发数据包(Src:10.1.1.1;Dst:10.1.1.2)到交换机；交换机接收到数据包后解析包头，没有发现与之匹配的流表项，产生 Packet_In 消息并发送至控制器；控制器接收到 Packet_In 消息之后根据全局网络拓扑结构制定相应的转发策略，并下发流表规则(Src:10.1.1.1 Dst:10.1.1.2 Action:Port2)到 SDN 交换机；交换机接收到从 10.1.1.1 主机发送的数据包之后匹配到新下发的流表项，执行从 Port2 转发的动作；数据包到达目的接收者。

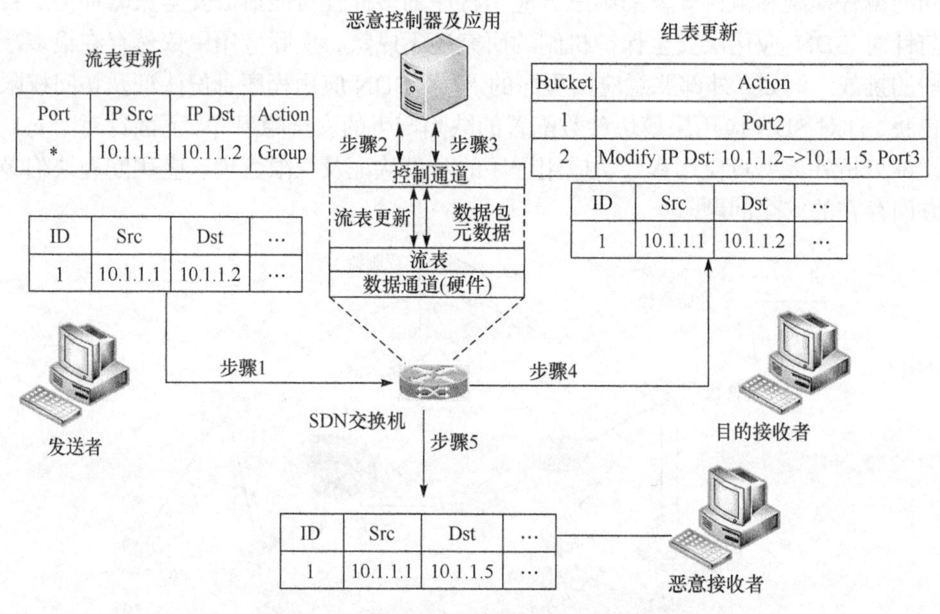

图 6.2 一种恶意应用场景下的 SDN 模型

如果控制器中存在恶意 SDN 应用，能够将更新的流表项的内容更改为(Src:10.1.1.1 Dst:10.1.1.2 Action:Group; Group:Src:10.1.1.1 Dst:10.1.1.2 Action:Modify IP Dst:10.1.1.5;Src:10.1.1.1 Dst:10.1.1.5 Action:Port3)。当交换机接收到这个流表项之后，处理从 10.1.1.1 主机往 10.1.1.2 主机发送的数据包的时候便会执行组表中的内容，除了从 Port2 向 10.1.1.2 主机转发数据包外，也会从 Port3 转发数据包，从而被 10.1.1.5 的主机窃取到数据包。由此可以看到，只是简单地通过 SDN 应用修改流表项规则，就能达到窃取的目的。进一步深入探讨，其存在的安全隐患还有很多。因此，健全应用程序的安全监测机制是很有必要的。

(2) 应用程序的身份认证及权限管理

应用程序的身份认证指验证应用程序“身份信息”的过程。权限管理指应用程序通过身份认证之后赋予其所能拥有的通过控制器获得网络信息，以及对其参数进行操作的权限。SDN 结构主要通过应用程序对网络转发规则和策略进行高效管理和配置，从而达到用户自定义网络的效果。目前网络设备的身份认证和权限管理的技术比较成熟，但传统的权限管理技术与 SDN 应用程序的权限管理还是有本质的区别,所以针对这种新型网络结构的权限管理还需做进一步的探索研究，才能较好解决其中的安全隐患。

在 OpenFlow 中，运行在控制器上的应用程序可以调用控制平面的大部分功能，通常由控制器供应商之外的第三方开发。这些应用程序继承了访问网络资源的特权，而对网络资源的操作大多没有适当的安全机制来加以制约以保护网络资源免受恶意活动的攻击。因此，在具有集中控制结构的可编程网络中，对越来越多的应用程序的认证是一个主要的安全挑战。

如果没有身份认证和权限管理机制，那么所有的应用程序，包括恶意应用程序就可以直接通过控制器提供的 API 获得 SDN 的配置信息。攻击者很轻易就可以通过应用程序完成恶意目的的策略部署，篡改正常下发的流表项，窃取交互数据。与此同时，合法应用程序也不一定是绝对安全的，可能存在一些漏洞而被攻击者利用，产生非法策略和流规则，对网络安全构成威胁。因此，为了避免恶意应用程序的骚扰，对应用程序进行认证和权限管理很有必要，这也是维护 SDN 安全不可或缺的手段之一。

(3) 应用配置缺陷

SDN 结构被提出来的出发点是使网络软件化并充分开放，从而使网络能够像软件一样便捷、灵活，以此来提高网络的创新能力，这也是 SDN 相较于传统网络的优势所在。由于 SDN 应用程序的大量配置，其中不乏一些应用程序存在耦合性，因此产生的策略和流规则存在相互覆盖、竞争、冲突等现象。

我们构建了图 6.3 所示的 SDN 应用配置冲突场景。其中，防火墙会阻塞从 192.0.0.2 节点到 192.0.0.4 节点的所有数据包。当 192.0.0.2 节点发出目的 IP 地址为 192.0.0.3 的数据流时，是可以通过防火墙的。当数据流进入 SDN 交换机后，应用层配置处理策略为(Src:192.0.0.2 Dst:192.0.0.3 Action:Modify Dst:192.0.0.3->192.0.0.4)，并将该流表项下发至交换机中。从 192.0.0.2 节点发出的数据流在该流表项的处理之后，便会转发至 192.0.0.4 节点。这种转发结果最终还是可以实现 192.0.0.2 节点到 192.0.0.4 节点的转发。这与防火墙的规则是冲突的，也就是说，SDN 在赋予交换机修改包头的能力之后，虽然增加了灵活性和便捷性，但同时也带来安全隐患。

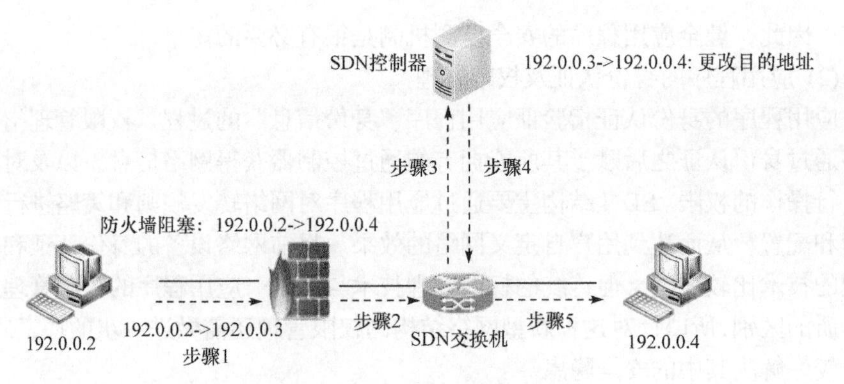

图 6.3　SDN 应用配置冲突场景

6.2.2　北向接口的安全问题

SDN 的 NBI 位于应用层与控制器之间，负责控制器和各个应用之间的通信，是整个 SDN 体系结构的重要组成部分。上层应用通过 NBI 访问和调度网络资源，而控制器通过该接口从应用层获得策略更新的规则，从而生成相应的流表项。

由上所述，NBI 的重要性可见一斑，它的安全与稳定将直接决定 SDN 的转发性能和安全性能，因此完善接口设计对于整个 SDN 技术的发展很关键。然而，控制层 NOS 具有多样性，NBI 标准化工作困难重重，虽然 SDN 技术近几年发展迅速，但是这个问题依然没有一个特别完善的解决方案。在这个局限之下，对那些想要通过 NBI 接口连接控制器的上层应用程序就很难设计一个合理的认证体系，从而给攻击者提供可乘之机。他们通过编写恶意应用程序，轻松进入 NBI，利用 SDN 可编程的性质，访问网络资源并恶意修改网络参数，占据控制器资源。由此看来，由于 NBI 的缺陷导致应用层与控制器之间的信任机制极其脆弱，控制器很容易就会被攻击者恶意劫持，从而直接影响到整个网络的正常运行。因此，维护 NBI 的安全问题也是至关重要且无法回避的。

6.2.3　控制层的安全问题

集中化的控制层承载着网络环境中的所有控制流，是网络服务的中枢机构，其安全性直接关系着网络服务的可用性、可靠性和数据安全性，是 SDN 安全首先要解决的问题。控制层目前存在如下主要安全挑战和威胁。

(1) 控制器受到 DoS 攻击

传统网络分布式结构的特性具有较好的容错性，即使网络中某个网元出现问题，也不会导致整个网络彻底瘫痪。SDN 采用控制器集中控制的结构，控制器的安全性和稳定性直接影响整个网络的安全性和稳定性。控制器一旦受到 DoS 攻击而发生单点故障，SDN 的所有功能都将无法实现。

DoS 攻击主要利用网络资源有限的特性，通过攻击网络协议中的缺陷或直接通过野蛮手段耗尽被攻击对象的资源，使目标主机或网络无法提供正常的服务或资源访问，从而进一步让目标服务系统停止响应，甚至崩溃。如图 6.4 所示，当用户间进行通信时，用户需要先向 SDN 交换机发送请求，然后由交换机进行流表查询与匹配。如果没有匹配到流表信息，那么交换机将发送 Packet_In 请求给控制器，接下来控制器会根据具体需求下发流表，最终交换机完成流的转发。在上述过程中，如果攻击者向 SDN 交换机发送大量虚假请求，那么交换机将频繁发送 Packet_In 请求给控制器，最终控制器资源将被快速消耗，使网络内的正常请求无法执行(攻击一)。同时，由于控制器会下发大量无效的流规则，它们占据了交换机有限的流表空间，从而导致交换机崩溃(攻击二)，最终使交换机无法提供有效的服务。

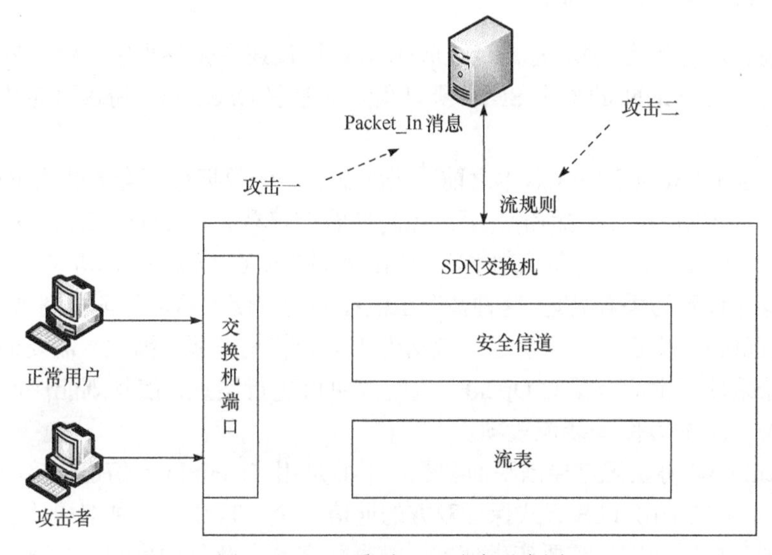

图 6.4　SDN 受到 DoS 攻击示意图

(2) 两种常见的安全问题

① 各类应用带来的威胁。在控制平面之上的应用程序可能对控制平面构成严重的安全威胁。通常，从控制器能力的角度来看，控制器安全性是一项挑战，需要通过适当的隔离、审计和跟踪对应用程序使用的资源进行身份验证和授权。此外，在提供对网络信息和资源的访问之前，需要根据不同应用程序的安全要求对它们进行区别处理。在 SDN 结构中，管理员可通过 NBI 调用上层的应用，灵活地管理配置网络。当然，这种在控制平面之上运行的应用和可编程的特性也可能会对控制器造成安全威胁。

② 扩展性缺乏带来的问题。SDN 控制器是以逻辑集中的方式负责相关功能，

这会加重控制器的负载，增加控制器本身的复杂度。例如，在 SDN 中，控制器需要为每条数据流制定相应的流规则，因此如果流请求过多，控制器可能会成为一个瓶颈，进而引发一系列的问题。研究表明，OpenFlow 交换机在链路带宽为 10Gbit/s 的高速网络下的可用性会大大地降低，原因就在于控制器没有足够的处理能力来应对流请求。正是因为 SDN 缺乏可扩展性，控制平面很容易受到网络攻击而过载。过载时的 SDN 性能远低于传统网络。

除此之外，在 SDN 中，控制器的安全问题对数据层也有直接影响。在控制与转发分离的结构下，如果控制器被攻击导致数据层与控制层失去连接，数据层就不能获得相应的流转发规则，进而由交换机等基础设施组成的节点网络也会瘫痪。因此，交换机与控制器的连接通路也会成为攻击的目标。

6.2.4 南向接口的安全问题

目前，虽然作为 SBI 标准的 OpenFlow 协议还在完善当中，但业界共识是 OpenFlow 将是 SDN 的主流 SBI，所以我们仅考虑 OpenFlow 协议可能涉及的安全问题。

在 OpenFlow 协议 1.3 版本之前，未匹配流表的数据包都会封装成 Packet_In 消息转发给控制器。在这种情况下，控制平面很容易受到 DDoS 攻击，进而影响网络的整体性能。为了避免控制平面受到这种攻击，在 OpenFlow 协议 1.3 版本中将默认操作设置为丢弃处理,这种情况虽然在一定程度上可以保证控制器的安全，但是 OpenFlow 交换机将无法通过被动模式来安装流表项。因此，需要根据实际应用场景采取折中的方法对 OpenFlow 配置协议进行设置，使其既能保证控制平面的安全，又能方便安装流表项。

OpenFlow 协议规定控制平面和数据平面是用 OpenFlow 信道连接起来的。OpenFlow 信道采用 TLS 方式保证双方的通信安全。TLS 是一种双向认证技术，交换机端和控制器端均需要产生证书，结合数字签名及公钥机制进行双方身份的验证。这能够保证数据传输过程中的完整性和机密性，然而 TLS 在加密会话的初始阶段容易受到中间人攻击的威胁。原因是，它需要由第三方认证机构来发布双方连接的证书。此外，这种方式开销较大，不利于实际部署，很多管理员在交换机上会跳过 TLS 的部署，但是当 OpenFlow 网络采用不够安全的证书交换方式，或者干脆直接采用明文传输控制消息时，攻击者就会趁机通过连接交换机和控制器控制整个网络。因此，OpenFlow 协议需要考虑这种安全机制本身的局限性和由此引发的安全隐患问题。

6.2.5 数据层的安全问题

传统网络由大量异构封闭的网元所组成，数据的转发由多个网元参与，因此其结构本身具有一定的安全防护能力。在 SDN 中，转控分离使数据转发处理具有开放性和可编程性，因此数据层配置很容易被篡改，从而引发安全问题。

在 OpenFlow 网络中，OpenFlow 控制器在交换机的流表中安装流规则。这些流规则可以在主机发送包之前安装(主动规则安装)，也可以在主机发出第一个包之后安装(被动规则安装)。由于决策能力已经从交换机中分离出来，因此首要的安全挑战是识别合法的流规则，并将它们与错误或恶意的规则区分开来。第二个挑战是基于交换机可以维护的流条目的数量。在 OpenFlow 中，交换机必须缓冲流，直到控制器发出流规则，而交换机具有有限数量的存储空间，这一特性使数据层非常容易受到饱和攻击。

数据层对控制器下发的流规则绝对信任，会直接按照流规则进行转发，当攻击者对控制器窃取信息并下发错误的流规则时，会造成流规则不一致问题。这会使 SDN 不稳定，影响信息传输的安全性。虽然 OpenFlow 协议已经达到了一定的标准化，但是由于硬件资源限制，OpenFlow 交换机对数据的具体处理流程实际上还是由各厂商自行设计的，因此不同的 OpenFlow 交换机在一些具体的处理流程上仍存在较大的差异。例如，交换机内部使用软件流表和硬件流表的优先问题、交换机对未匹配数据包的缓存处理问题等。面对相同的问题，因交换机的差异而采取的不同处理方式，有可能被恶意攻击者利用，进而引发安全问题。

正常情况下，交换机具有充足的流表空间进行数据的转发操作，但是在受到攻击的情况下，例如 DoS 攻击下，由于攻击流产生速度快、数量大，流表资源会迅速耗尽，交换机内就没有充足的流表空间给正常流使用，会造成 DoS 问题。

6.3　可行安全解决方案

SDN 安全问题解决方案分类总结如表 6.1 所示。下面对这些解决方案进行介绍。

表 6.1　SDN 安全问题解决方案分类总结

解决方案	安全类型	涉及的层			涉及的接口	
		应用层	控制层	数据层	NBI	SBI
FlowGuard	配置缺陷	√	√	√		√
NICE	配置缺陷	√	√			√
FortNOX	授权认证		√	√		

续表

解决方案	安全类型	涉及的层			涉及的接口	
		应用层	控制层	数据层	NBI	SBI
AuthFlow	授权认证	√	√	√		√
SE Floodlight	数据安全		√	√	√	
ROSEMARY	恶意应用	√	√			
Avant-Guard	DoS 攻击		√	√		√
VAVE	DoS 攻击		√	√		

6.3.1 配置缺陷问题防御方案

FlowGuard 结构(图 6.5)是 Hu 等提出的一种检查网络流路径空间的方法，可以在更新网络状态时检测是否与防火墙策略冲突[4]。冲突检测模块和冲突解决模块是最核心的两个模块。

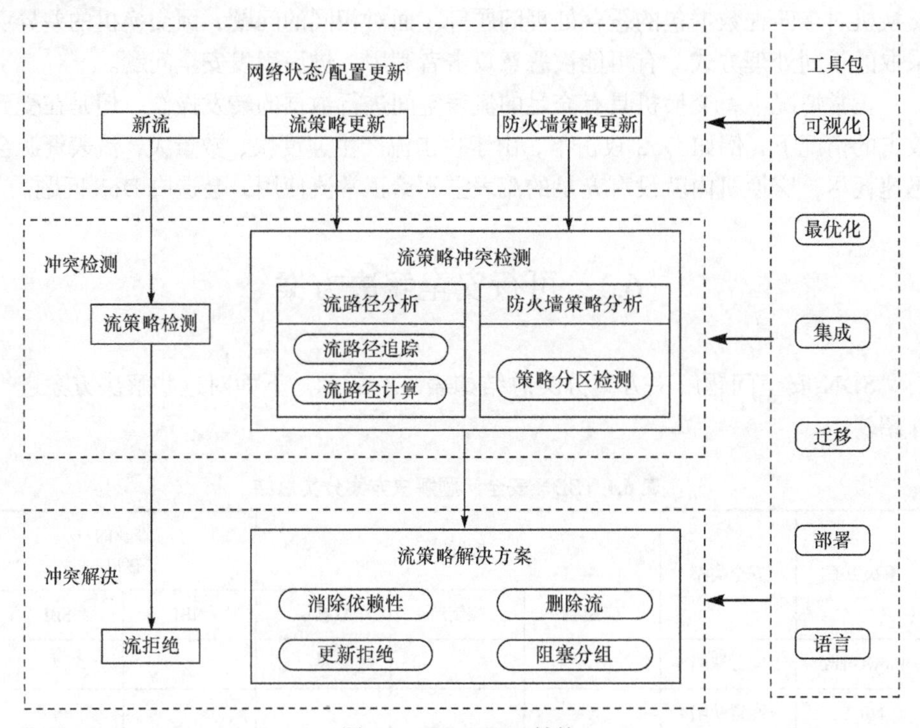

图 6.5 FlowGuard 结构

冲突检测模块由流路径分析和防火墙策略分析这两个模块构成。流路径分析模块以数据包 HSA 为基础建立流追踪机制。在配置防火墙的时候，可能会出现安全策略交叉的情况，进而造成冲突发生，所以防火墙策略分析模块将所有策略归纳整理，用来处理安全策略自身造成的冲突问题，从而提高后续执行效率。当流路径空间与防火墙策略产生冲突或防火墙自身策略存在冲突问题时，系统会调用冲突解决模块来处理这些冲突。

传统网络处理冲突的方法通常是直接拒绝这些违背安全策略的流或删除发生冲突的安全策略，但在 SDN 环境下，此方案会带来不可预测的后果。因为安全策略之间有直接或间接相关的关系，直接删除安全策略可能引发雪崩式的系统崩溃。为了解决该问题，可以采用如图 6.6 所示的灵活高效的冲突解决策略。FlowGuard 的冲突检测及其针对不同的检测结果相应的处理流程如下。

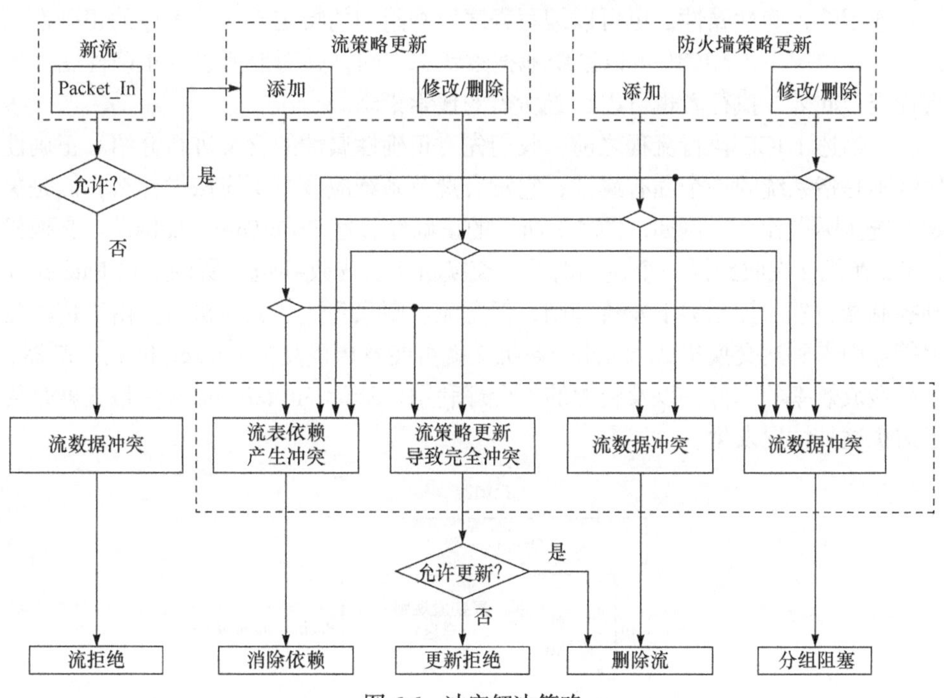

图 6.6　冲突解决策略

当一条新的数据流进入网络，通过防火墙的规则过滤，若该流在防火墙的拒绝域，防火墙则拒绝该流的通过，否则通过防火墙进入 SDN 交换机。新流进入交换机后，触发新流表项的下发，从而引起流规则的更新，此时需要检测模块判别该流表项是否与已经存在的旧流表规则产生依赖冲突或者与防火墙规则有冲突。如果新流表与旧流表规则存在依赖冲突，则通过重路由或者添加标签的方法消除依赖关系；如果流策略更新后与防火墙规则有完全冲突，则移除该新添加的流表项；如果与防火墙规则有局部冲突，则在交换机出口段和入口段对该数据流进行流阻塞处理。另外，与添加流表项类似，修改或者删除流规则同样也会引起流规则的更新，引发冲突检测机制，应对冲突情况实施解决方案。与添加流表项产生完全冲突的解决方法不同，删除或更新流规则的操作会被拒绝执行，而不是移除流表项。

FlowGuard 结构不但遍历全部待检测结果，提高冲突检测的准确率，而且适用性强，对于不同类型的冲突都设置有相应的解决方案。然而，FlowGuard 结构也有一定的局限性，因为其仅体现在防火墙层面的冲突检测，并未涉及其他方面的冲突检测。

为了解决配置缺陷问题，Canini 等开发了 NICE。NICE 通过自动生成特定的数据包流来测试控制器程序，以检测其是否存在配置缺陷。执行者可以通过 NICE 检查通用的正确性属性，也可以编写程序检查附加的特定于应用程序的正确性属性。默认情况下，NICE 可以系统地搜索状态空间，并对照所需的正确性属性进行检查。此外，执行者也可以配置所需的搜索策略。

在描述 NICE 执行流程之前，我们先对正确性属性的含义进行介绍。正确性属性不是指系统的一个固有属性，它没有规范系统应该或不应该做什么，而是决定系统实际做什么。例如，图 6.7 所示的正确性属性 StrictDirectPaths，当交换机 1 和交换机 2 在收到同一个包的时候，交换机 1 首先收到包，所以发送 Packet_In 到控制器，然后控制器下发流规则，但是流规则只到达了交换机 1。由于传输延迟等原因未到达交换机 2，因此交换机 2 就可能发送重复的 Packet_In 到控制器，这就造成效率的降低，以及资源的不合理利用，StrictDirectPaths 属性检查就是为了避免这种情况发生。

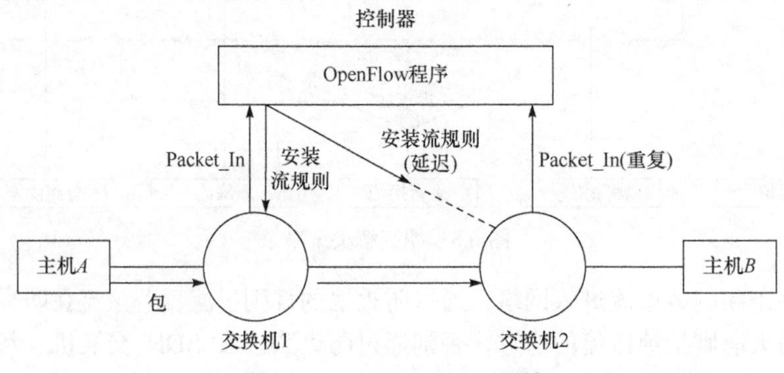

图 6.7　StrictDirectPaths 属性

NICE 提供了一个适用于各种 OpenFlow 应用程序的正确性属性库。程序员可以从列表中选择适合应用程序的属性。除了 StrictDirectPaths 属性，NICE 还提供了 NoForwardingLoops、NoBlackHoles、DirectPaths、NoForgottenPackets 等属性。

这些属性包括控制器属性、交换机属性、主机属性。

NICE 的执行流程如图 6.8 所示。可以看出，NICE 这个工具主要由三部分构成，即模型检查、符号执行、状态空间搜索。

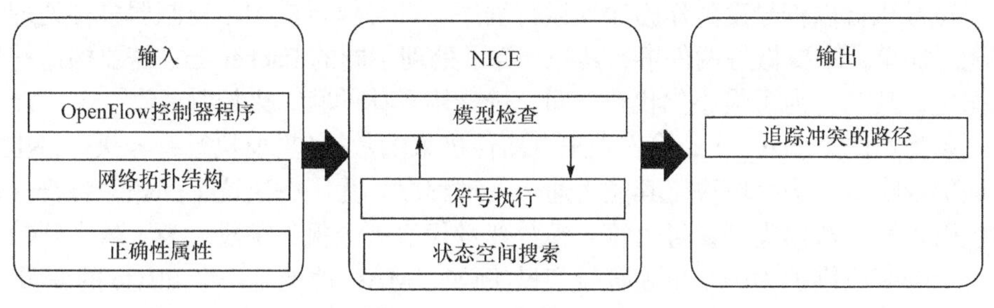

图 6.8　NICE 的执行流程

(1) 模型检查

模型检查依赖系统模型，因此需要建立对应的系统模型。此方案将控制器建模为转换系统，应用程序的状态建模为其全局变量的值，将每个事件处理程序视为一个转换，将交换机建模为一组通信通道、处理数据包和 OpenFlow 消息的转换，以及一个流表。对终端主机进行建模是比较复杂的，NICE 提供了一些简单的程序，充当各种协议的客户机或服务器。

控制器程序的执行取决于底层交换机和终端主机；反过来，控制器也会影响这些组件的行为。因此，检查不但是通过运行控制器程序查看每条路径的状态问题，更是考虑更大系统的状态，为了系统地检查每个状态的正确性，程序引入模型检查技术。要使用模型检查技术，就需要识别系统状态，以及识别系统从一个状态到另一个状态进行的转换。

在描述系统状态之前，先介绍组件状态。分布式系统由多个组件组成。这些组件通过消息通道异步通信。每个组件都有一组变量，组件状态是对这些变量赋值，而系统状态是组件状态的总和。对任何给定的状态，每个组件维护一组转换行为。这里的转换是指从一种状态到另一种状态的更改。对于每种状态，启用的系统转换是指在所有组件上启用的全部转换。这些转换的序列决定系统的行为。

给定状态空间的模型之后，执行搜索在概念上就很简单了。首先，模型检查器随着系统的初始化对堆栈也进行初始化。在每个步骤中，检查器从堆栈中选择一个状态及其启用的转换。执行转换之后，检查器测试新的到达状态的正确性属性。如果新状态违反正确性属性，检查器将保存错误和执行跟踪；否则，检查器将新状态添加到状态集(除非该状态已在前面添加)，并调度此状态下启用的所有转换。模型检查器可以运行到状态堆栈为空，或者直到检测到第一个错误。

(2) 符号执行

为了系统地测试控制器程序，必须探索其所有可能的转换。NICE 没有探究所有可能的输入，而是确定哪些输入将通过程序执行不同的代码路径。系统地研究所有代码路径自然会考虑符号执行技术。通过符号执行技术将输入的数据包进行分类处理，模型检查时只需要检查等价类中的一个类即可。

符号执行以符号变量作为输入运行程序。符号执行应用于控制器事件处理程序相对简单，主要做好两件事，其一，为了处理不同的 Packet_In，需要构造符号数据包；其二，为了最小化状态空间，选择用具体的状态来控制。

各种不同 Packet_In 的输入是来自新传进来的数据包。要执行符号执行，NICE 必须确定哪些包头字段决定其能否通过处理程序。为了解决这个问题，将符号数据包引入符号数据类型，每个符号整数变量代表一个报头字段。为了减少开销，将每个头字段维护为一个单独符号变量(例如，MAC 地址是一个 6Byte 的变量)，可以减少变量的数量。但是，NICE 仍然允许对字段进行字节级和位级访问。

事件处理程序的执行也依赖控制器状态，因此必须将全局变量合并到符号执行中。选择以具体的形式表示全局变量，使用这些具体的变量作为初始状态，并将数据包和统计参数标记为符号，应用符号执行处理程序。

(3) 状态空间搜索

模型检查通常无法探索整个状态空间，因为状态空间可能是无限的，所以提出领域特定的启发式方法。该方法在关注可能发现 Bug 场景的同时，可以大大减少事件排序的空间。常用的搜索策略有 PKT-SEQ、NO-DELAY、UNUSUAL、FLOW-IR 等。除了 PKT-SEQ 减少了由符号执行带来的转换而导致的状态空间急剧变化，大多数策略都是对模型检查产生的事件交错进行操作。

6.3.2 授权认证问题防御方案

SDN 转控分离的结构必然引发授权认证的相关问题。双方授权认证机制是一种防止恶意节点接入网络的有效方法[5-8]。

授权认证机制具体包括控制层和数据层之间、应用层和控制层之间的授权认证。一般情况下，数据层中网络设备的加入和删除都是由管理员直接操作的，但在 OpenFlow 的带外模式部署中还存在专门的布线连接，因此控制层能够准确地获取系统中各个网元的信息，可有效避免恶意节点的伪装接入。此外，控制层需要考虑外来网络设备的动态加入和删除。例如，在面向广域网分布式控制平面的情况下，本域内的网络设备需要向邻接域内的控制器发起连接，可以通过控制平面的同步机制交换各自域内的认证设备列表,从而实现网络设备的动态迁移认证，杜绝恶意节点的加入。

在网络系统应用层和控制层之间需要进行应用程序的授权认证，特别是要注重对第三方应用的授权认证工作。由于控制层存在多种 NOS，因此不同的平台需要一套对应的 API 为上层应用的调用提供支持。对于不同应用平台的应用程序就需要相应的应用平台进行授权认证和检测。为了解决应用层与控制层之间的认证问题，下面对FortNOX结构[2]进行介绍。

FortNOX结构是Porras等提出的一种从控制器内核层面出发解决授权认证问题的方法。它通过基于角色的身份验证来确定每个OpenFlow应用程序(规则产生器)的安全授权，执行最小特权原则以确保中介过程的完整性。如图6.9所示，FortNOX结构以开源OpenFlow控制器NOX为基础。NOX的中心有一个名为Send_Openflow_Command( )的接口，负责将流规则从OpenFlow应用程序传递到交换机。FortNOX用四个组件扩展这个接口。FortNOX主要设计了基于角色的数据源认证、状态表管理器、流规则超时回调等模块。

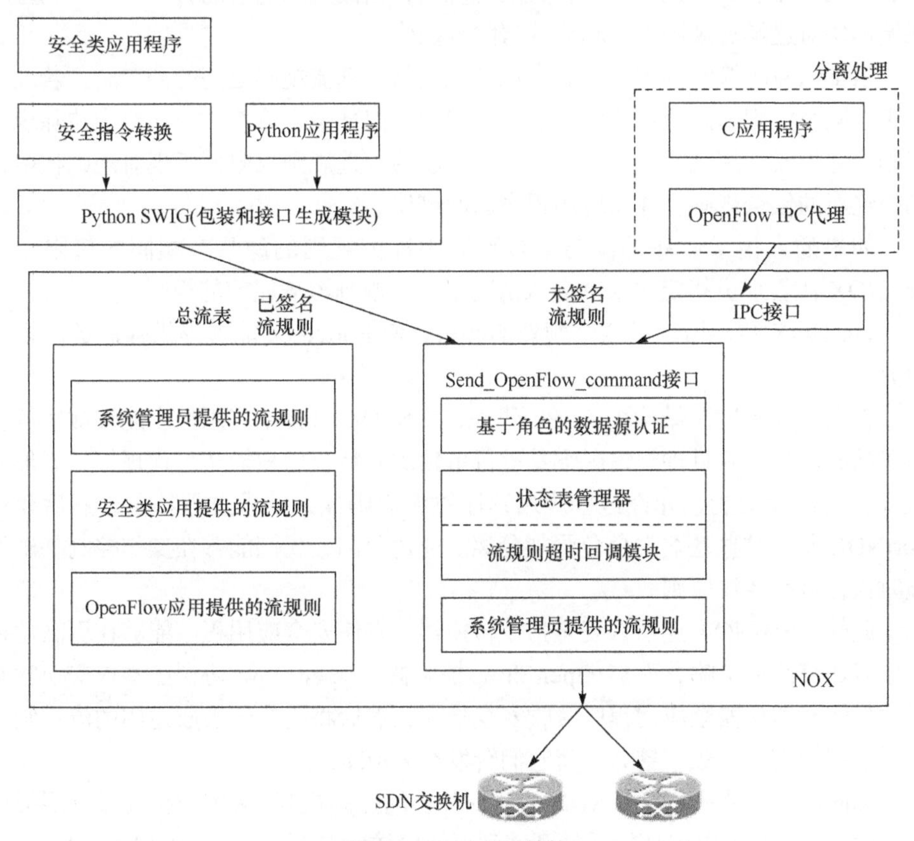

图6.9 FortNOX结构

FortNOX默认情况下在产生流规则插入请求的代理中识别三个授权角色。第一，管理员。规则插入请求在FortNOX的冲突解决方案中被分配最高优先级，发送到交换机的流规则被设置为最高优先级。第二，安全应用程序被分配一个单独的授权角色。这些安全应用程序用于产生流规则，可以进一步约束管理员的静态网络安全策略，如恶意的流、可能被列入黑名单的外部实体等。安全应用程序产生的规则插入请求被分配的流规则优先级低于管理员定义的流规则的优先级。第三，与安全无关的 OpenFlow 应用程序被分配最低优先级。

角色是通过数字签名方案实现的，通过使用多种插入源规则的公钥对 FortNOX 进行预配置。FortNOX 对 NOX 的流规则插入接口进行扩充，使其可以接收每个流请求的数字签名。如果遗留的 OpenFlow 应用程序不选择对流规则签名，那么这些规则被分配给标准 OpenFlow 应用程序的默认角色和优先级。

状态表管理器和流规则超时回调模块管理全部流规则。此外，它们还管理关于交换机的流表和角色授权的相关配置规则，当流规则超时的时候，流规则超时回调模块对这类流规则进行相应的清除等操作。

当 FortNox 检测到聚合流表中现有规则与候选流规则之间的冲突时，若现有规则权限小，则新的候选规则覆盖现有规则，即从聚合流表和交换机中清除现有规则，并将候选规则插入两者之中。如果新的候选规则权限低于现有规则权限，则拒绝新的候选规则，并向应用程序返回错误。

如果插入请求程序的源与聚合流表中冲突规则的源具有相同的权限，则 FortNOX 让管理员指定结果。默认情况下，新规则覆盖先前的规则。

FortNOX 结构增加了两个额外的接口，使 FortNOX 能够提供强制的流规则中介。

首先，FortNOX 结构引入 IPC 代理，它使 OpenFlow 应用程序能够被实例化为单独的进程，并且理想情况下是进行单独的非特权用户操作。代理接口添加了数字签名扩展功能，允许这些应用程序对流规则插入请求进行签名，然后允许 FortNOX 基于这些签名对角色强加分离。通过分离，我们能够在操作控制基础设施时执行最小特权原则。

此外，FortNOX 还引入安全指令转换器，它使安全应用程序能够在更高的抽象层表达流约束策略，而与 OpenFlow 控制器、OpenFlow 协议版本或交换状态无关。转换器从安全应用程序接收安全指令，然后将指令转换成适用的流规则，并对这些规则进行数字签名，将它们转发给 FortNOX。

AuthFlow[8]是一种基于 SDN 的认证和访问控制机制，为客户机在较低层提供身份验证机制，可以保证较低的开销和更快的访问控制过程。AuthFlow 的一个重要特征是允许控制应用程序根据请求客户端的身份验证凭据定义流规则，而且整个认证过程在 MAC 层之上，且遵守 IEEE 801.X 标准，可以保证请求客户机与认证器之间的认证信息交换是符合标准的。

AuthFlow 的结构如图 6.10 所示，主要包含 OpenFlow 控制器、认证器和 RADIUS (remote authentication dial in user service)服务器。虚拟和物理机作为交换机，分别称为虚拟交换机和物理交换机。物理路由器是具有 Xen 虚拟系统和主机虚拟路由器的节点。物理路由器和虚拟路由器之间的数据包转发由一个与 OpenFlow API 兼容的软件交换机执行。控制器上的 AuthFlow 主要处理 IEEE 802.1X 包的转发，这些包会被直接转发至认证器。认证器实际上是一个实现了 IEEE 802.1X 的 RADIUS 客户机，它将 EAP 消息转发给 RADIUS。

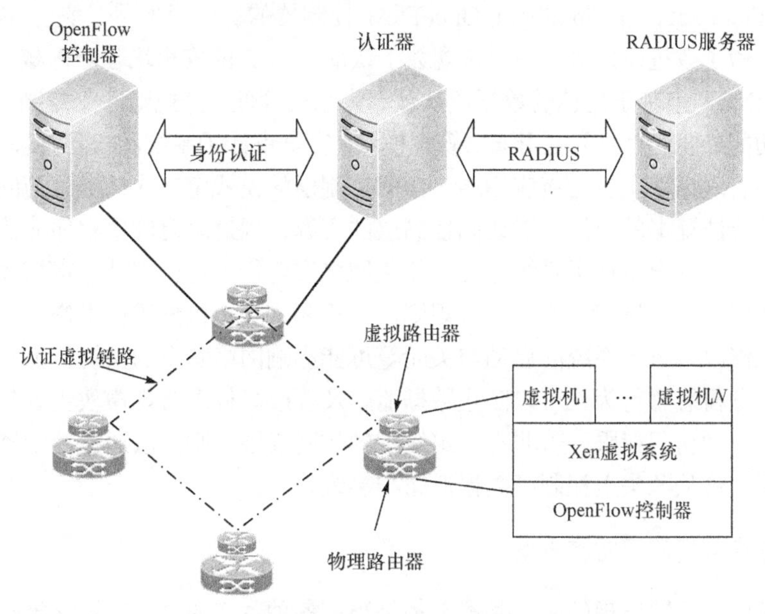

图 6.10　AuthFlow 的结构

AuthFlow 认证机制的工作始于客户端向交换机发送 IEEE 802.1X 标准的认证请求。交换机将该认证请求发送至控制器；控制器识别出 IEEE 802.1X 标准的数据包，并转发给认证器；当认证器成功接收到请求后，通过回复确认信息响应交换机，请求客户端再发送它的证书给认证器。认证器运行 EAP 定义的身份验证方法，根据 RADIUS 服务器检查请求者的证书。如果身份认证过程成功，认证器给请求客户端发送一个成功信息，同时通过 SSL 通道给控制器发送一个授权和确认信息。这个信息通过请求客户端的 MAC 地址标记它的身份，确认身份认证成功并通知请求客户端的身份。在通过认证之后，运行在控制器上的 AuthFlow 应用程序就允许请求客户端访问网络资源。在撤销请求主机的身份验证时，认证器与 AuthFlow 应用程序通信，AuthFlow 应用程序立即拒绝主机对网络的访问，删除被禁止主机的所有流表项[9]。

6.3.3　数据泄露及篡改问题防御方案

数据泄露及篡改问题是由授权问题衍生而来的，但其解决方案却不能单纯地依靠解决授权问题来设计。具体来说，授权认证问题的解决在一定程度上有助于数据泄露和篡改问题的解决，但仅从授权认证方面出发无法从根本上解决泄露和篡改问题。目前，数据泄露和篡改问题的研究较少，基本上都是将其作为兼顾问题。

SE-Floodlight 是 Floodlight OpenFlow 控制器的扩展版本[10]。它在 FortNOX 的基础上做了改进，并引入一个包含数字认证的 NBI 的安全增强版内核。它除了具有 FortNOX 中基于角色的数据源认证、状态表管理、流规则冲突检测，以及超时回调功能外，还增加了应用证书管理模块、安全审计子系统和权限管理模块等。应用证书管理模块主要是将应用层、访问控制层的模式定义成认证性访问。只有具有相关合法证书的应用才能访问控制层的资源，规避恶意应用程序非法访问控制层的威胁。安全审计子系统主要对相关网络安全行为进行审计、审核和追踪，如身份授权认证、流规则变更、流规则冲突检测、交换机配置信息修改、控制器配置信息修改，审计系统的启动与关闭等可能影响网络安全的关键行为。通过密切监管并分析恶意行为，可以防止数据泄露及篡改。权限管理模块主要是给控制器的资源添加访问权限，若非有一定级别的访问权限，则无法通过控制器获取其中的资源，这从源头上扼制了数据泄露与篡改。

6.3.4 恶意应用问题防御方案

恶意应用问题出现的原因基本上都是当前各种各样的 NOS 缺乏鲁棒性和安全性而引发的。

NOS 鲁棒性弱的原因主要有三个。

① 应用程序与 NOS 没有明确分离。开发者对应用的开发基本上都是在 NOS 的源码上做模块化开发，运行时更类似于系统调用，没有一个明确划分的运行空间。

② 应用程序使用的资源没有被限制。有些应用程序消耗了超出预算的网络资源从而导致系统崩溃。

③ NOS 体系结构都是一个完整的块，每一次对系统功能的拓展都需要从根本上重新考虑。这种模式大大抑制了 NOS 的扩展。NOS 安全性不足的原因有两个：一是没有认证环节，大部分 NOS 将所有的应用都视为足够信任而没有配置任何判断其功能是否对 NOS 有威胁的机制；二是缺少访问控制。例如，Linux 和 Windows 这种传统操作系统，不允许应用程序直接访问操作系统的资源，若应用确实需要访问操作系统资源，则需要操作系统的权限。在 NOS 中，任何一个应用都能轻易获取 NOS 管控的资源，因此给系统带来潜在威胁。

考虑上述的问题，Shin 等提出一种新型结构的 NOS，即 ROSEMARY[11]。它的结构如图 6.11 所示。

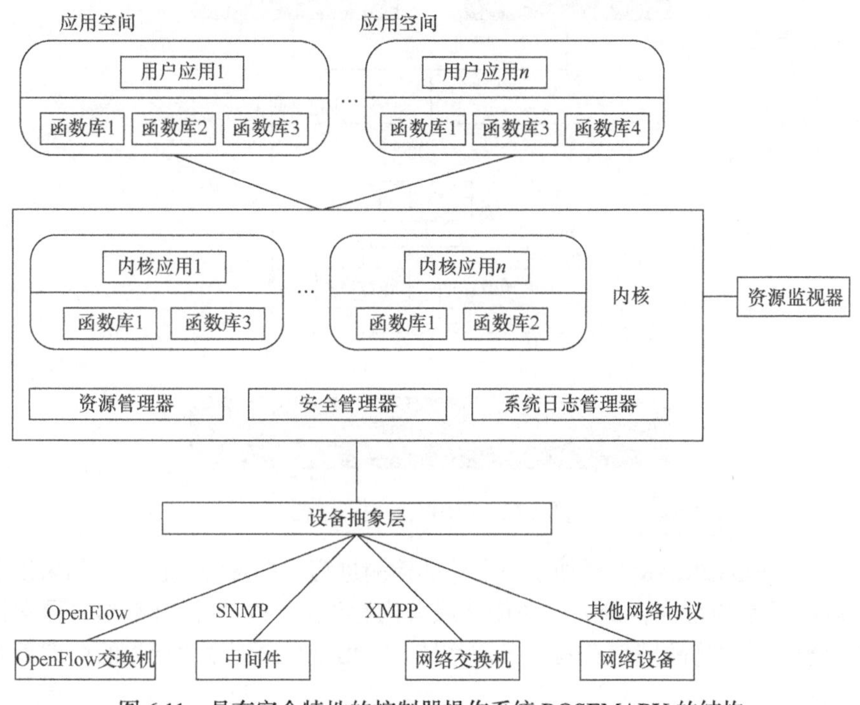

图 6.11　具有安全特性的控制器操作系统 ROSEMARY 的结构

该系统主要包含 DAL、ROSEMARY 内核、系统函数库，以及资源监视器等。DAL 将所有可能的硬件设备(网络设备)融合在一起并转发给上层 ROSEMARY 内核。图 6.11 最上面一层是运行在用户态下的用户应用程序。每一个应用都分配一个运行空间，并且只包含所需的功能函数库。这样的设计可以提高网络稳定性，同时缓解传统 NOS 只通过一个通道交互信息的负载压力。为了防止某些带有 bug 或者恶意应用无限制地占用系统资源，ROSEMARY 通过资源管理器组件对每个应用限定空间。图 6.12 所示为一个应用空间内部结构。这样的设计结构也是为了达到控制应用访问内核及认证的目的。

每一个应用都将运行在这样一个固定的环境中，当它要做一些高权限的系统调用时(如访问内部数据模块)，将由系统调用访问检查模块发起。这样就可以对这些访问加以控制。另外，应用空间还可以通过应用认证模块检测当前的应用是否具有特定的标记来判断它是不是已经被认证。流规则执行模块检测更新流表项的这个操作是否是正常行为，若是非法行为，则做出相应的预警处理。

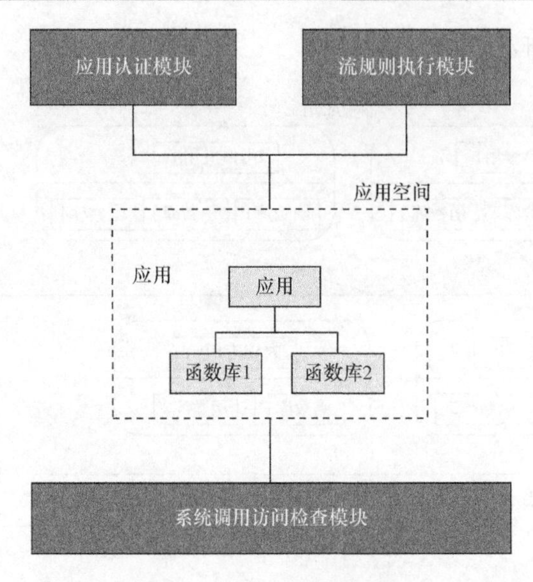

图 6.12　应用空间内部结构

此外，ROSEMARY 添加了一个外部检测进程，即资源监视器。如果该监视器检测出异常的行为，例如服务崩溃或者内存泄露，它将针对不同的异常行为做出处理，同时将故障信息写入日志系统。ROSEMARY 异常行为的处理策略如表 6.2 所示。

表 6.2　ROSEMARY 异常行为的处理策略

异常行为	相关反应
服务崩溃	重启崩溃的服务
多个服务崩溃	重启 ROSEMARY
内存泄露	重启造成内存泄漏的服务
内核应用崩溃	重启 ROSEMARY 服务，并且将该应用作为用户应用重启

6.3.5　控制层的备份和恢复

控制层是整个网络的逻辑控制中心，其安全性不言而喻。我们在考虑应对控制层的安全问题时，决不能忽略控制器的备份和恢复机制。

理论上，控制器的备份和恢复功能是在本地实现的。在 SDN 中，控制平面需要具备控制器的备份和快速故障恢复的能力。当某台控制器出现故障时，与其连接的网络设备应该能够迅速连接到其他控制器。在这种环境下，多控制器系统的网络状态一致性要求很高，因此控制层可以通过维护控制器池来满足备份和恢复的需求，保证网络状态的实时同步与更新。同时，为了满足底层网元的连接需求，控制层需要时刻关注控制器池中各个控制器的负载开销状况，若出现某台或某些控制器负载不均衡或过载的现象，则需要调整各控制器连接的网络设备来实现负载均衡，或者增加控制器数量来满足底层网络更高的控制需求。为实现控制层的备份和恢复机制，左青云等[6]提出两种实现方式，如图 6.13 所示。

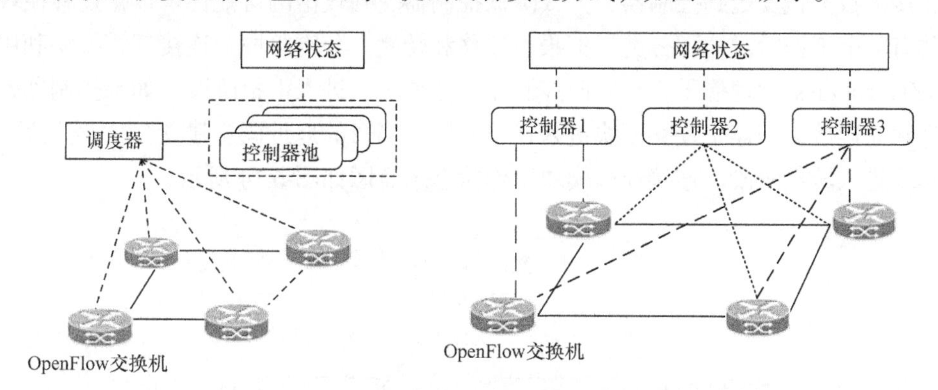

图 6.13 控制层备份和恢复机制的实现

第一种方法是通过调度器来实现控制权限管理的划分。在这种实现方式中，调度器能够将控制消息转发给不同的控制器，因此能够实现控制器池的冗余备份和恢复功能，同时还能够根据不同的调度机制实现控制平面的负载均衡。

第二种方法是通过 OpenFlow 协议实现。OpenFlow 协议从 1.2 版增加了对多控制器角色的支持，并区分为主控制器、从控制器和对等控制器，但目前协议并未规定不同角色控制器之间如何切换。因此，当网络设备连接的主控制器无法响应连接时，网络设备应该能够自动地将控制消息发送给从控制器或对等控制器。

6.3.6 DoS 攻击问题的防御方案

DoS 攻击是 SDN 控制器面临的主要安全威胁。攻击者大量消耗控制器的计算资源，使控制器过载。攻击者还可以利用交换机发送大量虚假请求给控制器，占用控制器资源，造成控制器产生过量负荷，导致控制器无法为其他合法用户服务，使整个系统瘫痪。Avant-Guard 是 Shin 等为了解决网络在 DoS 攻击下控制平面与数据平面固有的通信瓶颈问题提出的一种方法。它对 OpenFlow 数据平面进行了扩展，引入连接迁移模块和执行触发器。当数据平面的统计数据满足一定条件时，触发器将被触发进而插入有条件的流规则。这种拓展增强了控制平面对动态变化流的快速处理能力。

在向控制器发送请求前，连接迁移模块受 SYN 代理的启发，筛选无效的 TCP 连接。该模块会将已建立 TCP 连接的信息存储到访问列表，并提供给控制层。执行触发器会使网络状态信息和数据包负载信息收集更加高效，提供有条件流规则激活机制，当某些事件发生时，插入相应流规则。

连接迁移模块使数据平面能够代理 TCP 握手的阶段。绝大多数 DoS 攻击的无效数据包是不能通过握手阶段的，因此连接迁移模块可以通过选择将成功建立连接的数据包发送到控制器，大大降低控制器受到攻击的可能性。连接迁移模块共有 4 个工作阶段，即分类、汇报、迁移和转播。分类阶段，连接迁移模块利用 SYN cookies 代理握手，然后向控制器发送请求，进入汇报阶段。如果控制器允许建立连接，则连接迁移模块进入迁移阶段，当目的地址同意建立 TCP 连接后，模块进入转播阶段。连接迁移模块工作状态示意图如图 6.14 所示。

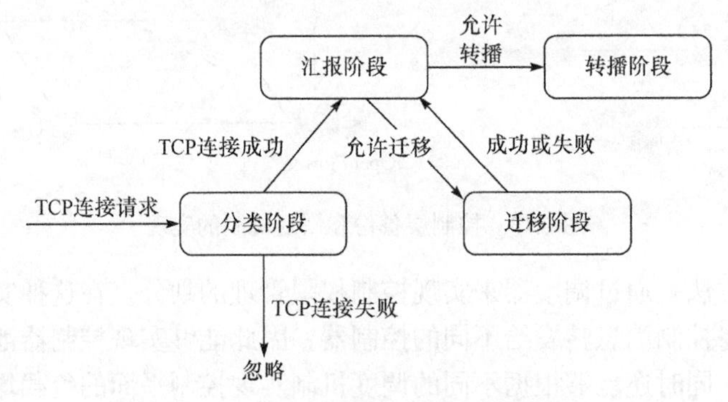

图 6.14　连接迁移模块工作状态示意图

执行触发器模块主要使数据平面能够高效地将网络状态和负载信息传递到控制层，以便控制层做出决策。另外，执行触发器模块也可以预先定义某些情况下的流规则，辅助控制层管理网络。

如图 6.15 所示，执行触发器模块主要包括以下执行步骤。第一步，控制层预先定义需要被触发的流量统计模式。第二步，控制层将此模式向数据层登记。第三步，数据层统计数据包及流的信息，将现有模式与预置模式相匹配。第四步，如果匹配成功，数据层向控制层进行事件反馈，并触发流规则。

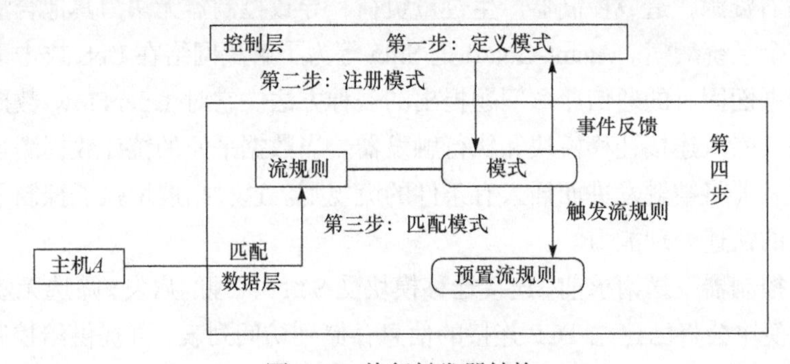

图 6.15　执行触发器结构

VAVE[10]是一种用 OpenFlow 交换机基于 NOX 控制器搭建起来的结构。它的提出主要针对 IETF 发布的通过绑定信息认证保证源地址正确性的 SAVI[12]设备。虽然 SAVI 交换机的引入能够几乎杜绝可能存在的 DDoS 攻击安全隐患，但当它独立工作时，绑定的信息无法共享，导致连接在一个 SAVI 交换机下的主机依然可以伪装成另一个 SAVI 交换机下主机实现对服务器或者其他主机的攻击。

如图 6.16 所示，主机 *A*、主机 *B* 和主机 *C* 分别连接在 SAVI 1、SAVI 2 和 SAVI 3 上，并且已经通过 DHCP 服务器分配得到 IP 地址，同时在 SAVI 设备上建立有效的 IP 与端口的绑定。由于只有 IP 地址和端口符合绑定的数据包才能通过 SAVI 设备转发，因此经过伪装的 DDoS 欺诈流可以完全被屏蔽。设想主机 *C* 可以发送非法代码使主机 *A* 瘫痪，使其无法对网络中的 DAD 做出响应，那么主机 *C* 就可以通过 SLAAC 将自己地址设置成主机 *A* 的地址，再发起一次基于先来先服务(first come first serve，FCFS)的绑定请求。当主机 *C* 进行 DAD 时，主机 *A* 无法做出响应；当绑定的等待时间结束依然没有收到其他主机的 DAD_NA 消息时，则在 SAVI 3 上生成一条主机 *A* 的 IP 与 SAVI 3 端口的有效绑定。主机 *C* 伪装成主机 *A* 所做的欺诈攻击成为可能。

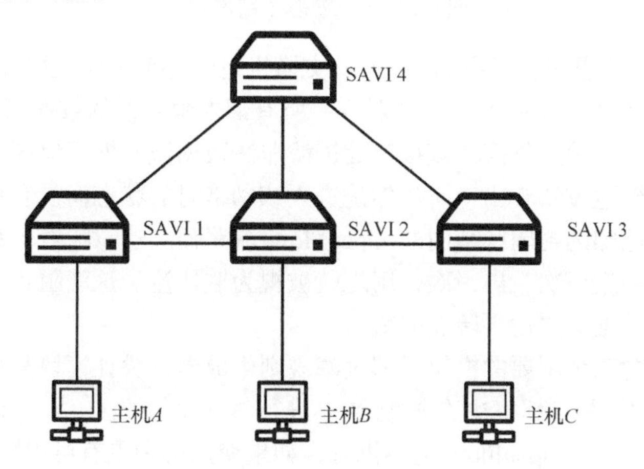

图 6.16　SAVI 场景图

VAVE 在考虑 SDN 结构的情况下，控制器能够通过下发流表对整个网络中的 SDN 交换机实现绑定信息的配置。这种集中式管理绑定信息的机制，可以解决 SAVI 面临的独立工作而引发安全问题的困境。

VAVE 是一个用 OpenFlow 交换机围绕 NOX 控制器搭建起来的结构。它也是传统交换机与 OpenFlow 交换机连接的端口的名称，基本结构图如图 6.17 所示。

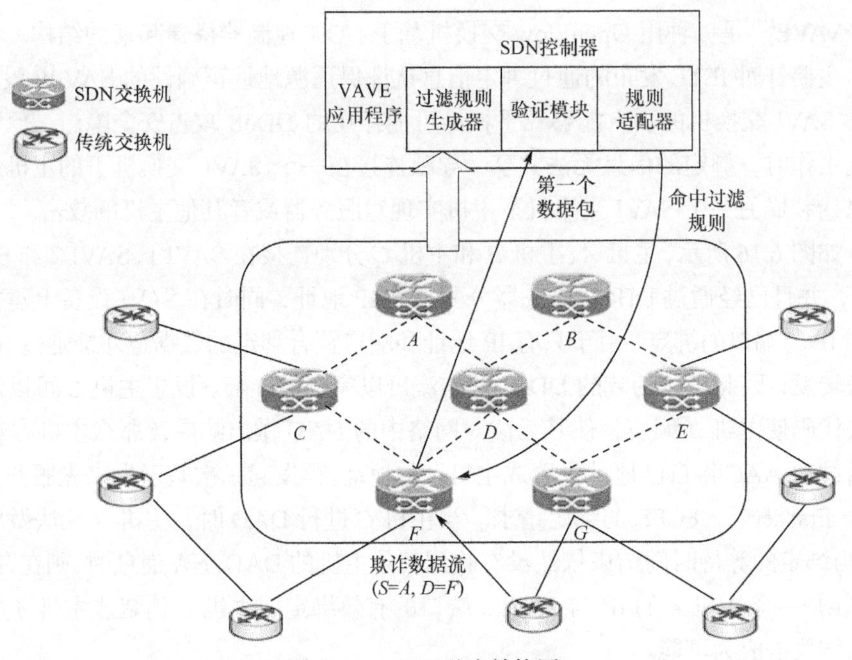

图 6.17　VAVE 基本结构图

VAVE 的核心思想在于用 OpenFlow 交换机组建一个封闭区域。区域内部包括控制器、DHCP 服务器和 Web 服务器等，所有请求服务器的数据都要经过 VAVE 接口进入服务器，因此仅需在该接口处过滤非法数据流，即可保证进入该网络的数据流，最终到达 VAVE 出口时依然是进入该网络时的状态而没有被非法修改。过滤规则基于已知的封闭区域内的 OpenFlow 流路径。这意味着，数据流仅仅能在该封闭区域内进一次，出一次，反之就被视为欺诈流。这就阻止了非法主机在外部恶意修改数据流之后再转发的威胁。

VAVE 包含三个主要的模块，即过滤规则生成器、验证模块和规则适配器。整个体系的绑定内容都集中在控制器中进行管理和下发。当一个数据流通过 VAVE 接口首次进入 OpenFlow 交换机时，如果交换机中没有可以匹配的流表项，则通过控制器的验证模块查看该数据流是否为合法数据流，如果不是，则判定为非法流，通过规则适配器下发丢弃动作的流表；否则，通过规则适配器下发允许通过动作的流表，执行多级流表或者其他转发操作等。

6.4　小　　结

接口标准化、控制中心化的 SDN，相较传统网络，面临的安全性问题更加严峻。本章从应用层、控制层、数据层，以及南北向接口对 SDN 的安全问题和防御策略进行了详尽的介绍。网络安全具有此消彼长的特性，对 SDN 安全的研究是一个长期的过程。

参 考 文 献

[1] Feldmann A. Internet clean-slate design: What and why. ACM SIGCOMM Computer Communication Review, 2007, 37(3): 59-64.

[2] Porras P, Shin S. A security enforce-ment kernel for OpenFlow networks// Proceedings of the 1st Workshop on Hot topics in Software Defined Networks, 2012: 121-126.

[3] Yegneswaran S S. AVANT-GUARD: Scalable and vigilant switch flow management in software-defined networks//ACM SIGSAC Conference on Computer & Communications Security, 2013: 413-424.

[4] Hu H X, Han W, Ahn G, et al. FLOWGUARD: Building robust firewalls for software-defined networks// The Workshop on Hot Topics in Software Defined Networking, 2014: 97-102.

[5] 王涛, 陈鸿昶. 软件定义网络及安全防御技术研究. 通信学报, 2017, (11): 137-164.

[6] 左青云, 张海粟. 基于 OpenFlow 的 SDN 网络安全分析与研究. 信息网络安全, 2015, (2): 26-32.

[7] 王月，吕光宏，曹勇. 软件定义网络安全研究. 计算机技术与发展，2018, 28; 252(4): 136-140.

[8] Ferrazani M D M, Carlos M B D O. AuthFlow: Authentication and access control mechanism for software defined networking//Annals of Telecommunications, 2016, 71(11/12): 607-615.

[9] Canini M, Venzano D, Peresini P, et al. A NICE way to test openflow applications//Proceedings of Usenix Symposium on Networked Systems Design & Implementation, 2012: 10-18.

[10] Yao G, Bi J, Xiao P. Source address validation solution with OpenFlow/NOX architecture// IEEE International Conference on Network Protocols, 2011,7-12.

[11] Shin S, Song Y, Lee T, et al. Rasemary: A robust, secure, and high-performance network operating system//Proceedings of the 2014 ACM SIGSAC Conference on Computer and Communications Security, 2014: 267-279.

[12] Bi J, Wu J, Yao G, et al. RFC7513-Source address validation improvement(SAVI) Solution for DHCP. IETF, 2015.

实　践　篇

第 7 章　SDN 开发技术

本章主要介绍 SDN 系统仿真工具及典型的开源控制器，重点讨论常用的 SDN 开源控制器 Floodlight 的使用和应用开发。

7.1　SDN 仿真工具

本节主要介绍 SDN 开发过程中所使用到的仿真工具，即 Mininet 和 OVS。Mininet 用来提供 SDN 的测试平台，可以模拟计算机网络自定义拓扑结构。OVS 是用软件实现的 SDN 交换机。Mininet 可以指定网络中的交换节点为 OVS 交换机，进而实现一个复杂 SDN 网络的搭建。

7.1.1　Mininet 的使用

(1) Mininet 简介

Mininet 是轻量级网络仿真软件，能够在一台主机(物理主机、本地或云端的虚拟主机)上创建网络拓扑结构。Mininet 是目前支持 OpenFlow 的最好网络仿真平台，可以方便地创建一个支持 SDN 的网络，向用户最大化开放交互接口。用户可以指定交换机支持的 OpenFlow 协议版本、指定 OpenFlow 控制器，而且支持远程控制器连接。在创建仿真网络时，Mininet 允许自定义网络拓扑，配置链路带宽。为了方便网络测试，Mininet 还内置了多个网络性能测试工具，例如用来测试最大 TCP 和 UDP 的可用带宽的工具。

(2) Mininet 的安装配置

关于 Mininet 的安装配置，我们可以查阅 Mininet 官网。官网上给出了 4 种安装方式：第一是 Mininet 虚拟机安装(推荐安装方法)，第二是下载源代码进行本地安装，第三是使用 apt-get 软件管理工具下载 Mininet 安装包，第四是更新已安装版本。这里使用第三种方式实现 Mininet 的安装。

首先，在安装之前确保删除之前已经安装的 Mininet 遗留文件，卸载命令如下。

```
#sudo rm -rf /usr/local/bin/mn
/usr/local/bin/mnexec/usr/local/lib/python*/*/*mininet*/usr/local/bin/ovs-*/usr/local/
```

```
sbin/ovs-*
#sudo apt-get remove mininet
```

接着确定当前运行系统的版本，运行如下命令。

```
lsb_release  -a
```

这里安装环境所使用的操作系统是 Ubuntu 14.04，所以上述命令将会显示 Ubuntu 14.04。根据系统的版本，选择以下命令进行安装。

```
sudo apt-get install mininet
```

现在 Mininet 已经安装成功，简单测试 Mininet 是否安装成功，运行如下命令。

```
sudo mn --test pingall
```

如果成功安装，测试结果如图 7.1 所示。

```
root@ubuntu:~# mn --test pingall
*** Creating network
*** Adding controller
*** Adding hosts:
h1 h2
*** Adding switches:
s1
*** Adding links:
(h1, s1) (h2, s1)
*** Configuring hosts
h1 h2
*** Starting controller
c0
*** Starting 1 switches
s1 ...
*** Waiting for switches to connect
s1
*** Ping: testing ping reachability
h1 -> h2
h2 -> h1
*** Results: 0% dropped (2/2 received)
*** Stopping 1 controllers
c0
*** Stopping 2 links
..
*** Stopping 1 switches
s1
*** Stopping 2 hosts
h1 h2
*** Done
completed in 5.555 seconds
```

图 7.1　Mininet 安装测试结果

(3) Mininet 的使用

Mininet 安装成功后输入命令 sudo mn，即可创建一个默认的 SDN 简单网络拓扑，如图 7.2 所示。

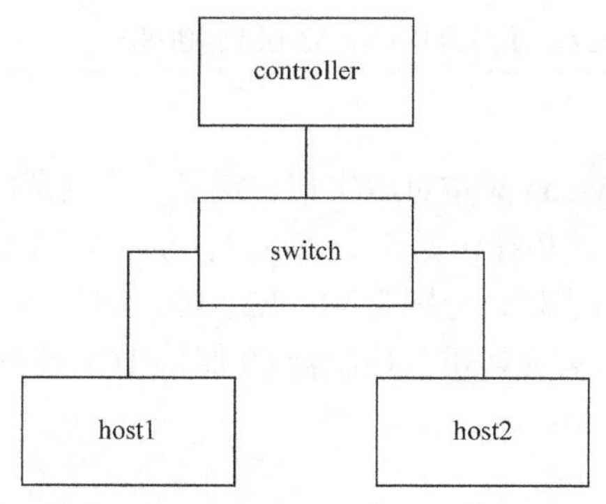

图 7.2　Mininet 默认的 SDN 简单网络拓扑

该网络包括一台交换机和两台主机。交换机即 OVS。默认情况下，Mininet 会集成一个网络控制器，交换机将会连接到该控制器。经过短暂的等待即可进入一个以“>”引导的命令行界面。此时，我们就建立起了包含一个控制节点(controller)、一台交换机(switch)、两台主机(host)的网络。

Mininet 的操作比较简单，而且支持的操作种类丰富，功能强大。下面介绍 Mininet 的部分功能。

① 查看全部节点。

```
mininet>nodes
        Available nodes are:
        c0 h1 h2 s1
```

② 查看链路信息。

```
mininet>net
        h1 h1-eth0:s1-eth1
        h2 h2-eth0:s1-eth2
        s1 lo: s1-eth1:h1-eth0 s1-eth2:h2-eth0
        c0
```

③ 输出各节点的信息。

```
mininet>dump
       <Host h1: h1-eth0:10.0.0.1 pid=4015>
       <Host h2: h2-eth0:10.0.0.2 pid=4017>
```

```
<OVSSwitch s1: lo:127.0.0.1,s1-eth1:None,s1-eth2:None pid=4022>
<Controller c0: 127.0.0.1:6653 pid=4008>
```

④ 自定义拓扑。

通过 Mininet 的 Python 脚本可以实现自定义一个复杂的网络拓扑。仿真测试拓扑图如图 7.3 所示。该拓扑包括 5 个节点交换机，分别为 s1、s2、s3、s4、s5。每台交换机连接了一台主机，分别为 h1、h2、h3、h4、h5。每个主机从端口 0 和交换机端口 1 连接。所有交换机与控制器 c0 保持 TCP 连接。

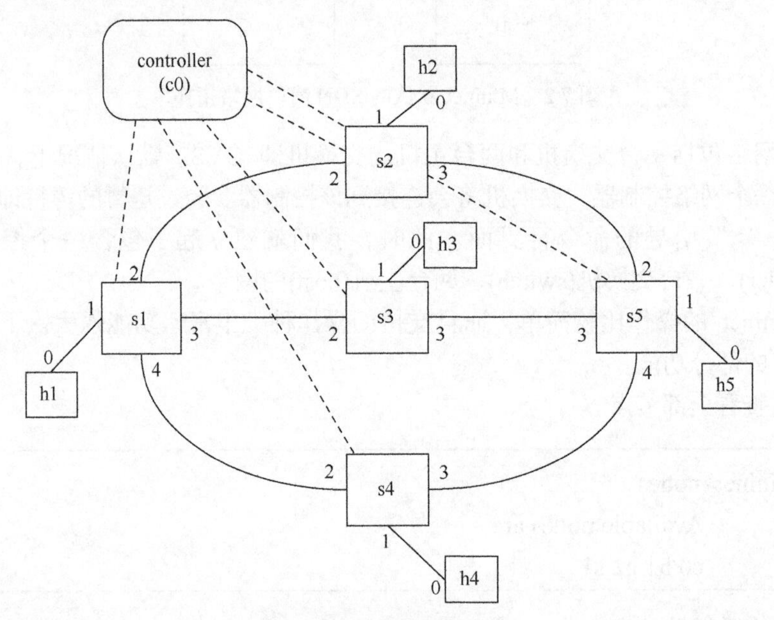

图 7.3　仿真测试拓扑图

该网络拓扑可以通过 Python 脚本实现，其代码如下。

```
from mininet.topo import Topo
class MyTopo( Topo ):
    "SDN topology."
    def __init__( self ):
        "Create sdn topo."
  # Initialize topology
        Topo.__init__( self )
  # Add 5 switches
```

```
        s1 = self.addSwitch( 's1' )
        s2 = self.addSwitch( 's2' )
        s3 = self.addSwitch( 's3' )
        s4 = self.addSwitch( 's4' )
        s5 = self.addSwitch( 's5' )
  # Add 5 host
        h1 = self.addHost( 'h1' )
        h2 = self.addHost( 'h2' )
        h3 = self.addHost( 'h3' )
        h4 = self.addHost( 'h4' )
        h5 = self.addHost( 'h5' )
    # Add links switch-host
        self.addLink( s1, h1 )
        self.addLink( s2, h2 )
        self.addLink( s3, h3 )
        self.addLink( s4, h4 )
        self.addLink( s5, h5 )
    # Add links switch-switch
        self.addLink( s1, s2 )
        self.addLink( s1, s3 )
        self.addLink( s1, s4 )
        self.addLink( s2, s5 )
        self.addLink( s3, s5 )
        self.addLink( s4, s5 )
topos = { 'mytopo': ( lambda: MyTopo() ) }
```

⑤ 指定远程控制器。

默认情况下，Mininet 会集成一个网络控制器。交换机连接到该控制器。我们也可以不使用该默认控制器，而是在启动 Mininet 时指定远程控制器。

例如，当自定义网络拓扑 Python 脚本写好后，首先启动 Floodlight 控制器，然后启动 Mininet，连接远程 Floodlight 控制器，运行如下命令。

```
sudo mn --controller=remote --custom mytopo1.py --topo mytopo
```

Floodlight 控制器启动后，默认会在端口 6633 开始监听。交换机会主动和控制器连接。

Mininet 创建仿真网络的命令是 mn，主要参数及含义如表 7.1 所示。

表 7.1　命令 mn 的主要参数及含义

参数名	参数含义	参数值	说明
--switch	指定交换机的类型	default、ovs、user、ivs、ovsbr 等	ovs 指 OVS 交换机，也是默认交换机；ovsbr 是 OVS 网桥
--controller	指定 SDN 控制器	default、nox、ovsc、remote 等	remote 参数用来指定远程控制器，格式：--contoller=remote，ip=控制器 IP，port=控制器的 OpenFlow 端口号
--topo	指定网络拓扑	linear、minimal、tree 等	linear 是线性拓扑，tree 是一颗满二叉树拓扑，minimal 是一个交换机加两个主机，也是默认值
--custom	自定义网络拓扑	网络拓扑文件路径名	Python 语言编写网络拓扑，--topo 参数值都来自该拓扑文件
--mac	自动设置主机的 MAC	无	主机的 MAC 值从 0 开始顺序配置，而不再是随机值
-c，--clean	清除仿真网络资源	无	杀死交换机进程和主机进程，清除仿真网络空间
-x，--xterm	打开虚拟主机终端模拟器	主机名	XTerm 是一个 X Window 系统上的终端模拟器，用来提供多个独立的 SHELL 输入输出

7.1.2　OVS 的使用

(1) OVS 简介

OVS 是一款开源虚拟交换机软件，遵循 Apache 开源协议，即 OVS 是一款可以用软件实现的支持 OpenFlow 的 SDN 交换机。OVS 支持主流虚拟化平台，如 Xen、KVM、Proxmox VE 和 Virtual Box，并且是 Xen Server 6.0、Xen Cloud Platform 的默认交换机。另外，OVS 被集成在很多编排工具中，如 OpenStack、OpenQRM 和 oVirt。OVS 功能丰富强大，支持虚拟机流量可视化、支持标准 IEEE 802.1Q VLAN 模式、STP 和 RSTP，支持多种隧道协议，以及 IPv6。用该虚拟交换机可以搭建一个复杂的仿真网络，在同一台物理服务器上可以配置数十台虚拟交换机，端口数也可以灵活配置。此外，OVS 支持 NetFlow、sFlow、SPAN、RSPAN 等网络监视协议，以及 OpenFlow、OVSDB 管理协议等 SBI 协议。

OVS 工作原理如图 3.10 所示。OVS 主要应用在虚拟环境，为虚拟机提供桥接功能。其工作原理与物理交换机类似。虚拟交换机外联物理网卡，内联虚拟机的虚拟网卡，连接形式都是虚拟链路。虚拟交换机内部维持一张自学习映射表，可以把虚拟网卡的 MAC 地址与虚拟链路对应起来。当收到数据包时，就从目的 MAC 地址对应的虚拟链路转发出去。与这一经典转发模型不同，支持 OpenFlow 协议的 OVS 内部维持的转发表是流表。流表项包含数据链路层数据帧源和目的 MAC 地址、网络层 IP 数据包头部的源和目的 IP 地址、传输层数据包和目的端口号，以及操作指令。处理流程是按照流表项的优先级依次匹配数据包，匹配成功则执行相应指令集合；否则，采取默认处理，或丢弃数据包，或以 Packet_In 消息上报控制器。OVS 还能通过物理网卡将来自虚拟主机的数据包发往外部主机或外部虚拟主机，从而满足位于不同宿主机的虚拟机之间的组网需求。

OVS 软件结构由 ovsdb-server、ovs-vswitchd、OVS kernel module 三大组件构成，如表 7.2 所示。

表 7.2 OVS 组件介绍

OVS 组件	作用
ovsdb-server	OVS 的数据库服务器，用来存储 OVS 的配置和管理信息
ovs-vswitchd	OVS 的核心组件，它和上层控制器的通信遵循 OpenFlow 协议，它和 ovsdb-server 的通信遵循 OVSDB 管理协议，它和内核模块通过 netlink 通信
OVS kernel module	OVS 的内核模块，处理数据包交换、隧道和缓存流

OVS 提供了很多命令用来实现对其自身的配置和管理，如表 7.3 所示。

表 7.3 OVS 常用配置命令介绍

OVS 命令	作用
ovs-dpctl	用来配置 switch 内核模块
ovs-vsctl	查询和更新 ovs-vswitchd 的配置
ovs-appctl	发送命令消息，运行相关 daemon
ovs-ofctl	查询和控制 OpenFlow 交换机和控制器相关信息
ovs-pki	OpenFlow 交换机创建和管理公钥框架
ovs-tcpundump	tcpdump 的补丁，解析 OpenFlow 的消息

(2) OVS 的安装配置

对 OVS 有了初步了解后，我们需要掌握 OVS 的安装配置，为接下来基于 SDN 的开发做好环境部署。安装平台选用 Ubuntu 14.04。在安装 OVS 之前，我们需要安装一些系统组件及库文件作为 OVS 正确运行的环境依赖。首先，我们需要切换至 root 用户进行如下操作。

```
#sudo su
#apt-get update
#apt-get install -y build-essential
```

此安装步骤需要注意的是，正常运行使用 OVS 只需要安装上述依赖即可，如果需要进一步开发 OVS 可能需要其他环境依赖，要根据具体使用情况来安装。

想要安装配置 OVS，需要下载 OVS 安装包到本地文件夹并解压 OVS 安装包，随后进入解压的文件夹。具体命令如下所示。

```
#wget http://openvswitch.org/release/openvswitch-2.8.1.tar.gz
#tar -xzf openvswitch-2.8.1.tar.gz
#cd openvswitch-2.8.1
```

默认安装在./configure 目录，如果需要更改，使用者可以自己变更。这里安装到/usr 和/var 目录下，所以紧接着在解压的文件夹中执行以下命令。

```
#./boot.sh
#./configure --prefix=/usr --localstatedir=/var
```

在安装过程中，生成 OVS 内核模块时需要指定内核源码编译目录。如果 Linux 内核模块位置不对，需要把具体位置改动一下，基本步骤如下所示。

```
#./configure CC=gcc
#./configure --with-linux=/lib/modules/'uname -r'/build
```

最后，在安装过程中可能会遇到编译死循环。这是因为在编译过程中，有个正则表达式要和现在的时间进行匹配，所以在遇到死循环时，要把系统时间改成准确时间。具体命令如下所示。

```
#make
#make install
```

至此，OVS 已经完成安装，但是 OVS 安装成功后还要进行一系列的初始配置。首先，因为 OVS 模块与 Linux 的 bridge 模块冲突，所以如果发生冲突，不能加载 OVS 的内核模块时，需要先卸载 Linux 中的 bridge 模块。具体命令如下所示。

```
#/sbin/rmmod bridge
```

其次，我们可以建立一个 OVS 小型数据库文件夹 openvswitch，方便 OVS 数据包存储在此。具体命令如下所示。

```
#insmod datapath/linux/openvswitch_mod.ko
#insmod datapath/linux/brcompat_mod.ko
#mkdir -p /usr/local/etc/openvswitch
```

再次，我们需要根据 ovsdb-server 模块中的 vswitch.ovsschema(数据库模板)创建数据库文件 ovs-vswitchd.conf.db，存储虚拟交换机的配置信息。具体命令如下所示。

```
#ovsdb-tool create /usr/local/etc/openvswitch/conf.db vswitchd/vswitch. ovsschema
```

接下来，启动 ovsdb-server 数据库服务器。如果不需要 SSL 支持，可以选择删除--private、--certificate、--bootstrap。具体命令如下所示。

```
#ovsdb-server --remote=punix:/usr/local/var/run/ openvswitch/db.sock
  --remote=db:Open_vSwitch,Open_vSwitch,manager_options \
  --private-key=db:Open_vSwitch,SSL,private_key \
  --certificate=db:Open_vSwitch,SSL,certificate \
  --certificate=db:Open_vSwitch,SSL,certificate \
  --pidfile --detach
```

启动 OVS 控制接口，以便用 ovs-vsctl 管理配置虚拟交换机，并对数据库进行初始化。具体命令如下所示。

```
#ovs-vsctl --no-vsctl init
```

最后，开启 OVS 后台程序，同时启动 Linux 原虚拟网桥兼容模块用户组件 ovs-brcompatd。该模块必须运行在 ovsdb-server 和 ovs-vswitchd 之后。具体命令如下所示。

```
#ovs-vswitchd --pidfile --detach
#ovs-brcompatd --pidfile --detach
```

至此，OVS 的整个安装和配置就全部完成了。

(3) OVS 使用

首先我们可以先参考 OVS 的使用手册，对 OVS 的操作命令有个概要了解。OVS 常用操作命令示例如表 7.4 所示。

表 7.4　OVS 常用操作命令示例

OVS 命令	作用
sudo ovs-vsctl add-br br0	添加名为 br0 的网桥
sudo ovs-vsctl del-br br0	删除名为 br0 的网桥
sudo ovs-vsctl list-br	列出所有网桥
sudo ovs-vsctl br-exists br0	判断网桥 br0 是否存在
sudo ovs-vsctl list-ports br0	列出挂接到网桥 br0 上的所有网络接口
sudo ovs-vsctl del-port br0 eth0	将网络接口 eth0 挂接到网桥 br0 上
sudo ovs-vsctl add-port br0 eth0	删除网桥 br0 上挂接的 eth0 网络接口
sudo ovs-vsctl port-to-br eth0	列出已挂接 eth0 网络接口的网桥
sudo ovs-vsctl set interface eth0 type=patch options:peer=eth1	为交换机端口之间建立链路连接
sudo ovs-vsctl add-port br0 eth0	为交换机配置端口信息
sudo ifconfig br0 up	启动网桥
sudo ovs-vsctl set-controller br0 tcp:1.2.3.4:6633	将交换机与控制器相连

然后，通过一个 OVS 的简单应用实例来熟悉 OVS 的使用。我们通过 OVS 创建物理机到物理机的网络拓扑。安装 OVS 的主机有两块网卡，分别为 eth0、eth1，把这两块网卡挂接到 OVS 的网桥上。两台物理机 host1、host2 分别连接到 eth0、eth1 上，实现这两台物理机的通信。执行以下命令完成拓扑图的构建。

```
#ovs-vsctl add-br br0 //建立一个名为 br0 的 open vswitch 网桥
#ovs-vsctl add-port br0 eth0 //把 eth0 挂接到 br0 中
#ovs-vsctl add-port br0 eth1 //把 eth1 挂接到 br0 中
```

物理机到物理机的网络拓扑如图 7.4 所示。

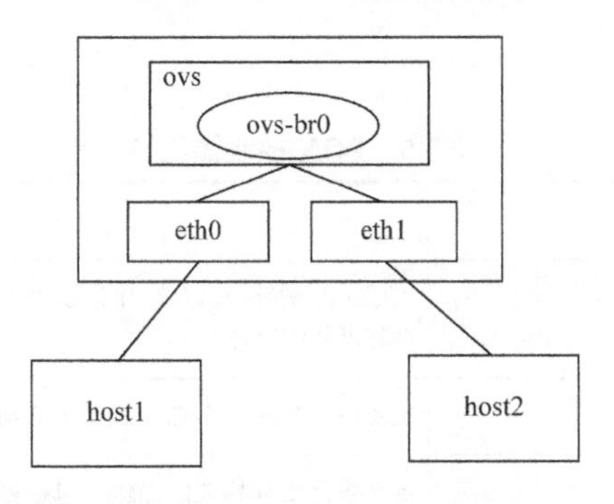

图 7.4　物理机到物理机的网络拓扑

(4) OVS 与 Mininet 的应用场景

如果实验环境比较单一且相对简单，开发者可以采用 Mininet。Mininet 是一个全套的仿真工具，内部包含 OVS。开发者可以直接在该仿真工具上添加主机、交换机，创建链路连接，命令行 sudo mn 可以直接运行仿真环境。但是，Mininet 自带的 OVS 版本并不够高，当仿真环境比较复杂时， Mininet 可以指定网络中的交换节点作为 OVS 交换机，进而实现一个复杂网络的搭建。

7.2　典型 SDN 开源控制器

在 SDN 发展过程中，没有实现控制器的唯一标准，不同组织推出的控制器各不相同。下面对一些典型的 SDN 开源控制器进行简要介绍。

7.2.1　NOX/POX

NOX[1]是第一款 SDN 控制器，于 2008 年由 Nicira 公司开源发布。NOX 在 SDN 发展初期得到非常广泛的使用，在 SDN 开源控制器中具有非凡的影响和意义。随着技术的发展，更多性能更好的控制器逐渐替代了 NOX。

NOX 及在 NOX 上运行的管理应用程序在服务器上运行。NOX 网络视图存储的是全局网络状态信息。为了控制网络流量，应用程序根据网络视图进行管理决策，操纵网络交换机。

NOX 的核心代码采用 C++语言，开发难度高，对成本和效率都有一定的影响。为了方便初学者学习和使用，Nicira 公司于 2011 年推出 NOX 的 Python 实现版本 POX[2]。POX 可实现跨平台使用，核心部分与 NOX 无异。此外，POX 还提供了一些可复用的基础模块和功能组件。其中，核心 API 提供对数据包、地址的解析封装，以及对于事件的操作等基本接口，通过这些基本的接口，可以方便开发者开发网络控制器的应用。在核心 API 的基础上，POX 控制器提供一系列组件，如表 7.5 所示。

表 7.5　POX 控制器组件

组件	功能
pox.coreobject	POX API 的核心，主要用于完成组件的注册，以及组件之间相关性和事件的管理
pox.lib.addresses	主要用于完成对各类地址，如 IP 地址、Ethernet 地址等的操作
pox.lib.revent	定义事件处理相关的操作，包括创建事件、触发事件、事件处理等
pox.lib.packet	用于完成对数据包的封装、解析、处理等
openflow.of_01	用来与 OpenFlow 协议 1.0 交换机进行通信
openflow.discovery	使用 LLDP 消息发现整个网络拓扑
openflow.spanning_tree	实现生成树策略
log	POX 的日志模块

7.2.2　Floodlight

Floodlight[3]是一款基于 Java 语言的 SDN 开源控制器，它不仅是一个 OpenFlow 控制器，也是一个基于 Floodlight 控制器的应用程序集合，也就是说它本身集成了一些通用应用程序。Floodlight 控制器可以实现一组常用功能，控制和查询 OpenFlow 网络。

如图 7.5 所示，Floodlight 采用模块化开发，结构非常清晰。Floodlight 的核心模块主要有 FloodlightProvider 模块、DeviceManager 模块、LinkDiscoveryManager 模块、TopologyManager 模块和 RestApiServer 模块。FloodlightProvider 模块负责处理控制器与交换机的连接，以及 OpenFlow 消息的分发[4]。DeviceManager 模块主要负责管理网络中的主机等终端设备。LinkDiscoveryManager 模块主要负责发现交换机之间的连接关系，以及管理网络中的链路。TopologyManager 模块主要负责维护拓扑信息。RestApiServer 模块提供 REST API 服务。Floodlight 控制器其余模块的具体功能和开发实例将在 7.3 节介绍。

当运行 Floodlight 时，控制器和一组 Java 模块作为应用程序运行。所有运行模块公开的 REST API 都可以通过指定的 REST 端口(默认为 8080)获得。任何不限语言编写的 REST 应用程序都可以通过向控制器 REST 端口发送 HTTP REST 命令检索信息并调用服务。

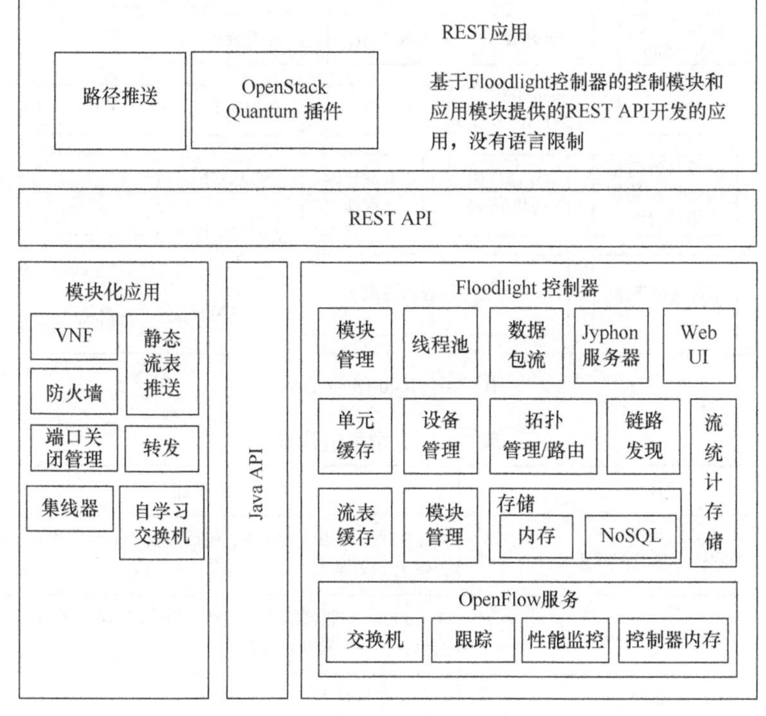

图 7.5 Floodlight 结构示意图

Floodlight 是 Big Switch Networks 公司开发的适用于商业环境的企业级 SDN 控制器，性能稳定，广泛地应用在研究和商业领域。Floodlight 的流行与以下优点密不可分：Floodlight 的模块化开发使其易于维护和扩展；能够处理 OpenFlow 和非 OpenFlow 混合的网络；Floodlight 还提供 OpenStack Neutron 插件，用于支持 OpenStack。Floodlight 相对于其他控制器更新版本的速度较慢，对 OpenFlow 的支持滞后。这个缺点在一定程度上限制了该控制器的发展。

7.2.3 Ryu

2012 年，日本 NTT 公司发布了基于组件的开源 SDN 框架 Ryu[5]，使用 Python 语言开发。Ryu 在日语里面是“流”的意思。

值得一提的是，Ryu 基于组件的框架进行设计，组件都以 Python 模块的形式存在。Ryu 集成了许多有用的软件组件，已经可以实现拓扑视图、防火墙等功能。其整体结构如图 7.6 所示。最上层的 Quantum 与 OF REST 分别为 OpenStack 和 Web 提供编程接口，中间层是 Ryu 自行研发的应用组件，最下层是 Ryu 底层实现的基本组件。组件以一个或者多个线程形式存在。Ryu 常用组件表如表 7.6 所示。

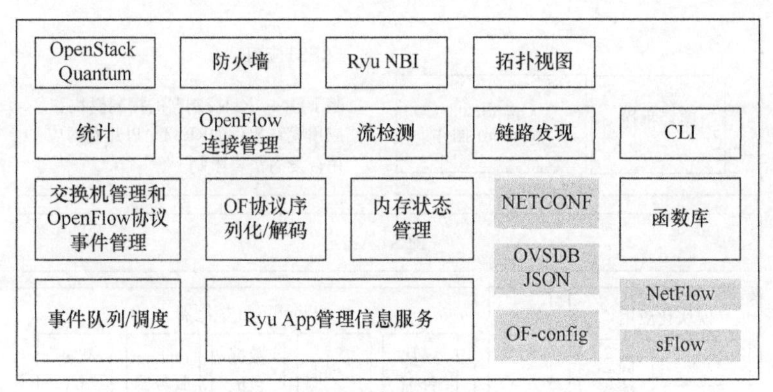

图 7.6　Ryu 整体结构

表 7.6 Ryu 常用组件表

组件	功能
ryu.base.app_manager	Ryu 应用的中央管理组件，包括加载 Ryu 应用程序、为应用程提供上下文等
ryu.controller.controller	OpenFlow 控制器的主要组件，描述控制器的行为，包括生成路由、管理交换机的连接
ryu.controller.dpset	管理交换机行为
ryu.controller.ofp_event	定义 OpenFlow 事件，完成消息到事件的转换
ryu.controller.ofp_handler	OpenFlow 基础处理模块，包括握手等
ryu.ofproto.ofproto_v1_*　(*:0-5)	OpenFlow 协议不同版本的定义，包括静态参数和数据包格式等
ryu.ofproto.ofproto_v1_*_parser (*:0-5)	定义 OpenFlow 协议不同版本的解析函数和编码的实现
ryu.app.simple_switch	简单的交换应用
ryu.topology	拓扑相关的组件模块
ryu.lib.packet	Ryu 数据包解析库，定义了如 TCP/IP 等主流协议的解析
ryu.contrib.oslo.config	定义 oslo 配置库，用于 Ryu-manager 的命令行选项和配置文件

Ryu 提供明确的 API，使开发人员可以轻松构建 SDN 网络管理和控制应用程序。Ryu 应用是单线程的实体，应用之间通过事件彼此通信，实现互相发送异步消息。Ryu 的 OpenFlow 控制器不属于 Ryu 应用，但也是产生消息的源头。

每个 Ryu 应用有一个消息接收队列，是一个 FIFO 队列。每个 Ryu 应用还有一个事件处理线程。该线程不断地从接收队列读取事件，并根据事件类型调用相应的事件处理函数。

Ryu 是一个协议支持丰富的控制器。目前，Ryu 支持多种 SBI 协议，包括 OpenFlow、NETCONF、OF-config 等。对于 OpenFlow，Ryu 完全支持 1.0～1.5 各个版本，以及 Nicira 公司的扩展。不仅如此，Ryu 还开发了 OpenStack 的插件，可以实现和 OpenStack 的集成部署。

7.2.4 OpenDaylight

2013 年 4 月，OpenDaylight(ODL)[6]正式发布，它是由 Linux 基金会联合 Cisco、Big Switch 等创立的开源项目。OpenDaylight 应用广阔，已经集成或嵌入到 50 多个供应商解决方案和应用程序中，同时也成为一些开源框架的核心组件，如 OpenStack 开源云管理平台等。

OpenDaylight 项目旨在推出一个开源的控制器。该项目最初的设计目标是降低网络运营的复杂度，扩展现有网络结构中硬件的生命期，同时还能够支持 SDN 新业务和新能力的创新。OpenDaylight 项目希望能够提供开放的北向 API，同时支持多种南向协议，如 OpenFlow、OVSDB 管理协议、NETCONF 协议、BGP 等，底层支持传统交换机和 OpenFlow 交换机。

OpenDaylight[7]控制器的开发语言是 Java。该控制器使用模块化的方式实现控制器的功能和应用。OpenDaylight 以化学元素在元素周期表中的顺序作为版本名称，至今已发布了 6 个版本，即氢(Hydrogen)、氦(Helium)、锂(Lithium)、铍(Beryllium)、硼(Boron)、碳(Carbon)。目前最新版本发布到 Carbon，该版本的结构图如图 7.7 所示[8]。

在 OpenDaylight 的总体结构中，SBI 通过插件的方式支持多种协议。OpenDaylight 的核心是 SAL。SAL 一方面可以为模块和应用提供一致性服务；另一方面支持多种南向协议，可以将上层的调用转换为适合底层网络设备的协议格式。在 SAL 之上，OpenDaylight 提供控制平台基本功能和扩展功能，如主机追踪、拓扑管理等。OpenDaylight 采用 OSGi 体系结构。OSGi 是用于 Java 的组件系统，允许在单个 JVM 中安装和运行模块，可以实现众多网络功能的隔离，增强控制平面的可扩展性。

上层服务请求被 SAL 映射到对应的插件，然后采用合适的 SBI 协议与底层设备进行交互。各个插件之间相互独立，作为一个功能被隔离，并与 SAL 松耦合。SAL 支持不同的控制功能模块，在扩展时不会干扰已有的模块。在 SAL 上，南向协议和控制层服务可以以模块组件的形式单独选择或写入，围绕 odlparent、controller、MD-SAL 和 Yang-tools 构建一个控制器包。

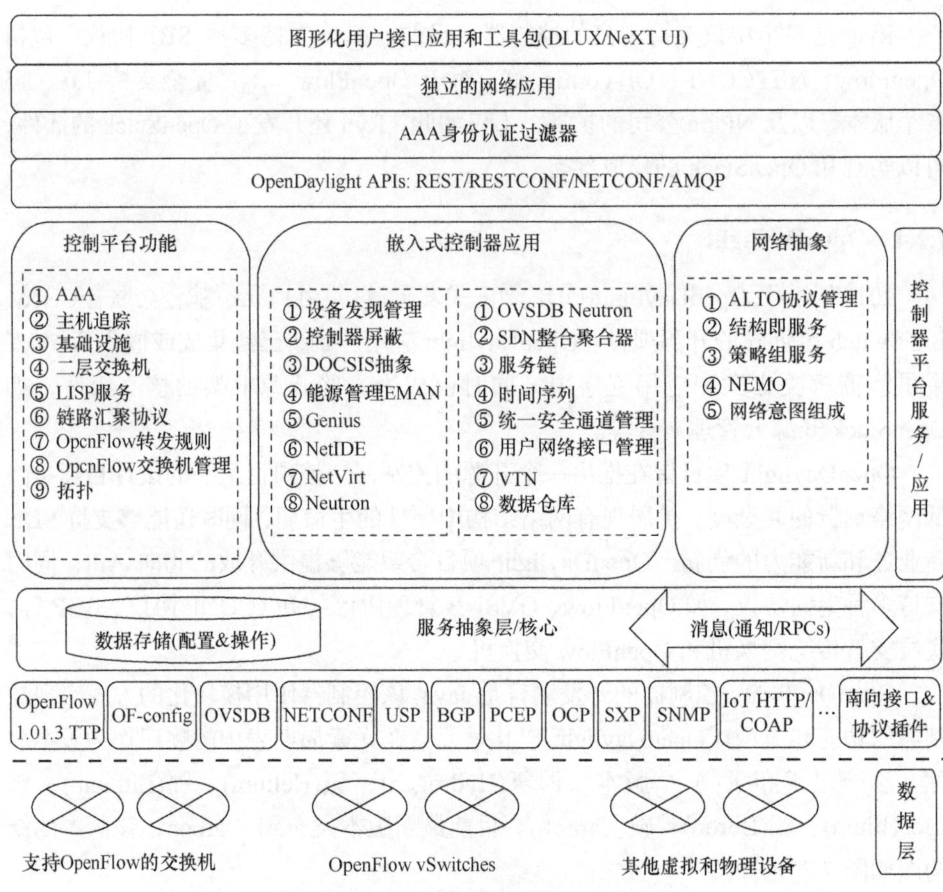

图 7.7　OpenDaylight 结构图(Carbon 版本)

OpenDaylight 控制器部分模块功能如表 7.7 所示。

表 7.7　OpenDaylight 控制器部分模块功能

模块	功能
服务抽象层	OpenDaylight 模块化设计的核心，支持多种南向协议，屏蔽协议间的差异，为上层模块和应用提供一致性服务
拓扑	负责管理连接、主机、网络节点等信息，以及拓扑计算
主机追踪	负责追踪主机信息，记录主机 IP 地址、MAC 地址、VLAN，以及连接交换机的节点和端口信息。该模块支持 ARP 请求发送及 ARP 消息监听，支持 NBI 的主机创建、删除及查询
OpenFlow 转发规则	负责管理流规则的增加、删除、更新、查询等操作，维护所有安装到网络设备中的流规则信息。当流规则发生变化时负责维护流规则的一致性
OpenFlow 交换机管理	管理网络中的交换机，包括接入点属性、SPAN 配置、节点配置、设备标识等
AAA	认证、授权和计费

7.2.5　ONOS

ONOS[9]是 ON.LAB 社区推出的开源 NOS，2013 年发布。ONOS 主要面向运营商和企业用户，负责管理网络组件，如交换机和链路，以及运行软件程序或模块，为终端主机和邻近网络提供通信服务。

ONOS 是个多模块项目，其内核和核心服务，以及 ONOS 应用程序以 OSGi 捆绑管理。由于 ONOS 基于 JVM，因此可以跨平台运行。ONOS 作为跨多个服务器的分布式系统，可以在多个服务器上使用 CPU 和内存资源，同时在面对服务器故障时提供容错能力，并可以支持硬件和软件的实时、滚动升级。

该项目由一组子项目组成，每个子项目都是相对独立的。ONOS 通过 SBI 与网络设备交互，NBI 与应用程序交互，并为应用程序提供描述网络组件和属性的抽象服务。ONOS 定位为商业级的开放 NOS，而不纯粹是 SDN 控制器，对网络及设备进行了更高级别的抽象，用户可以通过定制策略的方式在 ONOS 上编写应用程序。ONOS 的功能如表 7.8 所示。

表 7.8　ONOS 的功能

功能	具体含义
资源管理	确保用户能够公平地访问有限的资源
用户隔离和保护	隔离用户，确保用户安全复用资源，不会相互影响
基础通用服务	提供基础通用服务，避免相同服务重复创建
安全管理	实现 NOS 和外部应用安全隔离

ONOS 按照运营商网络对高可用性、高可扩展性和高性能的要求设计。目标是将运营商级网络特性引入 SDN 控制层，帮助运营商从传统网络设备迁移到支持 OpenFlow 的交换机。

ONOS 的结构如图 7.8 所示。其中分布式核心层是 ONOS 的关键所在，完成控制器的主要工作。通过复用 Floodlight 模块完成控制器的基本功能，包括链路发现、模块管理、交换机管理、REST API 等。

在 SBI 方面，ONOS 将每个网络组件描述成通用格式的对象。分布式内核基于通用对象进行管理，不需要了解底层实现细节，且网络组件对象相互隔离。

在 NBI 方面，ONOS 通过 Intent 框架实现更高级别的接口开放。Intent 框架是策略驱动的编程模型，支持应用通过设定策略的方式描述网络编程请求。请求被解析成具体的网络设备操作指令。

通过南北向接口抽象，ONOS 可以实现应用、分布式内核与底层网络细节和网络事件的隔离。

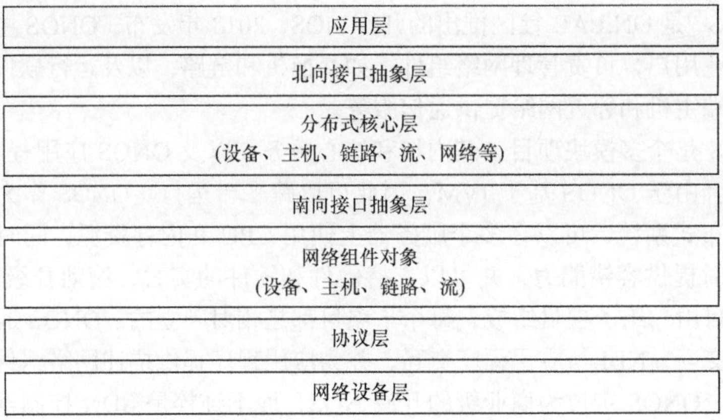

应用层
北向接口抽象层
分布式核心层 (设备、主机、链路、流、网络等)
南向接口抽象层
网络组件对象 (设备、主机、链路、流)
协议层
网络设备层

图 7.8　ONOS 结构图

ONOS 作为运营商级的 NOS，具有如下特点。

① 采用分布式内核,能够以集群的方式在多台服务器上运行,支持横向扩展,具有高可用性。

② 采用通用格式的对象对不同类型的网络设备进行抽象,通过可插拔的南向协议插件控制 OpenFlow 设备和传统设备。

③ 采用模块化软件设计，降低开发、调试、维护、扩展升级的难度。

7.2.6　总结与对比

NOX 是史上第一款 SDN 控制器，目前基本没有用户使用。POX 的代码可在 GitHub 下载，也有官方网站供使用者讨论学习。Beacon[10]是 Floodlight 项目的前身，目前在 SDN 研究领域已经不活跃了。Floodlight 也是开源的，可在 GitHub 上下载源码，官网有详细的安装使用指南。Ryu 在易用性和性能方面都比前期的控制器好很多，使用指南也完善。

OpenDaylight 和 ONOS 的影响力都非常大，开源社区也非常活跃。它们分别由厂商和运营商主导。ONOS 的设计理念是不受硬件限制，可以灵活地提供服务并完成大规模部署。因其具有可靠性强、性能好、灵活度高的特点，适用于服务提供商和企业骨干网。OpenDaylight 是由设备商主导的开源控制器，以开放专用接口的方式保留对传统设备的支持。OpenDaylight 是设备商在一定程度上为了维护自己阵营利益的产物。其主要服务对象是设备商。

当然还有很多本节未提及的 SDN 控制器。典型 SDN 控制器对比如表 7.9 所示。

表 7.9　典型 SDN 控制器对比

控制器	开源与否	开发语言	开发团队	官方资源
NOX	是	C++/Python	Nicira	http://www.noxrepo.org/
POX	是	Python	Nicira	http://www.noxrepo.org/ https://github.com/noxrepo/pox
Beacon	是	Java	Stanford	https://OpenFlow.stanford.edu/display/Beacon
Floodlight	是	Java	Big Switch	http://www.projectFloodlight.org/ https://github.com/Floodlight/Floodlight
Ryu	是	Python	NTT	http://osrg.github.io/ryu/
OpenDaylight	是	Java	Linux 基金会 联合多家网络设备商	https://www.opendaylight.org/downloads
ONOS	是	Java	ON.LAB	https://onosproject.org/ https://wiki.onosproject.org/display/ONOS

7.3　Floodlight 的使用

7.3.1　Floodlight 简介

Floodlight 是一个企业级的 SDN 控制器，主要由 Java 语言开发，并且遵循 Apache 协议[11]。Floodlight 可以根据需要加载相应的模块。Controller 模块是 Floodlight 的核心模块，主要包括 FloodlightProvider、DeviceManagerImpl、LinkDiscoveryManager、TopologyService、RestApiServer、ThreadPool、MemoryStorageSource、Forwarding、Firewall 等子模块。下面简述各个子模块的功能。

FloodlightProvider 主要有两个功能。第一，处理控制器和交换机的连接，并将 OpenFlow 消息转换为事件以便其他模块监听。第二，决定某些特定 OpenFlow 消息(Packet_In 等)转发到其他监听模块的次序，然后决定是否处理消息并传递到下一个监听者或者停止处理消息。FloodlightProvider 处理模块监听者的注册，并将事件分发到已经注册的模块。其他模块可以注册监听特定的事件消息，如交换机的连接与断开、端口状态改变等。

DeviceManagerImpl 模块跟踪设备在网络中的移动，通过 Packet_In 请求消息来学习和发现设备。它从 Packet_In 消息中提取信息，并根据已经设置的实体分类器分类设备。实体分类器默认使用 MAC 地址和 VLAN 标识设备，这两个属性可以唯一确定一个设备。DeviceManagerImpl 会学习其他的属性，如 IP 地址，另一个重要的信息是设备的接入点，如果交换机收到一个 Packet_In 消息，则创建一个接入点。

LinkDiscoveryManager 模块负责发现和维护 OpenFlow 网络链路的状态。该模块使用 LLDP 探测链路，并通过 Packet_Out 消息发送到交换机，获取交换机之间的链路信息。LDDP 的以太网字段类型是 0x88cc。链路可以是直连的或广播的，如果同一个 LLDP 消息从一个端口发出，另一个端口接收，这意味着这两个端口是直连的。

TopologyService 模块为控制器维护拓扑信息，同时寻找网络中的路由。该模块基于从 ILinkDiscoveryService 学习到的链路信息计算拓扑。TopologyService 模块必须维护的一个重要概念是 OpenFlow 区域。每个 OpenFlow 区域指与同一个 Floodlight 实例相连的一组交换机。OpenFlow 区域之间可以用二层的非 OpenFlow 交换机相连。网络拓扑的所有信息都被存储在一个称为拓扑实例的不可变数据结构中。如果拓扑中有任何信息的改变，都会创建一个新的拓扑实例，并发出拓扑改变的消息。如果其他模块希望监听拓扑变化这一事件，这些模块必须实现 ITopologyListener 接口。

RestApiServer 模块通过 HTTP 提供 REST API。REST API 使用 Restlets 库。其他依赖 RestApiServer 的模块通过增加一个实现 RestletRoutable 的类使用 API。

ThreadPool 模块封装了 Java 中的 ScheduledExecutorService。它是一个线程池用于调度线程在特定时间运行或者周期性运行。

MemoryStorageSource 模块是内存中 NoSQL(not only SQL)风格的存储源，支持数据库变化时给出事件通知。其他依赖 IStorageSourceService 接口的模块可以创建、删除、修改在内存中的数据。该模块可以注册监听特定的表和行的数据，更改时给出事件通知。任何希望获得通知的模块必须实现 IStorageSourceListener 接口。

Forwarding 模块用于在两个设备之间转发数据包，将转发规则下发到交换机中。Floodlight 设计之初就考虑了网络中可能包括 OpenFlow 和非 OpenFlow 交换机。该模块可找到源和目的设备接入点所在的 OpenFlow 区域。如果 OpenFlow 区域接收到一个 Packet_In 消息，但是该区域没有该设备的接入点，那么这个 Packet_In 消息将被泛洪。

Firewall 模块用于防火墙应用程序，通过检测 Packet_In 行为，使用流表在 SDN 交换机上强制执行 ACL。

7.3.2 Floodlight 安装配置

这里使用的操作系统是 Ubuntu14.04，另外 Floodlight 是开源 Java 项目，安装 Floodlight 之前需先安装 jdk 和 ant。本实例以 Eclipse 作为开发环境，所以需要安装 Eclipse。运行以下命令安装 Eclipse。

```
#sudo apt-get install build-essential default-jdk ant python-dev eclipse
```

首先安装 Floodlight，配置 Eclipse 运行环境。通过 git 安装 Floodlight，需要运行以下命令。该命令安装最新版本的 Floodlight。

```
#git clone git://github.com/Floodlight/Floodlight.git
#cd Floodlight
#git checkout stable
#ant
#sudo mkdir /var/lib/Floodlight
#sudo chmod 777 /var/lib/Floodlight
```

安装结束后可以直接通过 Java 命令运行 Floodlight，需要运行以下命令。

```
#Java -jar target/Floodlight.jar
```

此时 Floodlight 开始运行，控制台将显示一些调试信息和初始化信息。此外，将 Floodlight 导入 Eclipse 环境也可以更加方便地开发和调试。

```
#ant eclipse
```

该命令将生成若干文件，即 Floodlight.launch、Floodlight_junit.launch、.classpath 和.project 文件。通过这些文件，按照以下步骤可以创建一个 Eclipse 工程项目。

① 打开 Eclipse 并创建一个 workspace。

② File->Import->General->Existing Projects into Workspace，然后点击“Next”。

③ 选择 Select root directory，点击“Browse”，找到 Floodlight 所在的目录。

④ 点击“Finish”。

通过以上步骤可将 Floodlight 导入 Eclipse 中，接下来按照以下步骤创建 Floodlight 加载的目标文件。

① 进入 Eclipse，点击“Run”->“Run Configurations”。

② 右击“Java Application”->“New”。

③ Name 使用 FloodlightLaunch。

④ Project 使用 Floodlight。

⑤ Main 使用 net.Floodlightcontroller.core.Main。

⑥ 点击“Apply”。

Floodlight 提供了一个 Web 页面，可以查看网络拓扑、交换机、主机的一些信息。在浏览器中输入 http://localhost:8080/ui/index.html，可以查看这些信息。

7.3.3 基于 Floodlight 的应用开发

基于 Floodlight 可以开发新的 SDN 应用。这里给出一个基于 Floodlight 1.0 的开发模块示例。它的主要功能基于网络拓扑图 7.2，下发一条从源地址 192.168.0.11 到目的地址 192.168.56.6 的流表，开发工作在 Eclipse 开发环境中完成，在 Mininet 上进行调试。Eclipse 中的相关步骤如下。

① 在 Floodlight 工程中创建类。

在 Package Explorer 视图中右键点击“Floodlight”项目中的“src”文件夹，选择“New/Class”。

② 在“Package”框中输入“net.Floodlightcontroller.iproute”。

在“Name”框中输入“IPRoute”。

在“Interfaces”框中点击“Add”，“Choose interfaces”增加“IOFMessageListener”和“IFloodlightMoudle”，然后点击“OK”。

点击“Finish”，得到程序框架。

③“net.Floodlightcontroller.iproute.IPRoute”对应的 Java 程序如下。

```
package net.Floodlightcontroller.iproute;

//设置模块依赖关系并初始化
import Java.util.Collection;
import Java.util.Map;

import org.projectFloodlight.OpenFlow.protocol.OFMessage;
import org.projectFloodlight.OpenFlow.protocol.OFType;
import net.Floodlightcontroller.core.FloodlightContext;
import net.Floodlightcontroller.core.IOFMessageListener;
import net.Floodlightcontroller.core.IOFSwitch;
import net.Floodlightcontroller.core.module.FloodlightModuleContext;
import net.Floodlightcontroller.core.module.FloodlightModuleException;
import net.Floodlightcontroller.core.module.IFloodlightModule;
import net.Floodlightcontroller.core.module.IFloodlightService;

public class IPRouteimplements IOFMessageListener, IFloodlightModule {

//实现 getName 方法为 OFMessage 监听器添加 ID
```

```
        @Override
        public String getName() {
            // TODO Auto-generated method stub
            return null;
        }

    //用来控制模块的调用顺序
    @Override
        public boolean isCallbackOrderingPrereq(OFType type, String name) {
            // TODO Auto-generated method stub
            return false;
        }
        @Override
    public boolean isCallbackOrderingPostreq(OFType type, String name) {
        // TODO Auto-generated method stub
        return false;
        }

        @Override
        public Collection<Class<? extends IFloodlightService>> getModuleServices
() {
        @Override
         public  Map<Class<?  extends  IFloodlightService>,  IFloodlightService>
getServiceImpls()  {
            // TODO Auto-generated method stub
           return null;
        }
    //实现 getModuleDependencies 方法，把依赖关系告诉模块加载系统
    @Override
        Public Collection<Class<? Extends IFloodlightService>> getModuleDependencies
() {
        // TODO Auto-generated method stub
        return null;
        }
```

```
//实现 init 方法，这个方法会在 Controller 启动时调用，
//以加载依赖和数据结构
@Override
public void init(FloodlightModuleContext context) throws FloodlightModule
Exception {
    // TODO Auto-generated method stub
    }

    //实现 startUp 方法，为 Packet_In 消息绑定事件处理委托，
    //在这之前我们必须保证所有依赖的模块已经初始化，
    //主要用来添加监听器
    @Override
    public void startUp(FloodlightModuleContext context) throws Floodlight
ModuleException {
    // TODO Auto-generated method stub
    }

//处理 Packet_In 消息，返回 Command.CONTINUE 以便
//其他事件处理程序继续处理，receive 方法的返回值使用
//IListener 中的枚举类型，且 receive 方法没有方法体，
//在 OFMessageFilterManager 中可以看到它的实现
    @Override
    public net.Floodlightcontroller.core.IListener.Command receive(IOFSwitch
sw, OFMessage msg, FloodlightContext cntx) {
    // TODO Auto-generated method stub
    return null;
    }
```

④ 设置模块依赖关系并初始化。

为了保证程序正常运行，需要处理一系列的代码依赖关系。Eclipse 可以根据代码需要，在编辑过程中自动添加依赖包描述。但是，如果没有使用相关工具，就需要在代码中手工加入依赖关系代码。

至此，代码的基本框架就完成了。

⑤ 定义成员变量。

首先，注册 Java 类中需要使用的成员变量。因为需要监听 OpenFlow 消息，所以需要向 FloodlightProvider(IFloodlightProviderSrevice 类)注册。此外，还需要获取所有交换机的相关服务，即 DataPath，因此要向 switchService 注册服务。

```
protected IFloodlightProviderService FloodlightProvider;
protected IOFSwitchService switchService;
```

⑥ 编写模块加载代码。

将新增模块与模块加载系统关联，通过完善 getModuleDependencies( )函数，告知模块加载器(module loader)在 Floodlight 启动时将自动加载。

```
public Collection<Class<? extends IFloodlightService>> getModuleDependencies() {
        // TODO Auto-generated method stub
        Collection<Class<? extends IFloodlightService>> l=new ArrayList<>();
        l.add(IFloodlightProviderService.class);
        return l;
    }
```

⑦ 创建 init 方法。

init 方法将在控制器启动过程的初期被调用。其主要功能是加载依赖关系并初始化数据结构，在 init 方法中实例化。

```
public void init(FloodlightModuleContext context)throws FloodlightModule
Exception {
            // TODO Auto-generated method stub
            switchService = context.getServiceImpl(IOFSwitchService.class);
            provider = context.getServiceImpl(IFloodlightProviderService.class);
    }
```

⑧ 实现流表下发的核心程序是自定义一个线程，然后创建 startUp 方法调用自定义线程，实现流表下发函数的调用。

```
public void startUp(FloodlightModuleContext context)throws Floodlight
ModuleException {
            new Thread(){
                public void run(){
```

```
                try {
                    sleep(20000);
                } catch (InterruptedException e) {
                    e.printStackTrace();
                }
    addFlowPreSw("00:02:64:00:6a:cc:8e:a0","192.168.56.6","192.168.0.11",89,93
);
    addFlowPreSw("00:02:64:00:6a:cc:8e:a0","192.168.0.11","192.168.56.6",93,89
);
            }
        }.start();
    }
```

⑨ 自定义新建流表下发函数 addFlowPreSw。

```
    public void addFlowPreSw(String swid,String srcIP,String dstIP,int inPort , int
outPort){
    IOFSwitch sw = switchService.getSwitch(DatapathId.of(swid));
    OFFlowMod.Builder fmb = sw.getOFFactory().buildFlowAdd();
    Builder mb = sw.getOFFactory().buildMatch();
    mb.setExact(MatchField.ETH_TYPE ,EthType.IPv4 );
    mb.setExact(MatchField.IPV4_SRC,IPv4Address.of(srcIP));
    mb.setExact(MatchField.IPV4_DST, IPv4Address.of(dstIP));
    mb.setExact(MatchField.IN_PORT, OFPort.of(inPort));
    List<OFAction> actions = new ArrayList<OFAction>();
    actions.add(sw.getOFFactory().actions().output(OFPort.of(outPort),
Integer.MAX_VALUE));
    U64 cookie = AppCookie.makeCookie(2, 0);
    fmb.setCookie(cookie)
    .setHardTimeout(0)
    .setIdleTimeout(0)
    .setBufferId(OFBufferId.NO_BUFFER)
    .setPriority(5)
    .setMatch(mb.build());
```

```
    fmb.setActions(actions);
     sw.write(fmb.build());
     System.out.println("下发之前的流表结束");
}
```

⑩ 加载模块。

如果在 Floodlight 启动时加载新增模块，需要首先向加载器告知新增模块的存在，在 src/main/resources/META-INF/services/net.Floodlight.core.module.IFloodlight Module 文件上增加一个符合规则的模块名，即打开该文件并在最后加上如下代码。

```
net.Floodlightcontroller.iproute.IPRoute
```

然后，修改 Floodlight 的配置文件将 lookup 模块相关信息添加在文件最后。Floodlight 的缺省配置文件是 src/main/resources/Floodlightdefault.properties。其中 Floodlight.module 选项的各个模块名用逗号隔开，在最后加上如下代码。

```
net.Floodlightcontroller.iproute.IPRoute
```

⑪ 验证。

上述工作完成后，启动控制器，即可运行 Floodlight 控制器并观察新增模块的功能。登录 Floodlight 前端页面 http://localhost:8080/ui/index.html，可以看到程序添加的两个流表已经成功下发，验证成功的效果图如图 7.9 所示。可以看到，后两个流表项是我们在代码中添加的，交换机的 ID 为 00:02:64:00:6a:cc:8e:a0。前一条流表项表示源地址 192.168.0.11，与交换机绑定的端口是 89，目的地址是 192.168.56.6。后一条表示源地址 192.168.56.6，与交换机绑定的端口是 93，目的地址是 192.168.0.11。两条流表项均在列表中显示，表明流表下发成功。

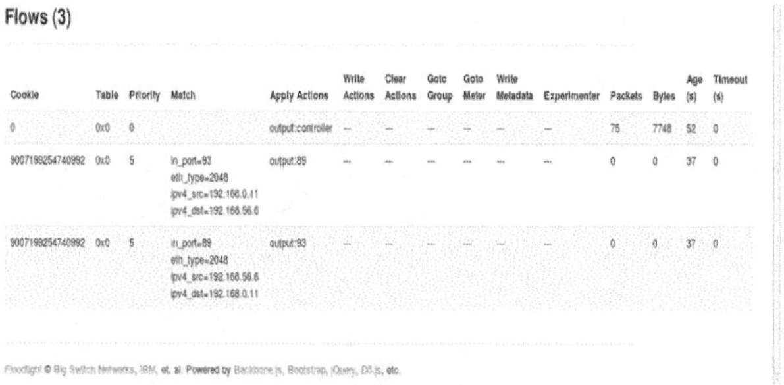

Flows (3)

Cookie	Table	Priority	Match	Apply Actions	Write Actions	Clear Actions	Goto Group	Goto Meter	Write Metadata	Experimenter	Packets	Bytes	Age (s)	Timeout (s)
0	0x0	0		output:controller	---	---	---	---	---	---	75	7748	52	0
9007199254740992	0x0	5	in_port=93 eth_type=2048 ipv4_src=192.168.0.11 ipv4_dst=192.168.56.6	output:89	---	---	---	---	---	---	0	0	37	0
9007199254740992	0x0	5	in_port=89 eth_type=2048 ipv4_src=192.168.56.6 ipv4_dst=192.168.0.11	output:93	---	---	---	---	---	---	0	0	37	0

Floodlight © Big Switch Networks, IBM, et. al. Powered by Backbone.js, Bootstrap, jQuery, D3.js, etc.

图 7.9　流表下发效果图

7.4 小　　结

要进行 SDN 开发，一般需要有控制器，以及实际的 SDN 或者网络仿真工具。本章在对典型控制器概述的基础上，重点介绍 Floodlight 控制器。本书的后续开发实例都是基于 Floodlight 控制器进行的。对于开发者而言，Mininet 和 OVS 是学习 SDN 的有效网络仿真工具。

参 考 文 献

[1] Nicira. NOX. http: // www. noxrepo. org/[2020-3-5].
[2] Nicira. POX. https: // github. com/noxrepo/pox[2020-3-5].
[3] Big Switch. Floodlight. http: // www. projectFloodlight. org/[2020-3-5].
[4] Floodlight. Floodlight Architecture Diagram. https: // Floodlight. atlassian. net/wiki/spaces /Floodlightcontroller/ pages/1343548/TheController[2016-4-26].
[5] NTT Labs. Ryu. 2014. http://osrg.github.io/ryu/[2019-12-20].
[6] Cisco. OpenDaylight. http: // www. opendaylight. org[2020-6-10].
[7] Cisco. OpenDaylight Platform Overview. https: // www. opendaylight. org/what-we-do/odl-platform-overview[2020-6-15].
[8] Cisco. OpenDaylight Carbon release. https: // www. opendaylight. org/what-we-do/current-release [2020-6-18].
[9] ON Lab. ONOS. https: // wiki. onosproject. org/display/ONOS/Wiki+Home[2020-12-18].
[10] Stanford University. Beacon. http: // www. beaconcontroller. net[2012-9-6].
[11] Ashton, Metzler & Associates. Ten things to look for in an SDN controller. http: // www. ashtonmetzler. com/How%20to%20Evaluate%20SDN%20Controllers. pdf[2013-9-3].

第 8 章　SDN 开发实例

本章向读者介绍几个基于 Floodlight 的 SDN 应用开发实例，希望能帮助读者表更好地理解 SDN。

8.1　实现安全控制访问的符合性检查系统

在计算机网络中，网络域是根据不同的网络管理策略划分成的网络管理单元。网络域内部、不同网络域之间有不同的访问控制策略。在传统网络中，可以采用 ACL 实现网络域之间的访问控制。我们可以使用 SDN 进行访问控制。相对于传统网络，使用 SDN 进行访问控制，即符合性检查，要更加灵活、扩展性更强。

符合性检查系统用于检查网络安全域内主机间访问通信的符合性[1]。符合性检查主要基于路由策略和传输协议展开，即基于源主机和目的主机通信时所属的路由策略，以及要访问的 COS 来综合判断通信的允许或者拒绝。网络中的 COS 通过与传输层协议端口号的绑定来实现。在本实例中，路由策略形式上是主机与主机、主机与网段、网段与网段的由通信两端主体构成的二元组。例如，允许主机 *A* 和主机 *B* 进行通信或者拒绝子网 *C* 和子网 *D* 通信，我们都可以称之为一条路由策略。传输层协议端口指用于绑定某种服务或通信协议(如 HTTP、FTP 等)的端口资源。

符合性检查系统的设计思想是，由网络管理员按照数据中心网络的具体运行需求来制定结合路由策略和传输协议的符合性规则，再由 SDN 控制器加载网络访问控制子模块，通过流量触发、符合性规则匹配、请求路由计算、流表管理等处理流程，实现符合性检查功能。

8.1.1　符合性检查系统的结构

基于路由策略和传输协议的符合性检查是针对网络连接中的三层路由信息和四层传输信息的组合，对网络连接进行的符合性检查。因此，符合性规则为包含路由信息、传输层信息、访问控制信息和规则生命周期的信息的集合。基于 SDN 的符合性检查系统包含规则管理模块、数据包解析模块、符合性规则匹配模块、路由计算及流表项下发模块、流表项删除模块。

规则管理模块包括符合性规则的添加、删除和查询功能，以及向网络管理人员提供 Web 操作接口的功能。数据包解析模块包括 Packet_In 消息监听、数据包包头信息提取和数据包过滤功能。符合性规则匹配模块包括查询规则数据库、按照包头信息匹配符合性规则的功能。路由计算及流表项下发模块包含对匹配处理后的网络连接请求进行路由计算，并向路径上的交换机下发相应流表项的功能。流表项删除模块包括规则删除事件处理功能和流表项生命周期结束事件处理功能。

8.1.2 符合性检查系统的核心模块

下面介绍基于路由策略和传输协议的符合性检查系统的主要功能模块，包括模块的功能和设计，以及这些模块之间的交互联系。

(1) 规则管理模块

规则管理模块是针对规则设计的，首先定义基于路由策略和传输协议的符合性规则，包括数据结构、逻辑语义；其次制定规则的存储策略，如文件存储、数据库存储，甚至内存变量存储及其他存储方式；再次基于选定的存储策略，提供添加符合性规则、删除符合性规则、查询符合性规则的实现接口；最后面向网络管理员提供符合性规则管理功能的操作接口。

基于路由策略和传输协议的符合性检查系统除了提供主机端对主机端的控制粒度，还提供主机端对网络域的控制粒度。因此，符合性规则定义还需要包含子网信息，如子网掩码、子网前缀长度，用以判断实际网络通信中主机端 IP 与子网的归属关系。另外，符合性规则还包含传输协议的类型信息，如 UDP、TCP。进一步，符合性规则还包含传输协议类型的具体端口信息。

(2) 数据包解析模块

数据包解析模块需要对数据包的头部数据进行解析，并构造查询数据，用于匹配符合性规则数据库。

数据包解析流程图如图 8.1 所示。当用户主机进行网络通信时，该主机发出的网络连接请求数据包首先被与其直连的 SDN 交换机接收并进行转发判断。如果 SDN 交换机没有与请求数据包匹配的流表项，该数据包将被封装在 Packet_In 消息中，并上报给控制器。控制器将 Packet_In 数据包交给监听模块进行处理，此时数据包解析模块就可以开展对数据包的包头解析工作了。根据 TCP/IP 簇的规范，数据包解析模块依次从数据包中获取网络层信息(源 IP、目的 IP)、网络传输层信息(协议类型、源端口、目的端口)。然后，用这些信息去调用符合性规则匹配模块。

(3) 符合性规则匹配模块

符合性规则匹配模块需要根据数据包解析模块提取出的数据对符合性规则数据库进行查询匹配。查询并匹配某条规则后，按照规则的控制访问信息，对网络连接请求建立通信或阻断通信。控制访问的实际处理工作是由路由计算及流表项下发模块完成的。

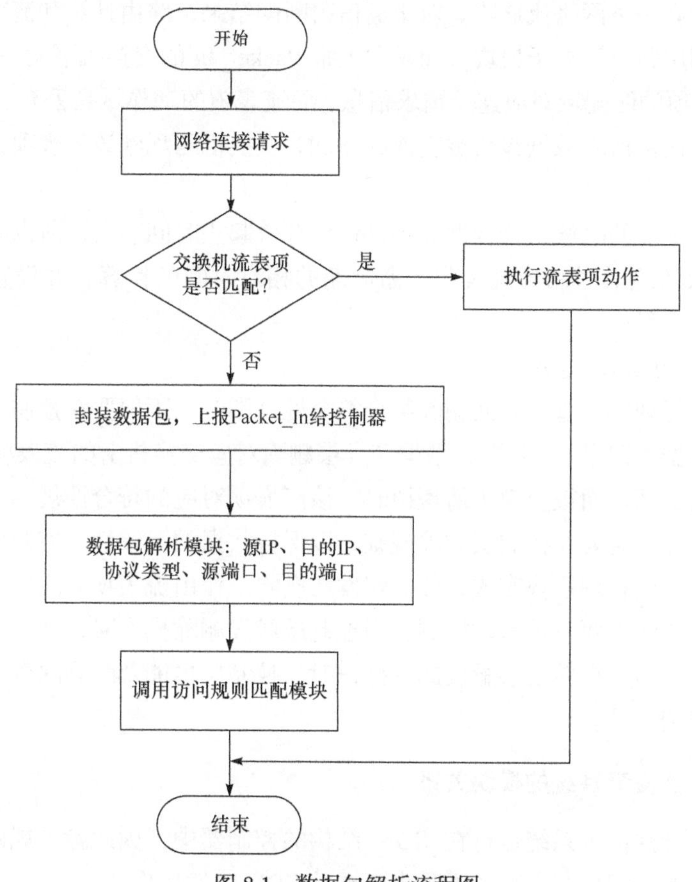

图 8.1　数据包解析流程图

除特殊应用外，网络连接是主机端对主机端的，是具体的一条网络数据流。符合性规则与符合性规则之间在它们限定的网络数据流范围上是有交叉重合的。为了实现网络数据流到规则的精确匹配，符合性规则匹配模块必须定义并维护规则的优先级。此外，符合性匹配模块需要根据网络前缀长度和网络地址确定一个具体子网，并判断 IP 与该子网的归属性，依此支持主机到网段的路由策略。

(4) 路由计算及流表项下发模块

符合性规则匹配模块的处理结果一般有两种，即允许通信建立和阻断通信建立。对于允许通信建立的结果，路由计算及流表项下发模块结合连接请求中的信息，调用路由计算子模块，计算连接源 IP 主机和目的 IP 主机的网络路径。然后，流表项下发模块向该网络路径上的 SDN 交换机下发流表项。流表项的匹配域对应连接请求信息。流表项的动作域从与下一台交换机连接的端口处转发，为网络连接请求建立一条网络流通路。对于通信阻断的结果，路由计算和流表项下发模块就不需调用路由计算子模块，而是向上报 Packet_In 的交换机下发一条流表项。同样，流表项的匹配域对应连接请求信息，而流表项的动作域是丢弃。源 IP 主机再次发送的连接请求数据包会被直连的 SDN 交换机匹配到该流表项，并执行丢弃动作。

流表项下发的时候，符合性规则都包含有效起止时间参数，所以必须进行有效起止参数的绝对时间到流表项生命周期的相对时间的换算，并设置流表项的 HardTimeout 字段。

(5) 流表项删除模块

当网络管理员在管理界面删除某个符合性规则时，不但要在控制面删除符合性规则的数据库记录，而且要在数据转发层删除对应交换机上的流表项。相应的，当流表项由于到期而被交换机清理掉时，该流表项对应的符合性规则也同时结束生命周期。此时需要在控制层删除规则，以保持数据的一致性。控制层的删除工作由符合性规则管理模块完成，数据转发层删除工作由流表项删除模块完成。两个层的工作之间需要一种联动机制：当控制层触发删除操作时，数据转发层能及时给予响应；当数据转发层触发删除操作时，控制层也能及时删除数据库中对应的符合性规则记录。

8.1.3 符合性检查系统的模块关系

上述符合性检查系统运行在 SDN 结构的控制器中，因此除了规则的管理模块，系统中的访问控制主功能则是由底层的 SDN 触发运作的。

在符合性检测系统各模块之间的协作关系(图 8.2)中，首先是主机终端用户发出连接请求数据包，然后 SDN 转发层对数据包进行流表项匹配处理。对于一条新的连接请求，若流表项匹配失败，SDN 交换机把该数据包封装在 Packet_In 消息中并上报，然后是数据包解析、符合性规则的匹配、路由计算及流表项下发，最后建立网络通路或者阻断网络连接。另一条流程是流表项因为 HardTimeout 到期而被交换机清理，进而引发流表项删除处理和对应规则删除处理。最后一条流程是管理员主动删除一条符合性规则，此时需在数据库中删除该符合性规则。如果该符合性规则已经被网络流量触发，则需要删除与该规则对应的所有流表项。

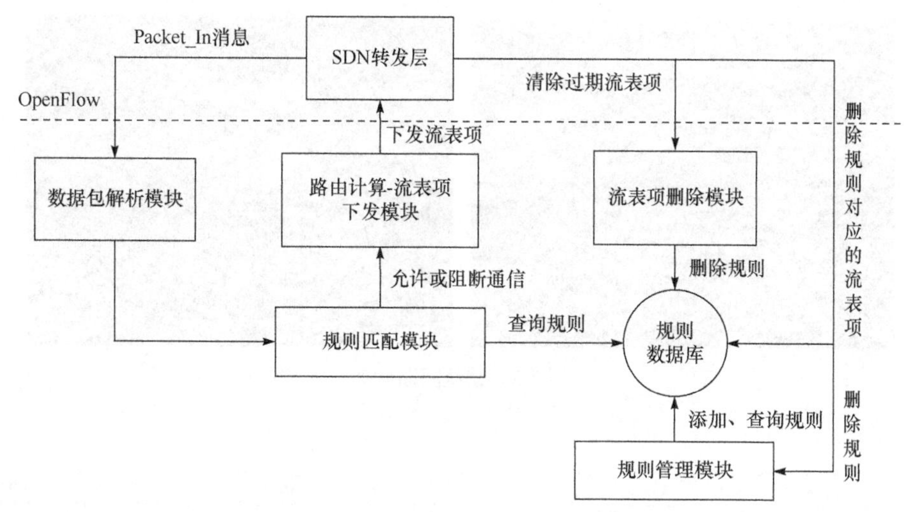

图 8.2 符合性检查系统模块关系图

8.1.4 符合性检查系统的测试结果

符合性检查系统对计算机连接的网络层信息和传输层信息进行检查，匹配检查不通过的将由网络设备阻断，通过的将建立网络通路。遵守 Echo 协议[2]的客户端和服务端的通信状况可以体现符合性检查结果。Echo 协议基于 TCP 实现，服务端收到客户端发送的消息时，会原样送回，因此 Echo 协议常用来检测和调试网络。

本节对基于路由策略和传输协议的符合性检查功能进行测试，分两个场景测试。场景一，若符合性规则库中没有与该计算机连接相关的路由策略或者传输协议，则该计算机连接将在转发设备上被阻断，在 Echo 协议通信时表现为客户端连接异常。场景二，若符合性规则库中有与该计算机连接相关的路由策略或传输协议，则该计算机连接将在符合性规则的语义下完成通信或阻断通信。

首先对场景一进行测试，选择主机 h1 和主机 h6 进行 Echo 协议通信。在没有添加任何有关 h1 和 h6 的路由策略，以及 Echo 传输协议的规则时，符合性检查系统的默认处理是阻断连接。这时 h1 和 h6 的通信状态如图 8.3 所示。在主机 h1 上运行 Echo 客户端程序连接主机 h6 时，客户端程序报告连接被拒绝异常，说明 h1 和 h6 之间的 Echo 通信连接被阻断了。

然后对场景二进行测试，添加的语义是允许主机 h1 和主机 h6 在 TCP 的 8088 端口进行通信的符合性规则后，主机 h1 和主机 h6 之间的 Echo 通信建立。客户主机 h1 依次发送消息“hello”、“one”、“two”、“three”、“four”、“five”，并且成功收到来自服务主机 h6 的回复消息。添加访问控制规则如图 8.4 所示。

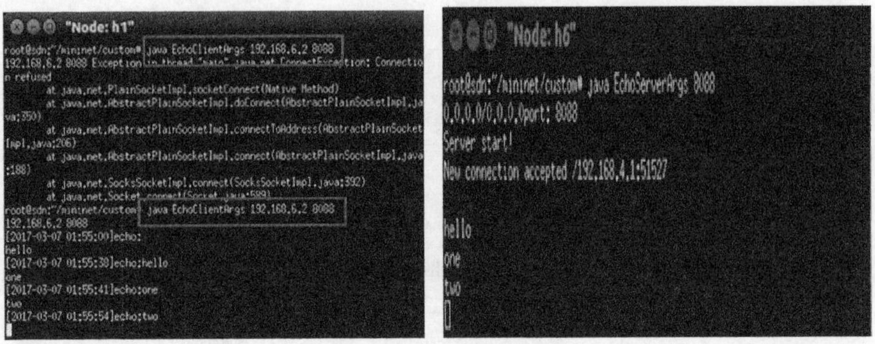

图 8.3　默认阻断状态

add a rule

id	priority	ip_src_w	ip_src	ip_dst_w	ip_dst	protocol	port	action	start_time	end_time	操作
18	100	0	192.168.4.1	0	192.168.6.2	1	12345	1	2017-02-21 12:00:00.0	2017-02-22 12:00:00.0	删除
19	100	0	192.168.4.1	0	192.168.6.2	1	0	1	2017-02-21 12:00:00.0	2017-02-22 12:00:00.0	删除
32	100	0	192.168.4.1	0	192.168.6.2	1	8088	1	2017-03-07 13:50:00.0	2017-03-07 14:20:00.0	删除

图 8.4　添加访问控制规则

客户主机 h1 发送消息“five”并成功收到回复消息后，在前台规则列表页中删除新添加的符合性规则。之后，客户机接连发送的消息“six”、“seven”、“eight”均没有收到服务主机的回复消息，而且 h6 根本没有收到上述消息，如图 8.5 分割线之后的部分。这说明主机 h1 和主机 h6 之间的通信已经阻断，即删除规则成功，也再次说明符合性检查系统的默认处理是阻断通信。

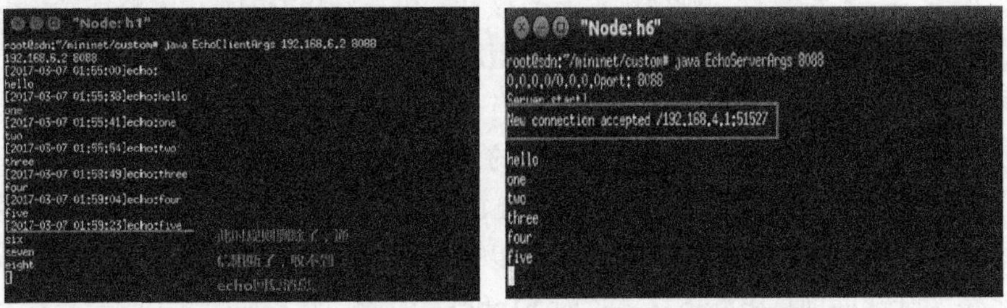

图 8.5　规则删除后主机 h1 和 h2 的通信状况

最后对符合性规则的优先级进行测试。网络中两台主机之间的通信是一条具体的网络流。网络流在网络通信协议的各层都有具体的信息。符合性规则是对网络流不同层次的抽象概括，越抽象的符合性规则包含的网络流越多，在规则匹配时的优先级越低；越具体的符合性规则包含的网络流越少，在规则匹配时的优先级越高。测试的目的是优先级机制是否有效地作用在网络通信中。

选择客户主机 h1(IP=192.168.4.1)和服务主机 h5(IP=192.168.6.1)之间的 Echo 通信为测试对象。测试开始阶段，规则库有 ID=26 的符合性规则，其语义是允许主机 192.168.4.1 与网络 192.168.6.0/24 中的主机进行通信。客户主机 h1 和服务主机 h5 进行 Echo 通信如图 8.6 所示。

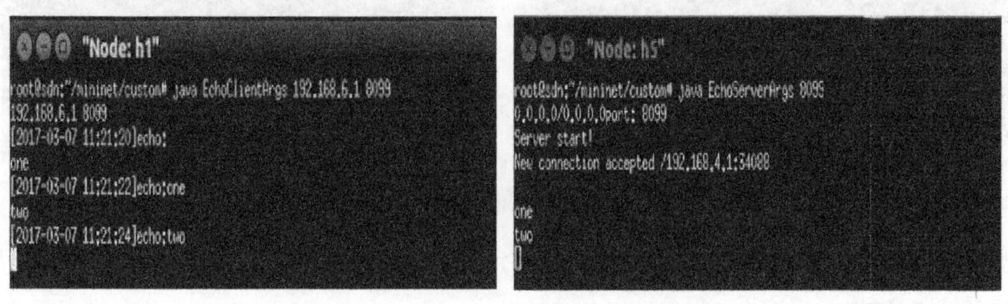

图 8.6　主机 h1 与 h5 进行 Echo 通信

添加一条符合性规则(ID=27)，其语义是禁止主机 192.168.4.1 与主机 192.168.6.1 通信。添加新规则后的规则库如图 8.7 所示。此时规则库中有两条适用于 h1 与 h5 通信的规则，而且新添加的规则有更高的优先级，于是 h1 和 h5 的 Echo 通信将被阻断。h1 和 h5 在高优先级规则作用下的通信情况如图 8.8 所示。客户主机 h1 发送的三个消息均未收到服务端的回复，其实服务主机 h5 并没有收到 h1 发送的“four”、“five”、“six”消息。

add a rule

id	priority	ip_src_w	ip_src	ip_dst_w	ip_dst	protocol	port	action	start_time	end_time	操作
18	100	0	192.168.4.1	0	192.168.6.2	1	12345	1	2017-02-21 12:00:00.0	2017-02-22 12:00:00.0	删除
19	100	0	192.168.4.1	0	192.168.6.2	1	0	1	2017-02-21 12:00:00.0	2017-02-22 12:00:00.0	删除
26	100	0	192.168.4.1	24	192.168.6.0	1	8099	1	2017-03-07 11:20:00.0	2017-03-07 11:40:00.0	删除
27	100	0	192.168.4.1	0	192.168.6.1	1	8099	0	2017-03-07 11:20:00.0	2017-03-07 11:40:00.0	删除

图 8.7　添加新规则后的规则库

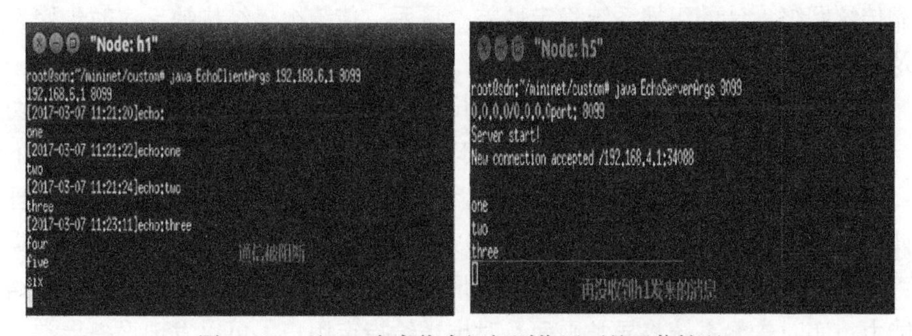

图 8.8　h1 和 h5 在高优先级规则作用下的通信情况

如果此时删除新添加的规则(ID=27)，主机 h1 和 h5 之间的通信落回规则(ID=26)的作用范围，并据此判断语义继续进行通信。h1 和 h5 回落到低优先级规则下的通信情况如图 8.9 所示。通信恢复后，h1 连续收到通信阻断期间发送的消息的回复，之后再次发送消息“eight”并收到回复，说明通信恢复正常。

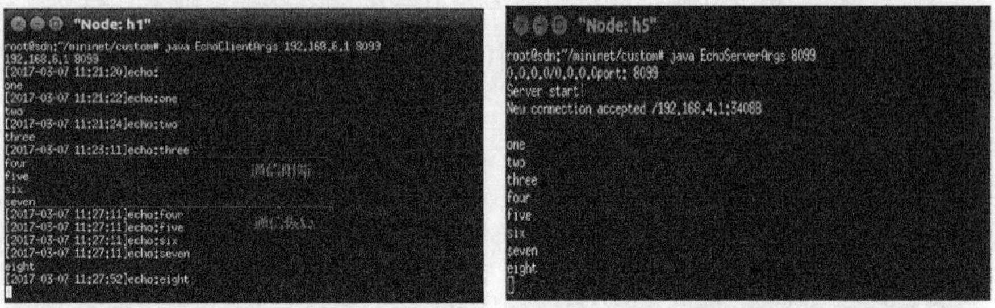

图 8.9　h1 和 h5 回落到低优先级规则下的通信情况

以上测试主要用于验证规则优先级机制。对于多条适用规则，通信采用优先级高的控制策略。

8.2　基于 SDN 的视频组播系统

随着多媒体技术逐步普及，视频监控、视频直播等多媒体应用大量出现。Cisco 的一项研究报告表示，截至 2016 年，IP 视频的流量占所有消费者互联网流量的 73%，预计在 2021 年，这个数字将会达到 82%[3]。这种多客户端同时访问一个视频源的通信模式和组播结构十分相似。

目前，采用传统网络实现组播还存在诸多问题。首先，应用系统和底层网络联系不够紧密，无法根据具体的应用实时调整网络流量的调度策略，易造成网络资源的紧张或浪费。其次，传统网络结构中的流量调度策略缺乏灵活性，易导致依靠传统网络设计的组播系统稳定性差。最后，传统组播结构缺乏实时告警，不能及时发现组播源故障或链路故障。

下面介绍 SDN 环境下的流量调度技术，并以组播技术和服务链技术为切入点，旨在改良传统的组播结构，构造基于 SDN 的视频监控系统[4]。它具有以下优点：加强了应用层和底层网络之间的联系，可以针对不同的网络状况做出合理资源调度；服务链流量调度技术使用户可以个性化定制视频处理流程；链路故障恢复可以随时监测链路故障并及时调整流量的调度策略，大大提高了系统的链路容错能力；实时告警系统将异常画面及时推送给指定用户，可以发现设备异常，减少财产损失。

8.2.1　视频组播系统的结构

基于 SDN 的视频组播结构中包括视频服务器、SDN 控制器、资源采集器和服务链四部分。基于 SDN 的视频组播结构如图 8.10 所示。

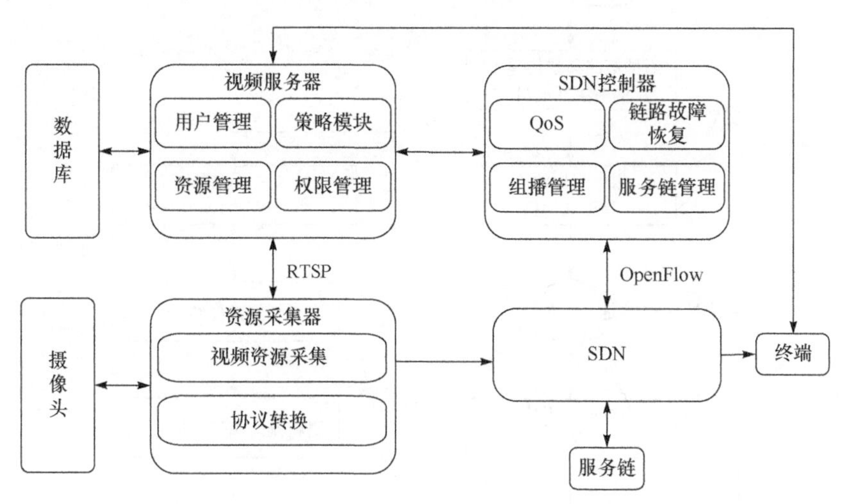

图 8.10 基于 SDN 的视频组播结构图

8.2.2 视频组播系统的核心组件

(1) 资源采集器

资源采集器的主要功能是进行视频资源的采集工作，包括视频资源采集模块和协议转换模块。

资源采集器支持数个摄像头作为视频源，基于 UDP 进行视频传输。但是，市场上一些品牌的摄像头仅支持 TCP，因此我们针对这些品牌的摄像头进行协议转换。但是，大多数摄像头可以直接采用 RTSP 基于 UDP 进行流量采集。

(2) SDN 控制器

SDN 控制器主要负责对 SDN 网络进行管理。控制器包括 QoS 模块、链路故障恢复模块、组播管理模块和服务链管理模块。QoS 模块主要负责测量链路的带宽、时延、丢包率和抖动，并为视频服务器的策略模块提供构建组播树的依据。组播管理模块主要负责接收视频服务器发来的组播信息，进行组播树的构建和维护，将新的组播路径转化为 OpenFlow 识别的流表和组表信息，再下发到 SDN 交换机中。链路故障恢复模块主要是针对故障链路进行流量迁移。服务链管理模块主要负责服务链的管理和维护工作。

组播管理模块流程图如图 8.11 所示。组播路径结构如图 8.12 所示。根据实现的不同，可分为三种组播路径，即单入口、单出口，无分支结构；单入口、多出口，有分支结构；无分支结构，但是挂载了服务链。

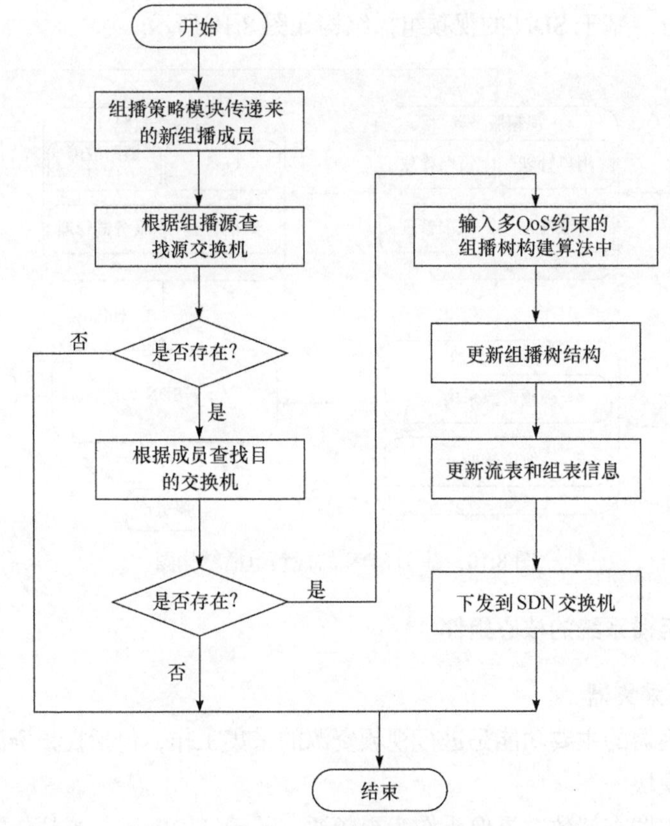

图 8.11　组播管理模块流程图

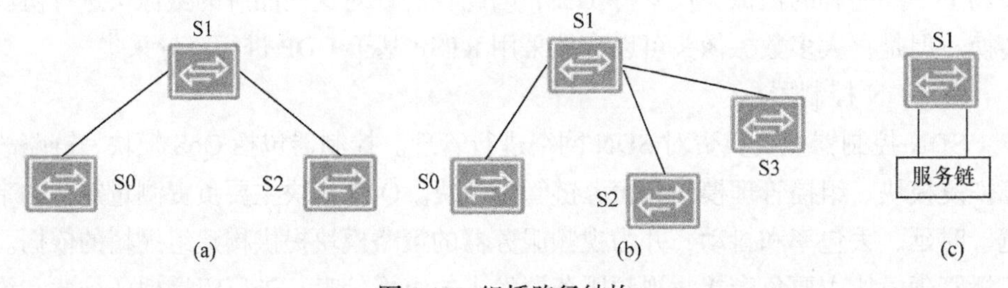

图 8.12　组播路径结构

(3) 视频服务器

视频服务器中部署四个模块，即用户管理模块、策略管理模块、资源管理模块和权限管理模块。用户管理模块主要负责用户登录认证。策略管理模块主要负责组播树的构建，并将组播信息发送给 SDN 控制器。资源管理模块主要负责登录摄像头拉取 RTSP 流。权限管理模块主要负责管理用户对摄像头的权限。

策略管理模块主要完成组播的分组工作。根据有源树模型，需要为一个组播源建立一个组播树，对不同的组播源维护不同的组播组。组播策略模块流程如图 8.13 所示。

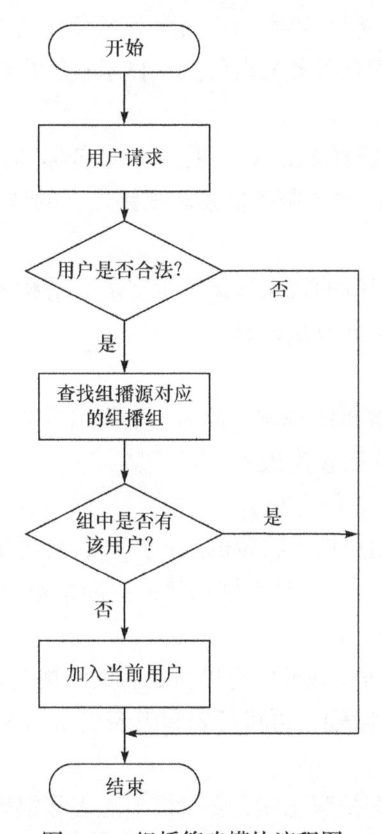

图 8.13 组播策略模块流程图

(4) 服务链

服务链可采用 BigSwitch 的 BMF[5]实现服务链功能。服务链中的服务节点功能包括修改标识符应用和实时告警应用。修改标识符应用主要负责完成对 IP 分片中“identification”字段的统一修改。实时告警应用主要负责视频画面的异常检测和及时告警。

8.2.3 视频组播系统的服务流程

基于 SDN 的视频组播的工作服务流程如下。

(1) 用户身份验证

用户在客户端界面填写用户名密码信息，并提交给视频服务器。视频服务器的用户管理模块进行用户身份验证，将验证的结果返回给客户端，验证成功，跳转(2)；否则，提示错误信息。

(2) 拉取视频资源和服务节点列表

用户身份验证成功，便会再次向视频服务器发起请求，拉取当前用户权限下的所有视频资源信息和所有服务节点信息，显示在客户端界面上，供用户选择。

(3) 视频请求

用户在客户端界面选择要请求的视频资源名称和需要的服务节点信息(多选)，并点击请求按钮，向视频服务器发起视频数据的请求。

(4) 解析视频请求

视频服务器收到客户端的视频数据请求之后，解析用户想访问的视频资源名称和视频流需要经过的服务节点信息。

(5) 拉取视频流

视频服务器将(4)中解析的视频资源名，发送给视频资源采集器，让采集器进行资源采集，使拉取到的视频流进入SDN中。

(6) 构建组播树

视频服务器将当前用户加入特定的组播组中，再将组播组信息通过 RESTful API 发送给 SDN 控制器。SDN 控制器构建或更新组播树。

(7) 下发流表和组表

SDN 控制器中的组播管理模块将更新之后的组播树信息转化为 OpenFlow 协议识别的格式(即流表和组表)，再将流表和组表更新到 SDN 交换机中。

(8) 视频数据转发

由(5)拉取的视频流会按照 SDN 交换机中流表和组表进行流量转发，在安装组表的交换机中依靠组表进行流量复制,然后将源 IP 地址修改为视频服务器的 IP 地址，将目的 MAC 地址修改为出口路由器的 MAC 地址，将目的 IP 地址修改为客户端的 IP 地址，将目的端口修改为客户端的目的端口信息。

(9) 服务节点处理

当视频流到达 SDN 交换机时，会按照用户的配置将流依次转发到相应的服务节点，进行服务链相关分析。例如，客户需要视频流经过视频监测和计费监测两个服务节点，如果节点运行正常，控制器在流表中配置这两个节点的信息，视频流依次经过视频监测节点和计费监测节点。如果某一个节点宕机，转(10)。

(10) 节点宕机处理

若某个节点宕机，那么与交换机相连的端口处于 DOWN 的状态。SDN 交换机上报给控制器，控制器删除该节点对应的流表信息，那么视频流就不会经过这个宕机的节点，从而保证客户端一定能收到视频数据。

8.2.4　视频组播系统的测试结果

实验环境包括摄像头、服务器、OVS 软件、DELL S3048-ON 交换机、客户端软件(SDN 视频总线控制平台)、基于 SDN 的视频组播系统，以及服务节点软件。

客户端软件的基本功能包括添加摄像头、修改用户权限、连通性控制、视频画面手动推送等功能。这里我们重点介绍两个功能。第一个是视频画面的手动推送功能，该功能需要运维人员手动将视频画面推送给指定用户。如图 8.14 所示，我们点击“3.uest.pixian.chengdu.sichuan. china”摄像头右面的推送按钮，完成视频的推送。视频画面转至与“3.uest.pixian. chengdu.sichuan.china”对应的摄像头画面，手动推送需要管理员进行相关操作。第二个是连通性控制。如图 8.15 和图 8.16 所示，我们在某个摄像头和用户对应关系的右侧点击断开按钮，就会阻止该摄像头的视频数据向该用户转发，即可使用户停止观看这一摄像头的画面。

至此，我们可以认为基于 SDN 的视频组播结构已经完成，而且关于组播树的维护也已经实现，同时可以支持客户端的随时加入和离开。

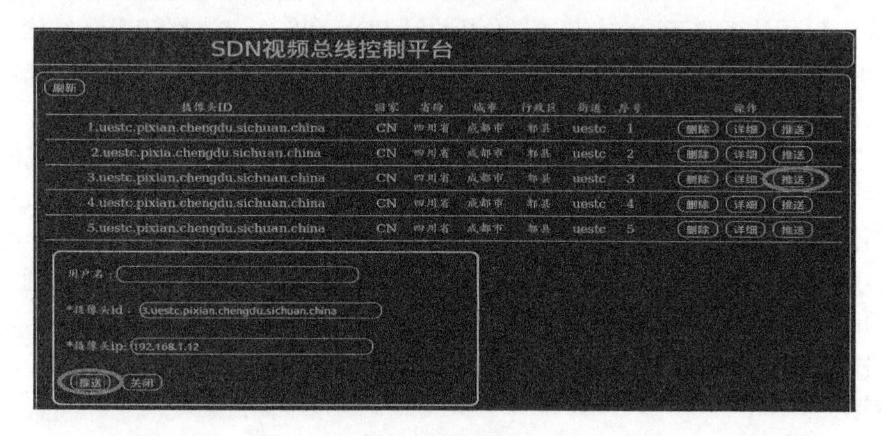

图 8.14　视频推送功能

图 8.15　连通性控制

图 8.16　连通性控制结果

8.3　基于 SDN 实现与传统 IP 网络互联

SDN 自问世以来就广受学术界和企业界的关注，并成为未来网络变革的重要发展方向。但是，现存网络绝大部分仍然为传统 IP 网络，在 SDN 不断发展的过程中，势必存在 SDN 和传统网络并存的局面。

SDN 采用流表进行转发，而传统 IP 网络采用路由表进行转发。传统 IP 网络和 SDN 没有路由信息交互机制，导致传统 IP 网络的路由器无法识别 SDN 中的流表信息。同时，SDN 的交换机无法使用传统 IP 网络的路由表信息，因此造成 SDN 和传统 IP 无法互联互通。本节通过分析设计 SDN 和传统 IP 网络互联的结构，验证 SDN 与传统 IP 网络互联互通的可行性，有助于 SDN 与传统 IP 网络的融合和传统 IP 网络向 SDN 的过渡。

本节讨论的 SDN 和传统 IP 网络互联结构基于以下核心思想：把 SDN 整体当成一个传统 IP 网络的路由器，该路由器和 IP 网络通过 BGP 进行 NLRI 的交互，从而使全网的 NLRI 经过路由同步后达到一致；SDN 通过把 IP 网络的 RIB 消息转换成相应的 SDN 交换机流表项，进而使 SDN 与传统 IP 网络可以互联互通。这里的路由器作为 SDN 控制器的一个模块，为了减少工作量，可以使用第三方开源路由器软件 Quagga 来代替，再由 Quagga 和 SDN 控制器进行 RIB 消息和 NLRI 的同步[6]。

本节讨论的 SDN 与传统 IP 网络互联结构由 SDN 同步子系统和 Quagga 同步子系统两部分组成，包含 RIB 消息同步模块、网络可达性消息发送模块、配置管理模块、RIB 消息发送模块和 NLRI 同步模块。同时，对 SDN 与传统 IP 网络互联结构进行测试。仿真结果表明，SDN 与传统 IP 网络互联结构可以实现 IPv4 网络和 SDN 的互联互通。

8.3.1　SDN 与传统 IP 网络互联的结构

如图 8.17 所示，互联结构的核心思想是将 SDN 网络当成一个传统 IP 网络的 BGP 边界路由器，让 SDN 和传统 IP 网络通过 BGP 消息交互网络层可达性信息，使 SDN 知道与其连接的 IP 网络或者其他 SDN 的子网情况，进而维护自己的路由信息，进行一些流表预处理操作，使 SDN 的交换机知道如何处理来自或者去往其他 SDN 和 IP 网络的数据包。

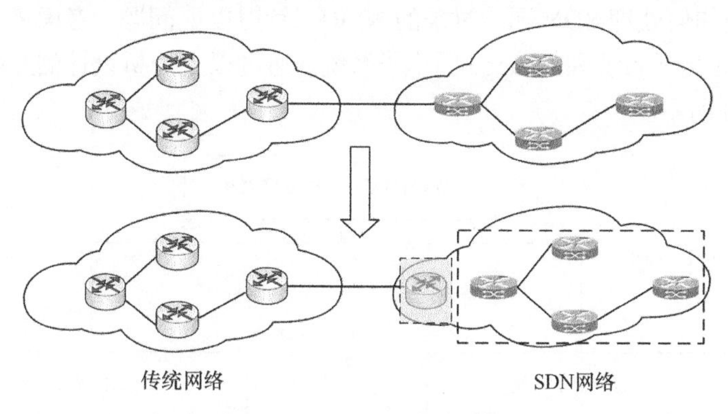

图 8.17 互联结构核心思想

在 SDN 的控制器添加 BGP 路由模块，功能复杂且工作量巨大，在实际中为了减少不必要的工作，可以利用 Quagga 代替 SDN 控制器的 BGP 路由同步模块和传统 IP 网络或者其他 SDN 进行通信，再将 Quagga 处理后的 BGP Update 消息通过预定义的消息格式同步给 SDN 控制器进行处理，也可将管理员通过 SDN 控制器配置的 SDN 子网 NLRI 通过预定义的消息格式同步给 Quagga 进行处理，并最终转换成 BGP Update 消息通告给 Quagga 的所有 BGP 邻居。这相当于把 SDN 整个当成一个仅含有一个路由器的自治域，通过 BGP 消息进行域间路由信息交互后，对 SDN 交换机进行预装流表下发操作，进而使几个域之间的 NLRI 达到同步，使全网可以互联互通。这里的交换机预安装流表操作相当于传统 IP 网络中路由表项的安装。它使 SDN 的交换机知道怎么把从一个域接收到的包在 SDN 中“路由”到另一个域的入口处。

SDN 与传统 IP 网络(IPv4 网络)共存场景下的互联互通问题，包括 SDN 与 IP 网络 NLRI 的正确交互、数据流量的正常通信，其工作的出发点是分析设计互联的结构。

8.3.2 SDN 与传统 IP 网络互联的核心模块

系统启动后，SDN 中 Quagga 开源路由器软件的 BGP 消息同步子系统(为了方便描述，后面所有出现的“SDN 中 Quagga 开源路由器软件的 BGP 消息同步子系统”简称 Quagga 同步子系统)会与其邻居(IP 网络的边界路由器或者其他 SDN 的 Quagga 同步子系统)进行 BGP 通信，通过 BGP Update 消息通告 NLRI。我们应该解决以下几个问题：Quagga 同步子系统如何把接收到的 BGP 邻居的更新路由消息转换成 RIB 消息并同步给 SDN；SDN 如何处理收到的 RIB 消息；SDN 如何把其子网的 NLRI 通过 Quagga 同步子系统通告到 IP 网络或者其他 SDN；Quagga 同步子系统如何处理 SDN 同步过来的 NLRI。针对以上问题，考虑将互联结构设计成 SDN 同步子系统和 Quagga 同步子系统。通过以上分析设计的互联结构模块图如图 8.18 所示。

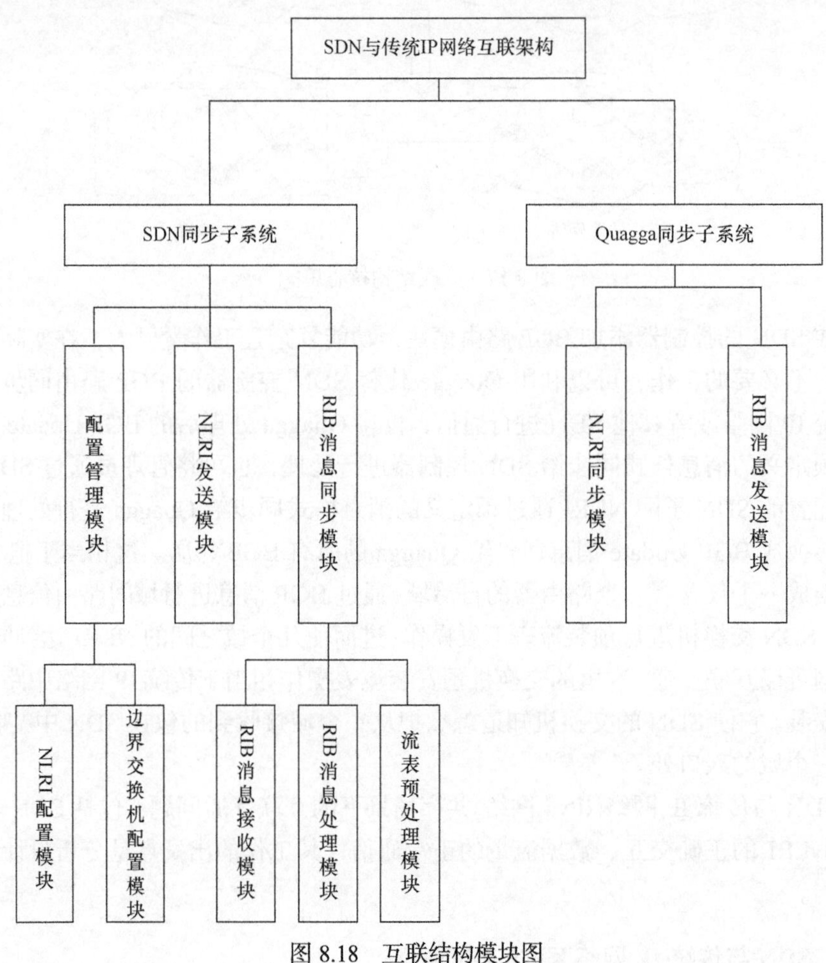

图 8.18　互联结构模块图

1. SDN 同步子系统

SDN 同步子系统是互联结构中处于 SDN 控制器的部分，主要完成边界交换机和 NLRI 的配置、RIB 消息的接收处理、流表的预安装，以及 NLRI 的发送等功能，因此 SDN 同步子系统包含配置管理模块、RIB 消息同步模块和 NLRI 消息发送模块。

(1) 配置管理模块

配置管理模块主要用于网络管理员在网络启动之前或者在网络运行过程中动态配置网络的参数，主要包括边界交换机的配置和 SDN 的 NLRI 配置。边界交换机是指 SDN 中与 IP 网络或者其他 SDN 直接相连的 SDN 交换机。网络管理员可以根据网络实际拓扑的变化增删边界交换机。NLRI 指网络层可达性信息，即 SDN 中有哪些可达网络。网络管理员通过配置 NLRI，让 Quagga 同步子系统把 SDN 的可达网络信息传递给 IP 网络或者其他 SDN，从而达到全局网络可达性消息的同步。

(2) RIB 消息同步模块

这是 SDN 同步子系统的核心模块，用于对 Quagga 同步过来的 RIB 消息进行接收、识别、处理。因此，RIB 消息同步模块包括 RIB 消息接收模块、RIB 消息处理模块和流表预处理模块。RIB 消息接收模块功能比较简单，用来接收 Quagga 同步子系统发送的 RIB 消息，并把该消息封装成控制器可以识别的结构，供 RIB 消息处理模块使用。RIB 消息处理模块对封装的 RIB 消息进行处理，它会维持一张 RIB 消息列表，分别对类型为 a(增加)或者 d(删除)的 RIB 消息进行处理。对于类型为 a 的 RIB 消息，如果该表包含该 RIB 消息，则把旧的 RIB 消息替换成新的 RIB 消息，并通过调用流表预处理模块进行 SDN 交换机相关流表项的添加；如果不存在该 RIB 表项，则直接将其添加到 RIB 消息列表中，通过调用流表预处理模块进行 SDN 交换机相关流表项的添加。对于类型为 d 的 RIB 消息，如果表中存在该 RIB 消息相关的表项，则删除该表项并调用流表预处理模块删除相应 SDN 交换机中与该 RIB 表述的子网有关的流表项。流表预处理模块与下发流表有关。当 SDN 收到 Quagga 同步子系统发送的 RIB 消息，处理后要对边界交换机的流表进行一些流表下发的操作。这些操作有可能是添加流表项，也有可能是删除流表项，这取决于 RIB 消息的类型和 RIB 消息列表的情况。

(3) 网络可达性消息发送模块

SDN 可能包含多个子网络，因此为了使全局网络的 NLRI 达到同步，SDN 必须在其子网络发生变化时将该变化通告给其他 IP 网络和 SDN。网络可达性消息发送模块就是用来处理这种变化的。当 SDN 子网情况发生变化时，网络管理员通过 Web 接口动态地改变网络可达性消息列表，而网络可达性消息发送模块把这种动态改变以预定义消息的形式发送给 Quagga 同步子系统进行处理，进而通告给其他网络，保持全网拓扑一致性。该模块首先对消息按协商好的格式进行封装，然后通过 Socket 通信同步给 Quagga 同步子系统。

2. Quagga 同步子系统

Quagga 同步子系统将把 SDN 整体抽象成仅包含一个路由器的 BGP 路由系统，因此其主要完成的功能是与 SDN 控制器及其 BGP 邻居进行路由信息的交互。由此 Quagga 同步子系统包含 RIB 消息发送模块、NLRI 消息同步模块。

(1) RIB 消息发送模块

Quagga 同步子系统收到其 BGP 邻居发送的 BGP Update 消息时，启动一个 BGP 决策过程。在决策完成后，如果该路由是最佳路由，则 Quagga 同步子系统会把该路由安装到本地数据库和系统的内核路由表中。RIB 消息发送模块负责把这些需要安装到内核路由表，或者需要从内核路由表移除的路由消息，按预先协商好的消息格式转换成 RIB 消息，然后同步给 SDN 控制器。

(2) NLRI 消息同步模块

当 SDN 的 NLRI 发生变化时，SDN 的控制器把该变化按照预定义的消息格式封装成 NLRI 同步给 Quagga 同步子系统。Quagga 同步子系统的 NLRI 消息同步模块接收到该 NLRI 后，对该 NLRI 按照预定义的 NLRI 格式进行识别，解析出各个字段的含义和内容并进行处理。如果该 NLRI 通告的是 SDN 某个子网 X 的添加，则 Quagga 同步子系统应该给其邻居发送 BGP Update 消息，让其邻居添加路由表项，即 X 的下一跳为 Quagga 同步子系统。如果该消息通告的是 SDN 子网 X 的移除，则 Quagga 同步子系统给其邻居发送带 withdraw 的 BGP Update 消息，使其移除目的网络为 X 的路由表项。经过这样的处理，全网就会保持网络状态的一致性。

8.3.3 SDN 与传统 IP 网络互联结构的服务流程

上述结构主要完成的功能是 RIB 消息的同步和处理、NLRI 的同步和处理两个大的功能。这两个大的功能又由 Quagga 同步子系统和 SDN 同步子系统完成。其中 NLRI 的同步流程比较简单，RIB 消息的流表预处理比较重要。因此，这里介绍的互联结构的主要流程包括 SDN 同步子系统的 RIB 消息同步流程、SDN 同步子系统的流表预处理流程、Quagga 同步子系统的 RIB 消息发送流程。

(1) SDN 同步子系统 RIB 消息同步流程

如图 8.19 所示，流程开始时 SDN 控制器收到 Quagga 同步子系统发送过来的 RIB 消息时，先识别转换成可以处理的形式，然后判断该 RIB 消息的类型。如果类型是 a，则判断 RIB 表中是否存在网络号为该 RIB 消息所携带网络号的条目，如果存在，则先删除该条目，并删除由该条目所下发的所有流表项同时将其添加到 RIB 表中；否则，跳过此步，直接把该 RIB 消息添加到 RIB 表中，并调用流表预处理模块给相应的边界交换机分发流表项。如果类型为 d，首先判断 RIB 表是否有该条目，如果没有，则报告出错，流程结束；否则，从 RIB 表中删除该条目，并删除该条目下发的所有流表项，流程结束。如果类型不是 a 也不是 d，则报告类型错误，流程结束。

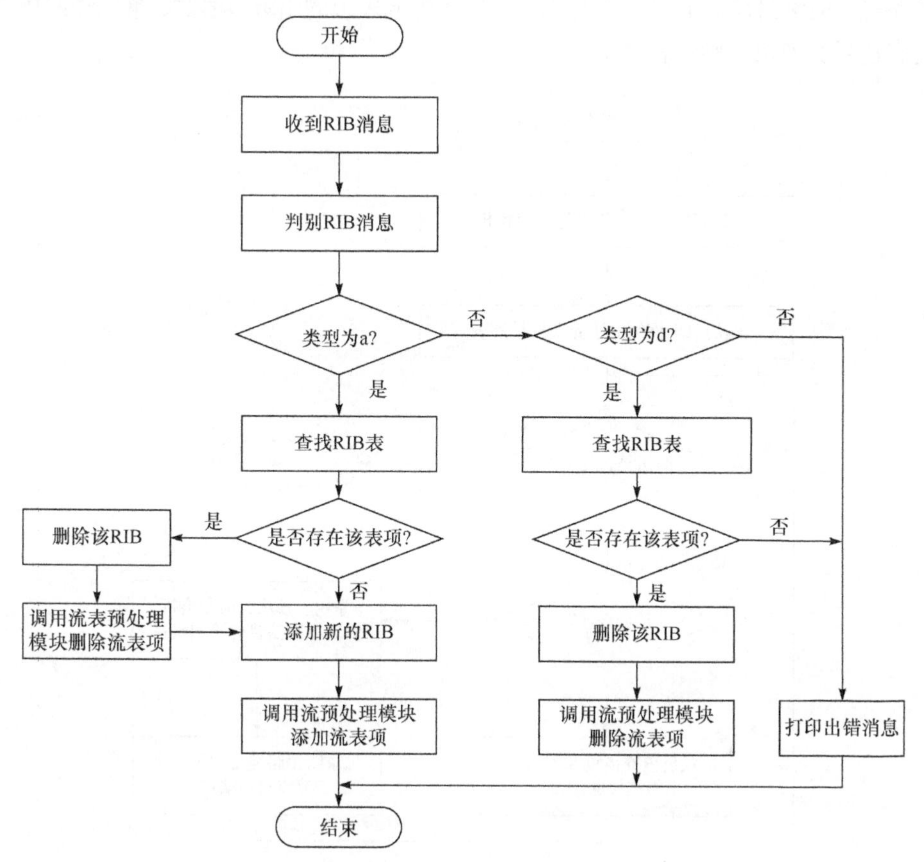

图 8.19　SDN 子系统 RIB 消息同步流程

(2) SDN 同步子系统流表预处理流程

如图 8.20 所示，流程开始先根据 RIB 消息的 nexthop 字段找到对应网络 X 直接连接的边界交换机，假设为 dbs(direct-connected border switch)。然后，遍历 SDN 的边界交换机列表。对于每个边界交换机，判断其是否为 dbs，如果是，则给该边界交换机下发一条流表项，流表项的内容是到目的 IP 所处子网 N 的数据包，修改目的 MAC 地址为 SDN 与子网 N 所在 IP 网络直连的路由器接口的 MAC 地址(如果是 SDN 连 SDN，则为 SDN 与子网 N 所在 SDN 直连的 Quagga 同步子系统接口的

MAC 地址)，并从该边界交换机与子网 N 所在的网络直接相连接的端口发送出去；否则，给该边界交换机下发一条流表项。流表项的内容是到目的 IP 处在子网 N 的数据包，修改目的 MAC 地址为 SDN 与子网 N 所在 IP 网络直连的路由器接口的 MAC 地址(如果是 SDN 连 SDN，则为 SDN 与子网 N 所在 SDN 直连的 Quagga 同步子系统接口的 MAC 地址)，并从 SDN 中找到一条从该边界交换机到 dbs 交换机的路径，把该路径上第一个节点的端口号作为流表项的出端口号。如果已经遍历完所有边界交换机，则流程结束。

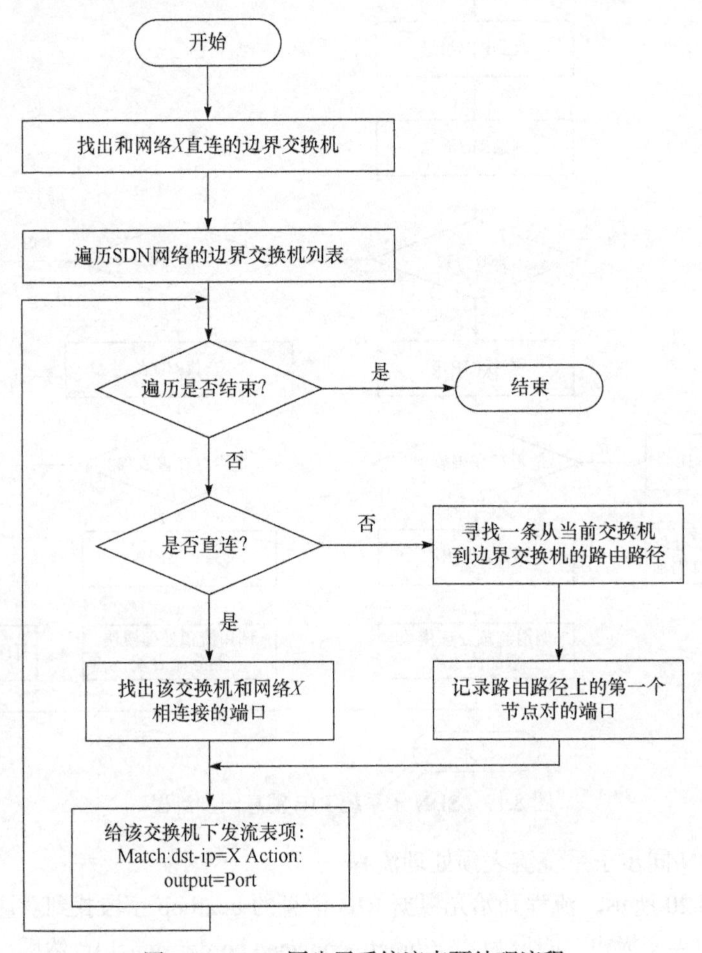

图 8.20　SDN 同步子系统流表预处理流程

(3) Quagga 同步子系统路由发送流程

如图 8.21 所示，流程开始时启动一个定时器。该定时器每隔一段时间检测一次 RIB 消息列表，如果不为空，则把 RIB 消息列表的内容发送给 SDN 的控制器并清空消息列表。当 Quagga 同步子系统收到 BGP 邻居发送过来的 BGP Update 消息，进行 BGP 路由决策后把该路由安装到本地路由表时，Quagga 同步子系统会同时由该 BGP Update 消息按照预定的消息格式生成相应的 RIB 消息，并将其加入 RIB 消息列表中。

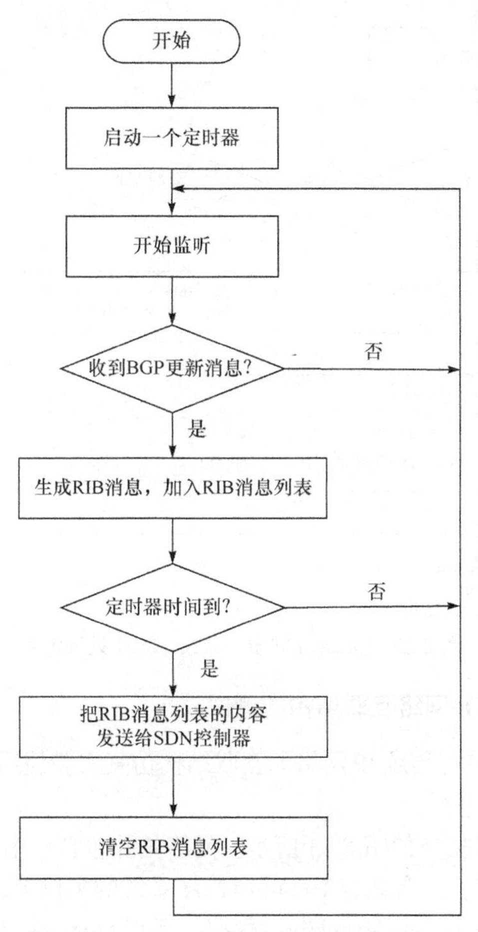

图 8.21　Quagga 同步子系统路由发送流程

(4) Quagga 同步子系统的 NLRI 处理流程

如图 8.22 所示，当 Quagga 同步子系统收到 SDN 同步过来的 NLRI，它首先按预定的消息格式进行重组和识别，如果类型为 a，则代表这是 SDN 新增了一个子网，因此 Quagga 先给本地路由表添加一条到该子网的路由表项，然后用 BGP Update 消息把 NLRI 通告给其 BGP 邻居。如果类型为 d，意味着 SDN 的一个子网不能工作，则 Quagga 从本地路由器把该子网的路由表项移除，然后用带 withdraw 的 BGP Update 消息通告其 BGP 邻居。

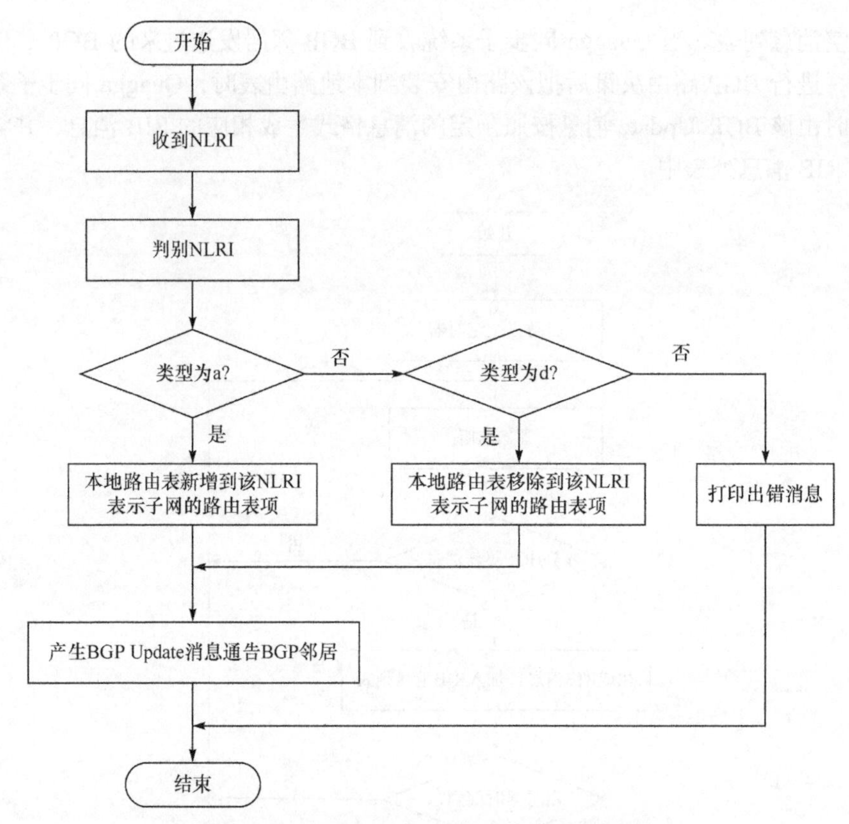

图 8.22　Quagga 同步子系统 NLRI 处理流程

8.3.4　SDN 与传统 IP 网络互联结构的测试效果

本节所述的SDN与传统IP网络的互联结构仿真实验使用Mininet、Floodlight、Quagga、Virtualbox 进行。

用于测试的网络拓扑如图 8.23 所示。网络拓扑包含一个 SDN、两个 IPv4 网络。这三个网络分别在三台装有 Ubuntu 12.04 系统的主机上进行模拟。IPv4 网络中连接不同子网的路由器由 Virtualbox 模拟。运行 Quagga 路由软件的 Virtualbox 虚拟机模拟一个 BGP 路由器。SDN 通过在主机上分别运行 Mininet 和 Floodlight 来模拟。

SDN 和 IP 网络连接的部分通过给边界交换机添加端口实现。例如，S1 连接到 IP 网络的 192.168.56.0/24 子网(网关为 192.168.56.1)，假设 SDN 和该子网连接的网卡为 eth1，则用命令“sudo ovs-vsctl add-port s1 eth1”把 S1 与该子网连接在一起。图中 SDN 包含 3 个 OpenFlow 交换机 S1、S2、S3，IPv4 网络总共包含 5 个路由器 SR1、SR2、SR3、SR4、SR5，拓扑中的 SQUAGGA 路由器用来模拟 SDN 的 Quagga 同步子系统。其中 SR3、SR4 和 SQUAGGA 开启 Quagga 路由软件的 BGP 功能，用于 EBGP 消息的交互。SR3、SR2 和 SR1、SR4 和 SR5 之间则利用 Quagga 路由软件的 RIP 功能进行 IPv4 网络域内路由信息的交互。

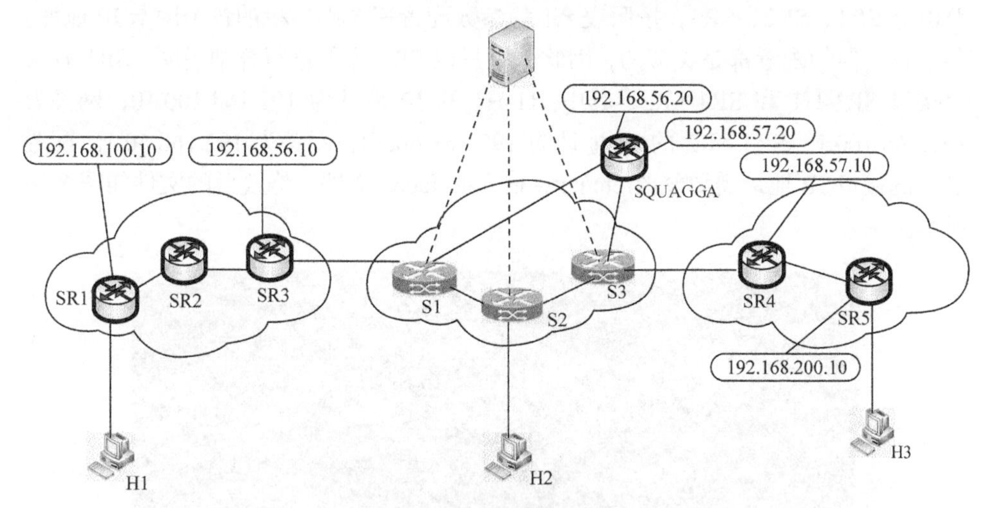

图 8.23　用于测试的网络拓扑

S1 与 SR3 连接，S3 与 SR4 连接，S1 与 SQUAGGA 连接，S3 与 SQUAGGA 连接。该网络拓扑的路由器端口 IP 地址和网关配置表如表 8.1 所示。

表 8.1　路由器端口 IP 地址和网关配置表

端口(源节点-目的节点)	IP 地址	网关
SR1-H1	192.168.100.10	192.168.100.1
SR1-SR2	192.168.60.10	192.168.60.1
SR2-SR1	192.168.60.20	192.168.60.1
SR2-SR3	192.168.70.10	192.168.70.1
SR3-SR2	192.168.70.20	192.168.70.1
SR3-S1	192.168.56.10	192.168.56.1
SQUAGGA-S	192.168.56.20	192.168.56.2
SQUAGGA-S3	192.168.57.20	192.168.57.2
SR4-S3	192.168.57.10	192.168.57.1
SR4-SR5	192.168.80.10	192.168.80.1
SR5-SR4	192.168.80.20	192.168.80.1
SR5-H3	192.168.200.10	192.168.200.1

三台用于模拟的主机分别记为 host1、host2、host3，其中 host1 用于模拟具有 SR1、SR2、SR3 三个路由器的 IPv4 网络，host2 用于模拟 SDN，host3 用于模拟

含有 SR4、SR5 的 IPv4 网络。下面介绍具体的仿真测试过程。

① 在 host1 主机上启动 Virtualbox，创建虚拟机 SR1、SR2、SR3，分别代表路由器 SR1、SR2、SR3，按照表 8.1 的参数配置三个虚拟机的各个网卡 IP 地址。各个路由器的配置都是类似的，因此这里只以 SR1 为例进行详细说明。SR1 有两个接口 SR1-H1 和 SR1-SR2，其中 R1-H1 的 IP 地址为 192.168.100.10，网关为 192.168.100.1；SR1-SR2 的 IP 地址为 192.168.60.10，网关为 192.168.60.1。配置 SR1 的接口 IP 地址需要修改/etc/network/interfaces 文件。修改后的文件如图 8.24 所示。

```
SR1 [正在运行] - Oracle VM VirtualBox
# This file describes the network interfaces available o
# and how to activate them. For more information, see in

# The loopback network interface
auto lo
iface lo inet loopback

# The primary network interface
auto eth5
iface eth5 inet static
address 192.168.60.10
netmask 255.255.255.0
gateway 192.168.60.1

auto eth6
iface eth6 inet static
address 192.168.100.10
netmask 255.255.255.0
gateway 192.168.100.1
```

图 8.24　SR1 的接口配置文件

② 在 host2 主机上启动 Mininet，创建具有三个 SDN 交换机线性连接的 SDN 拓扑，并让该 SDN 连接到 Floodlight 控制器上。具体的创建操作如下。

第一，在 host2 上启动 Floodlight。

第二，在 host2 主机上启动 Mininet，创建具有 S1、S2、S3 三个 SDN 交换机线性连接的 SDN 拓扑。所用命令为 sudo mn --controller=remote，port=6668 --topo topo1--custom ~/topo1.py --mac --ipbase=172.0.0.0/24。其中，port 等于 Floodlight 控制器监听的端口号，未指定 controller 的 IP，则默认为本地主机，即 127.0.0.1。这里的 topo 采用自定义的方式在 topo1.py 文件里定义，因此要指定 custom 和 topo 选项。

第三，在 Mininet 的 CLI 输入 pingall 测试 Mininet 的 SDN 交换机是否已经正确连接到 Floodlight 控制器上。

第四，在 host2 上启用 Virtualbox 创建虚拟机 SQUAGGA。SQUAGGA 的配置和 host1 的路由器配置类似。

第五，在 host3 主机上启动 Virtualbox，创建两个虚拟机 SR4、SR5 分别代表路由器 SR4、SR5，按照表 8.1 的参数配置两个虚拟机的各个网卡 IP 地址。

第六，连接 SDN 和 IP 网络。假设 host2 的 eth1 网卡通过网线直接和 host1 的 eth1 网卡连接，host2 的 eth2 网卡通过网线直接和 host3 的 eth1 网卡连接，则用命令 sudoovs-vsctl add-port s1 eth1、sudo ovs-vsctl add-port s3 eth2 分别把 host2 的 eth1 和 eth2 网卡作为 SDN 的交换机 S1 和 S3 的端口。这样就在物理上使 SDN 和两个 IPv4 网络直接连接。用命令 sudo ovs-vsctl add-port swid vboxnetid 把 SQUAGGA 分别挂载到交换机的端口上。

第七，在 SR1~SR5 上配置好 Quagga 的 RIP 参数，并用 sudo zebra -d、sudo ripd-d 命令启动 Quagga 的 RIP。RIP 的配置文件是/etc/quagga 目录下的 ripd.conf 文件(Ubuntu 系统，其他系统可能不一样)。这五个路由器的 RIP 配置类似，这里以 SR1 为例进行说明。SR1 的 RIP 配置文件如图 8.25 所示。其中 debug rip events 是打开对 RIP 事件的调试，debug rip packet 是打开对 RIP 数据包的调试，两个 network 选项代表本路由器要和其他 RIP 路由器交互的本地路由信息。对于 SR3 和 SR4，由于这两个路由器还必须完成 BGP 交互的功能，因此 SR3 和 SR4 也应该把路由器从 BGP 邻居学到的路由信息交互给其他 RIP 路由器，即配置文件添加 redistributebgp 命令。

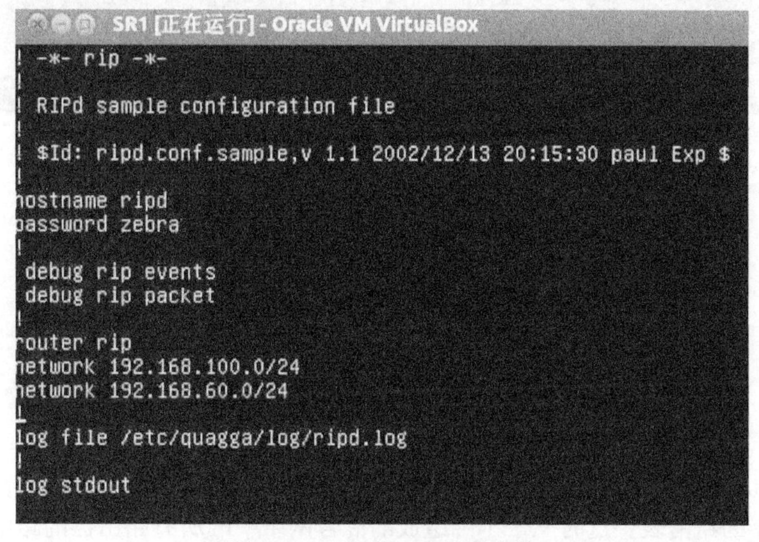

图 8.25　SR1 的 RIP 配置文件

第八，在 SR3、SR4、SQUAGGA 上用命令 sudo bgpd -d 启动 Quagga 的 BGP 功能。由于 SR3 和 SR4 的 BGP 邻居参数配置类似，这里以 SQUAGGA 为例进行描述。SQUAGGA 的 BGP 配置文件如图 8.26 所示。该配置文件的三个 debug 命令分别开启对 BGP 事件、BGP Upate 消息和 BGP KeepAlives 消息的调试，配置 BGP AS 号为 64500，配置 BGP 邻居的 AS 号分别为 64501、64502。SR3、SR4

和 SQUAGGA 组成的网络如图 8.27 所示。SR3 和 SR4 的 BGP 配置应该加上 redistribute rip 命令，这是为了 SR3、SR4 把由 RIP 学到的路由信息通告给其 BGP 邻居。

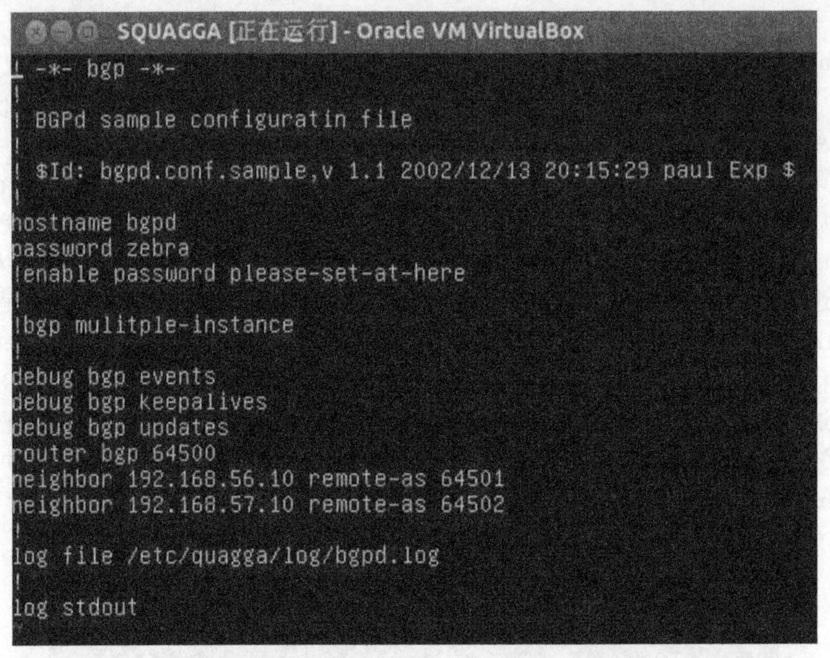

```
SQUAGGA [正在运行] - Oracle VM VirtualBox
-*- bgp -*-
!
! BGPd sample configuratin file
!
! $Id: bgpd.conf.sample,v 1.1 2002/12/13 20:15:29 paul Exp $
!
hostname bgpd
password zebra
!enable password please-set-at-here
!
!bgp mulitple-instance
!
debug bgp events
debug bgp keepalives
debug bgp updates
router bgp 64500
neighbor 192.168.56.10 remote-as 64501
neighbor 192.168.57.10 remote-as 64502
!
log file /etc/quagga/log/bgpd.log
!
log stdout
```

图 8.26　SQUAGGA 的 BGP 配置文件

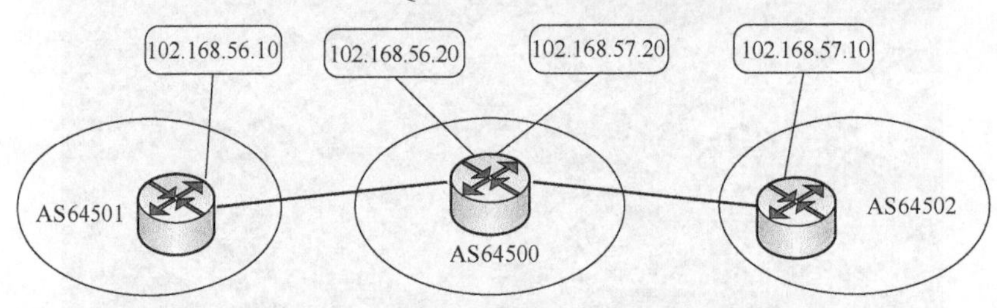

图 8.27　SR3、SR4、SQUAGGA 组成的网络

第九，SR3、SR4、QUAGGA 的 BGP Update 消息首次交互完毕后，查看所有路由器的路由表。这时三个子网组成的混合网络中的所有路由器的路由表都应该包含整个互联拓扑所有子网的路由表项。以 SR1 为例进行说明，SR1 应该含有两个 IPv4 网络总共 5 个子网的路由表项(图 8.28)。图中路由表项 proto 字段为 zebra 的是由 Quagga 路由器软件通过 BGP 交互得到的路由表项。可以看出，SR1 通过 SR2、SR3 从 SQUAGGA 学习到 192.168.70.0/24、192.168.80.0/24、192.168.200.0/24、192.168.56.0/24 和 192.168.57.0/24 的路由。此时 SDN 的控制器也会收到 SQUAGGA 同步的 RIB 消息进而预先安装流表项到交换机上。S1、S2、S3 的流

表项如图 8.29 所示。此时 S1、S3 两个边界路由器已经包含 IPv4 各个子网的流表项，而 S2 不是边界交换机，其流表项当前为空。

```
SR1 [正在运行] - Oracle VM VirtualBox
floodlight@localhost:~$ ip route show
192.168.100.0/24 dev eth5  proto kernel  scope link  src
192.168.70.0/24 via 192.168.60.20 dev eth6  proto zebra
192.168.80.0/24 via 192.168.60.20 dev eth6  proto zebra
192.168.200.0/24 via 192.168.60.20 dev eth6  proto zebra
192.168.60.0/24 dev eth6  proto kernel  scope link  src 1
192.168.56.0/24 via 192.168.60.20 dev eth6  proto zebra
192.168.57.0/24 via 192.168.60.20 dev eth6  proto zebra
default via 192.168.60.1 dev eth6  metric 100
default via 192.168.100.1 dev eth5  metric 100
floodlight@localhost:~$ _
```

图 8.28　SR1 的路由表项

```
xu@xu-K50IN:~$ sudo ovs-ofctl dump-flows s1
NXST_FLOW reply (xid=0x4):
 cookie=0x3000000000000, duration=609.979s, table=0, n_packets
iority=1,ip,nw_dst=192.168.200.0/24 actions=mod_dl_dst:08:00:27
2
 cookie=0x3000000000000, duration=264.89s, table=0, n_packets=
ority=1,ip,nw_dst=192.168.60.0/24 actions=output:3
 cookie=0x3000000000000, duration=369.947s, table=0, n_packets
iority=1,ip,nw_dst=192.168.70.0/24 actions=output:3
 cookie=0x3000000000000, duration=264.901s, table=0, n_packets
iority=1,ip,nw_dst=192.168.100.0/24 actions=output:3
 cookie=0x3000000000000, duration=700.111s, table=0, n_packets
iority=1,ip,nw_dst=192.168.80.0/24 actions=mod_dl_dst:08:00:27:
xu@xu-K50IN:~$ sudo ovs-ofctl dump-flows s2
NXST_FLOW reply (xid=0x4):
xu@xu-K50IN:~$ sudo ovs-ofctl dump-flows s3
NXST_FLOW reply (xid=0x4):
 cookie=0x3000000000000, duration=625.8s, table=0, n_packets=0
rity=1,ip,nw_dst=192.168.200.0/24 actions=output:3
 cookie=0x3000000000000, duration=280.709s, table=0, n_packets
iority=1,ip,nw_dst=192.168.60.0/24 actions=mod_dl_dst:08:00:27:
 cookie=0x3000000000000, duration=385.768s, table=0, n_packets
iority=1,ip,nw_dst=192.168.70.0/24 actions=mod_dl_dst:08:00:27:
 cookie=0x3000000000000, duration=280.722s, table=0, n_packets
iority=1,ip,nw_dst=192.168.100.0/24 actions=mod_dl_dst:08:00:27
2
 cookie=0x3000000000000, duration=715.915s, table=0, n_packets
iority=1,ip,nw_dst=192.168.80.0/24 actions=output:3
xu@xu-K50IN:~$
```

图 8.29　S1、S2 和 S3 的流表项

第十，测试 IPv4 网络 1 的主机 H1 跨 SDN 和 IPv4 网络 2 的主机 H3 的连通性。由于 H1 到 H3 的流量到达 S1 后从 S1 到 S3 只有 S1-S2-S3 这条路径，因此控制器在收到 H1 往 H3 的流量时应该给 S2 下发流表项，把 S1 接收到的数据包通过 S2 发送到 S3 上。此时，S2 的流表项如图 8.30 所示。该流表项的含义是从 S2-S1

的 1 号端口进来的 H1 到 H3 的数据包，应该从 S2-S3 连接的端口 3 出去。这里的 dl_src 和 dl_mac 是 SR3 和 SR4 的 MAC 地址。此时，H1 可以 ping 通 H3，结果如图 8.31 所示。

```
xu@xu-K50IN:~$ sudo ovs-ofctl dump-flows s2
NXST_FLOW reply (xid=0x4):
 cookie=0x20000000000000, duration=2.514s, table=0, n_packets
le_timeout=15,priority=0,in_port=3,vlan_tci=0x0000,dl_src=08:
st=08:00:27:29:f4:24 actions=output:2
 cookie=0x20000000000000, duration=2.533s, table=0, n_packets
le_timeout=15,priority=0,in_port=2,vlan_tci=0x0000,dl_src=08:
st=08:00:27:4d:e3:af actions=output:3
xu@xu-K50IN:~$
```

图 8.30　S2 的流表项

```
SH1 [正在运行] - Oracle VM VirtualBox
floodlight@localhost:~$ ping 192.168.200.50
PING 192.168.200.50 (192.168.200.50) 56(84) bytes of data.
64 bytes from 192.168.200.50: icmp_req=1 ttl=59 time=3.45 ms
64 bytes from 192.168.200.50: icmp_req=2 ttl=59 time=2.48 ms
64 bytes from 192.168.200.50: icmp_req=3 ttl=59 time=2.67 ms
64 bytes from 192.168.200.50: icmp_req=4 ttl=59 time=3.20 ms
64 bytes from 192.168.200.50: icmp_req=5 ttl=59 time=0.990 ms
64 bytes from 192.168.200.50: icmp_req=6 ttl=59 time=1.23 ms
64 bytes from 192.168.200.50: icmp_req=7 ttl=59 time=1.04 ms
64 bytes from 192.168.200.50: icmp_req=8 ttl=59 time=1.33 ms
64 bytes from 192.168.200.50: icmp_req=9 ttl=59 time=1.65 ms
64 bytes from 192.168.200.50: icmp_req=10 ttl=59 time=1.68 ms
64 bytes from 192.168.200.50: icmp_req=11 ttl=59 time=1.49 ms
64 bytes from 192.168.200.50: icmp_req=12 ttl=59 time=1.97 ms
64 bytes from 192.168.200.50: icmp_req=13 ttl=59 time=1.37 ms
64 bytes from 192.168.200.50: icmp_req=14 ttl=59 time=1.16 ms
^C
--- 192.168.200.50 ping statistics ---
14 packets transmitted, 14 received, 0% packet loss, time 1301
rtt min/avg/max/mdev = 0.990/1.841/3.459/0.776 ms
floodlight@localhost:~$ _
```

图 8.31　H1 跨 SDN 访问 H2

第十一，测试 IP 网络的主机 H1 和 SDN 的主机 H2 的连通性。由于 Mininet 仿真出来的 H2 默认没有指定路由，因此我们首先用 h2 ifconfig h3-eth0 default dev h2-eth0 via 176.0.0.88 命令给 H2 添加默认路由，使数据包从与其连接的 S2 的端口 h2-eth0 出去。这里指定其默认网关为 176.0.0.88，是为了让 H2 的数据包知道往哪里转发。由于 ARP 数据包只能在局域网内部传播，因此 H2 在没有默认网关的情况下无法把 ARP 消息传播给 IP 网络来请求目的主机的 MAC 地址。这里在 SQUAGGA 上指定一个 IP 地址为 176.0.0.88 的虚拟网卡，让 H2 先把数据包发送到 SQUAGGA 上，再通过交换机的流表项把目的 MAC 地址转换成 IP 网络边界路由器的 MAC 地址，从而使 H1 和 H2 可以互通。H2 ping H1 的结果如图 8.32

所示。图 8.32 表明，H2 可以 ping 通 H1，即 H1 和 H2 可以进行通信。

```
SDN1
mininet>
mininet>
mininet> h2 ip route show
176.0.0.0/24 dev h2-eth0  proto kernel  scope link  src 176.0.
mininet> h2 ip route add default dev h2-eth0 via 176.0.0.88
mininet> h2 ip route show
default via 176.0.0.88 dev h2-eth0
176.0.0.0/24 dev h2-eth0  proto kernel  scope link  src 176.0.
mininet> h2 ping 192.168.100.50
PING 192.168.100.50 (192.168.100.50) 56(84) bytes of data.
64 bytes from 192.168.100.50: icmp_req=1 ttl=60 time=6.31 ms
64 bytes from 192.168.100.50: icmp_req=2 ttl=60 time=2.11 ms
64 bytes from 192.168.100.50: icmp_req=3 ttl=60 time=1.87 ms
64 bytes from 192.168.100.50: icmp_req=4 ttl=60 time=1.86 ms
64 bytes from 192.168.100.50: icmp_req=5 ttl=60 time=1.71 ms
64 bytes from 192.168.100.50: icmp_req=6 ttl=60 time=1.72 ms
64 bytes from 192.168.100.50: icmp_req=7 ttl=60 time=1.77 ms
^C
--- 192.168.100.50 ping statistics ---
7 packets transmitted, 7 received, 0% packet loss, time 6008ms
rtt min/avg/max/mdev = 1.715/2.482/6.312/1.568 ms
mininet>
```

图 8.32　IP 网络主机和 SDN 主机的互通性测试

8.4　基于 SDN 实现 IPv4 与 IPv6 互联

随着网络规模的扩大和各种新应用的产生，IPv4 网络暴露出来越来越多的问题，如 IPv4 地址耗尽、安全性问题、QoS 问题、配置不够简便等，因此人们设计制定了 IPv6 协议。将当前的 IPv4 网络完全升级为 IPv6 网络需要付出巨大的成本，因此在相当漫长的时间内 IPv4 与 IPv6 会同时存在。为保证网络业务的连续性，在 IPv4 与 IPv6 共存阶段必须引入 IPv6 过渡技术。当前使用的每种过渡技术都只针对某种特定应用需求而不具有普适性，因此在实际部署中需要根据具体应用需求在网络中添加具有相应功能的设备，这无疑增加了网络的复杂性。另外，随着网络应用需求的变化，要对网络的实际部署做出相应的改变和调整，不但会增加网络部署配置的复杂性，而且会造成网络资源的浪费。

基于 SDN 实现 IPv4 与 IPv6 互联的主要思想是，通过软件编程的方式实现对网络的管理和控制，并在 SDN 框架的基础上进行 IPv4 与 IPv6 互联技术的研究，设计基于 SDN 的 IPv4 和 IPv6 互联系统[7]。该系统由路由子系统和互联子系统组成。路由子系统主要包括路由配置模块、路由设备探测模块和路由信息管理模块三个功能模块，可以实现边界路由器的配置、探测和路由表等信息的维护管理。控制器根据路由表在 SDN 拓扑中寻找一条连接 IPv4 网络和 IPv6 网络的路径。互联子系统主要包括 DNS-ALG 模块和 NAT-PT 模块两个功能模块，可以在 IPv4 主机与 IPv6 主机的通信过程中实现域名解析阶段 IPv4 地址与 IPv6 地址映射关系的建立和数据通信阶段 IPv4 数据包与 IPv6 数据包间的协议翻译和地址转换。

8.4.1　IPv4 与 IPv6 互联系统的结构

当前使用的 IPv4 协议是在 20 世纪 70 年代末设计制定的，基于当时的网络规模，IPv4 地址采用 32 位结构，大约可以拥有 40 亿个地址，这样的地址空间在当时确实已经足够大了。然而，Internet 的发展速度超出了人们的想象，IPv4 地址耗尽的问题已经迫在眉睫，可以说地址耗尽问题是促使 IPv6 诞生的直接原因。因此，IPv6 地址长度扩展到 128 位，庞大的地址空间彻底解决了 IPv4 地址在这方面的窘境。IPv6 地址用冒号把 128 位均分为 8 段，每段用十六进制数标示，如 ffff:ffff:ffff:ffff:ffff:ffff:ffff:ffff。这种表示也叫冒号十六进制表示法。如果 IPv6 地址中有很多 0，甚至一段中都是 0，如 3002:0401:0000:0001:0000:0000:0000:45aa 所示，这时可去掉不必要的 0，如 3002:401:0:1:0:0:0:45aa 所示。当地址中存在一段或多段连续的 16 个 0 时，可用两个冒号代替，例如上面地址可表示为 3002:401:0:1::45aa。需要注意的是，一个 IPv6 地址中最多只能出现一个“::”。

相较 IPv4，IPv6 不仅扩大了地址空间，数据包的基本头部也做了大量精简。IPv6 的基本头部长度大小固定不变为 40Byte，因此也称为固定头部，具体如图 8.33 所示。IPv6 头部的简化改变主要针对 IPv4 在 QoS 的支持不足、安全性得不到保障、移动主机缺乏支持等方面做出的优化改进。在 IPv4 数据包头部，由于选项字段的存在，IPv4 头部的大小不固定。

Version	Traffic Class		Flow Label	
Payload Length		Next Header		Hop Limit
Source Address				
Destination Address				

(a) IPv6数据包头部格式

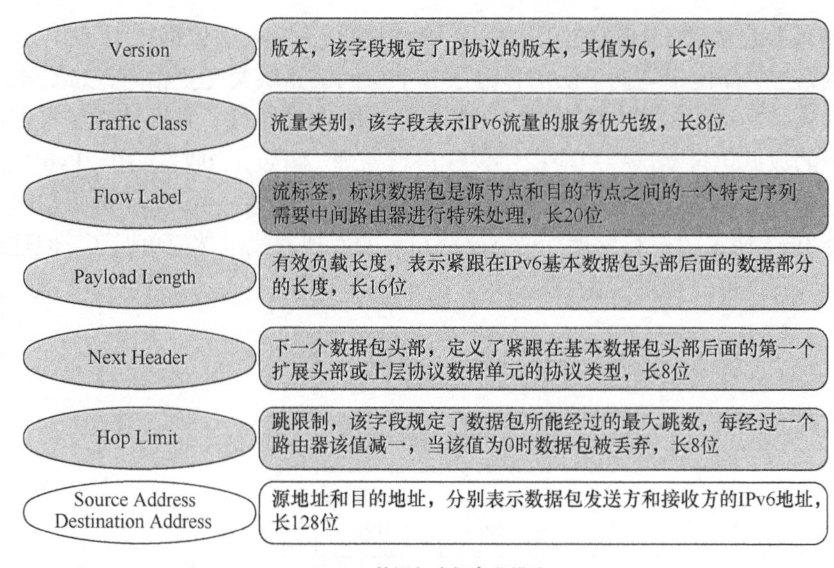

(b) IPv6数据包头部字段描述

图 8.33　IPv6 基本数据包头部信息

IPv6 从根本上改变了选项字段的处理方式，选项字段都放到扩展头部处理，这样中间路由器在处理数据包时就不会因为选项字段的存在做额外的处理，不但可以降低路由器功能的复杂性，而且可以提高转发效率。IPv6 扩展头部的引入还增强了 IPv6 的扩展性，除将分片选项、逐跳选项、路由选项等移到扩展头部外，为增强 IPv6 的安全性还增加了认证扩展头部和安全负载扩展报文头部。这两种扩展头部通过应用一些网络安全技术增强数据传输的安全性。因此，IPv6 基本头部去掉了与选项字段相关的字段，如分片标识、分片偏移量等。同时，由于基本头部大小固定不变，因此不需要头部长度的字段。IPv6 的基本头部还去掉了校验和字段，这是因为 IPv6 设计者认为 TCP/IP 的链路层和传输层都有校验和，而且由于当前网络链路传输性能的提高，数据包在传输过程中发生错误的概率也越来越小，因此网络层的校验和不但冗余，而且浪费中间路由器的计算资源。因此，头部的校验和字段也被去掉。

目前，针对不同的需求已经发展出多种 IPv4-IPv6 过渡技术，包括双栈技术、隧道技术、翻译技术等[8]，每种过渡技术都是只针对某一种特定应用需求或特定应用场景，不具有普适性，并且在实际应用部署中一般会与其他技术相结合。

双协议栈技术指在一台网络设备上同时安装使用 IPv4 协议栈和 IPv6 协议栈，如果该设备是主机，那么需要为它的网络接口配置一个 IPv4 地址和一个 IPv6 地址，分别由 IPv4 协议栈和 IPv6 协议栈处理；如果该设备是路由器，那么需要为 IPv4 协议栈的接口配置 IPv4 地址并连接到 IPv4 网络上，为 IPv6 协议栈接口配置

IPv6 地址并连接到 IPv6 网络上。由于 IPv4 协议与 IPv6 协议都处于 TCP/IP 协议栈的网络层，而位于它们上层的传输层和下层的链路层又完全相同，如图 8.34 所示。如果一网络设备同时安装 IPv6 协议栈和 IPv4 协议栈，那么该设备根据收到或发送的数据包自动选择对应的协议栈进行处理。例如，当收发一个 IPv6 数据包时，它会选择 IPv6 协议栈对该数据包进行处理；当收发一个 IPv4 数据包时，它会选择 IPv4 协议栈进行处理。双协议栈技术的实现方式虽然简单明了，但这无疑会增加设备网络功能的复杂性。

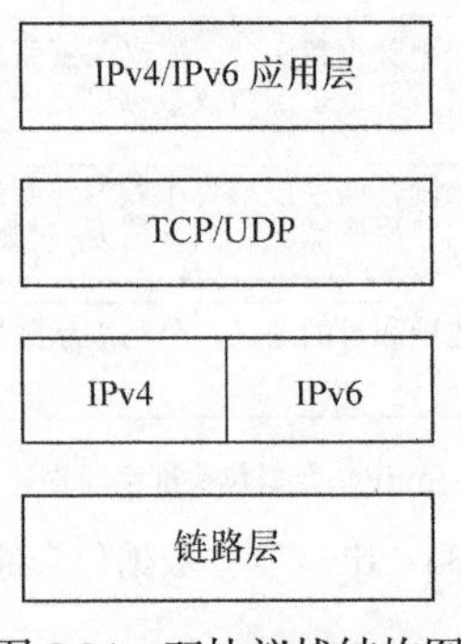

图 8.34 双协议栈结构图

隧道技术是指利用一种协议为另一种协议打造一条数据通道，具体实现方式是将一种协议数据包作为载体数据包，将另一种协议数据包作为载体数据包的负载数据。这样被负载的数据包就能通过载体数据包完成通信。IPv6 隧道就是在 IPv4 网络中开辟一条传输 IPv6 数据包的数据通道，在隧道的两端需要特殊的设备完成数据包在隧道两端的转换。当隧道的一端收到 IPv6 数据包后，会将 IPv6 数据包作为 IPv4 数据包的负载数据封装在 IPv4 数据包中，并指定载体数据包的目的地址为隧道另一端设备的地址。这样载有 IPv6 数据包的 IPv4 数据包在 IPv4 网络中就会跟普通数据包一样转发到隧道终点，当载体 IPv4 数据包到达隧道的另一端后，隧道另一端的网络设备会从载体 IPv4 数据包中取出 IPv6 数据包，将其转发到 IPv6 网络中继续处理。IPv6 隧道技术示意图如图 8.35 所示。隧道技术可以在现有 IPv4 网络中为 IPv6 搭建一条隧道，将一些孤立的 IPv6 网络连接起来。这样 IPv6 网络就可以穿越 IPv4 网络完成数据通信，但这种技术不能实现 IPv4 网络与 IPv6 网络间的互联。

NAT-PT 是指将一个 IPv4 数据包直接翻译转换成对应的 IPv6 数据包，或者将一个 IPv6 数据包直接翻译转换成对应的 IPv4 数据包的技术。实现该技术的网络设备可作为连接 IPv4 网络与 IPv6 网络的中间设备，实现纯 IPv4 主机与纯 IPv6 主机间的网络数据通信。将 IPv4 网络和 IPv6 网络连接到转换设备上，该设备会根据收到的数据包的头部判断通信的方向，若收到的数据包是一个 IPv4 数据包，说明该数据包来自 IPv4 网络，则将该数据包翻译转成对应的 IPv6 数据包，然后转发到 IPv6 网络中；若收到的数据包是一个 IPv6 数据包，说明该数据包来自 IPv6 网络，则将该数据包翻译转成对应的 IPv4 数据包，然后转发到 IPv4 网络中。另外，NAT-PT 通过结合 DNS-ALG 技术，在通信之前，在域名解析的过程中做一些特殊的预处理，建立通信主机之间的 IPv4 地址与 IPv6 地址的映射转换，就能够实现纯 IPv6 主机与纯 IPv4 主机的大部分网络应用的相互通信。NAT-PT 技术示意图如图 8.36 所示。

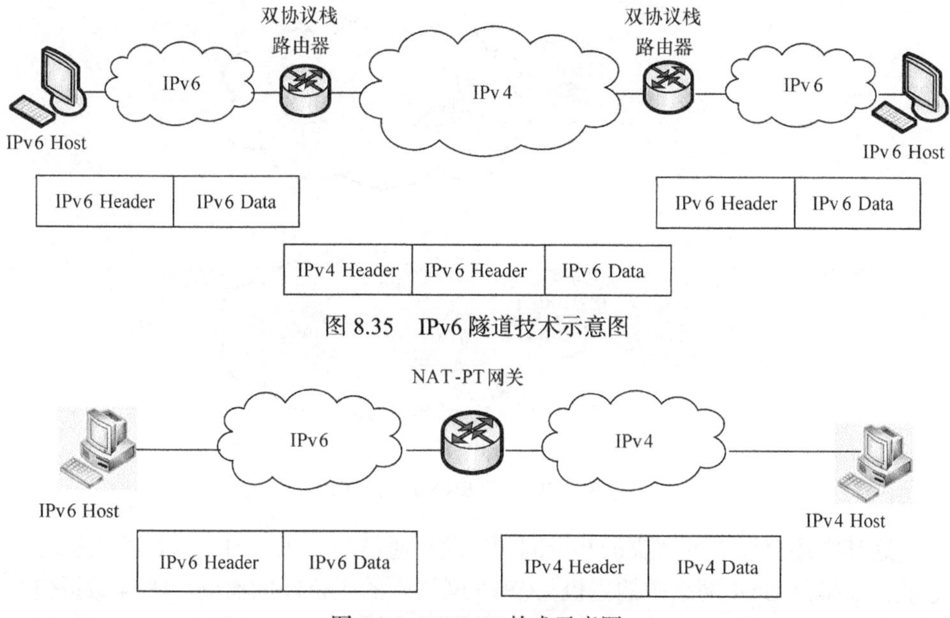

图 8.35　IPv6 隧道技术示意图

图 8.36　NAT-PT 技术示意图

基于 SDN 的 IPv4 与 IPv6 的连通性概念设计如图 8.37 所示。IP 网络(IPv4 和 IPv6)不但可以与直接相连的 SDN 通信，而且可以通过 SDN 与其他连接到 SDN 的 IP 网络通信。SDN 可以同 IPv4 网络、IPv6 网络，甚至其他 SDN 通信。对于每一种网络而言，其看到的视角是不同的。下面从不同网络的视角进行分析。

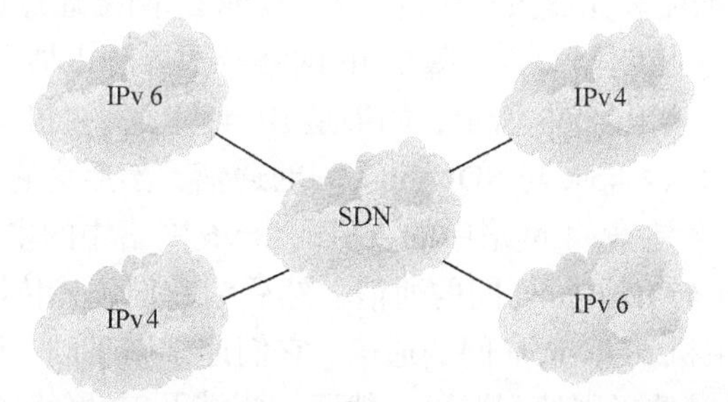

图 8.37　基于 SDN 的 IPv4 与 IPv6 的连通性

(1) IPv4 和 IPv6 的网络视角

IPv4 网络和 IPv6 网络的视角虽然不同，但是非常相似。对于 IPv4 网络中的主机而言，它不需要关心数据包的目的主机在哪种网络里，按照通常的处理方式就行。若目的主机在同一网络中，则将数据包直接发送给目的主机；若目的主机不属于自身所在网络，则将数据包交给边界路由器处理。IPv4 与 IPv6 的网络视角如图 8.38 所示。

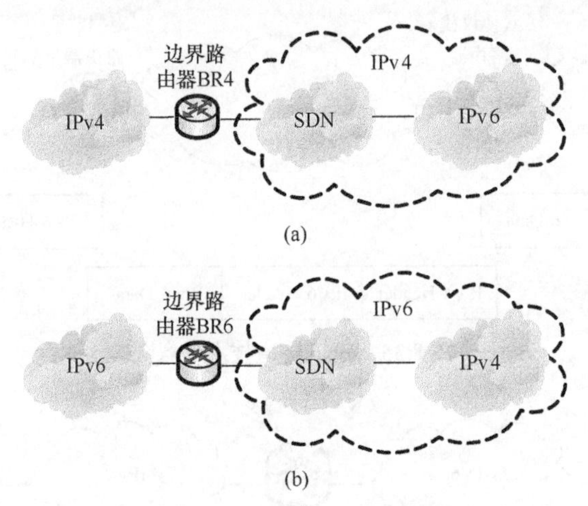

图 8.38　IPv4 与 IPv6 的网络视角

这其中还存在需要解决的几个问题：发起通信的主机如何获取目的主机的 IP 地址？如果是 IPv4 网络中的主机与 IPv6 网络中的主机间的通信，IPv4 数据包与 IPv6 数据包如何进行翻译转换？IPv4 地址与 IPv6 地址在什么时候建立地址映射，在什么地方完成地址间的相互映射转换？

(2) SDN 的网络视角

在 SDN 中，SDN 控制器具有 SDN 的全局网络拓扑，可以为 SDN 中的通信主机选择路由，然后将通信主机间的传输路径以流表的形式下发到 SDN 交换机中，SDN 交换机根据流表完成数据包的转发。其他 IP 网络通过边界路由器与 SDN 的交换机相连，对于控制器而言，整个 IP 网络及边界路由器可以看作 SDN 中一台比较特殊的主机。如图 8.39 所示，如果是 IPv4 网络的主机同 SDN 中的主机通信，控制器认为是 IPv4-host 与 SDN-host 间的通信，然后为它们选择传输路径下发流表。同样，如果是 IPv4 网络中的主机同 IPv6 网络中的主机进行通信，控制器认为是 IPv4-host 与 IPv6-host 间的通信，然后为它们选择传输路径下发流表。

对于 SDN 中主机 SDN-host 间的通信，它们通常属于同一网段内，因此 SDN 控制器只需按照通常的二层处理即可。然而，当涉及 IP 网络中的主机与 SDN 中的主机通信或者 IP 网络间的主机通信时，它们一般不在同一网段内，因此通信将面临三层路由问题。此外，如果是 IPv4 与 IPv6 网络间的主机通信还需要解决数据包的协议翻译和地址映射转换问题。

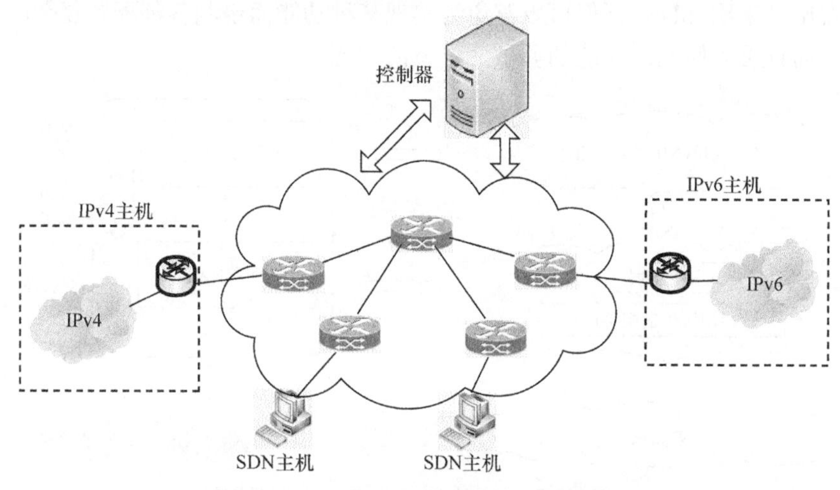

图 8.39　SDN 的 IPv4 与 IPv6 网络视角

通过上面对 IP 网络和 SDN 的网络视角分析，要完成一次完整的 IPv4 主机与 IPv6 主机间的通信需要解决如下问题。

① 目的主机地址的获取。

② 网络层的路由选择。

③ IPv4 地址与 IPv6 地址之间的映射转换。

④ IPv4 数据包与 IPv6 数据包之间的协议翻译。

IPv4 网络和 IPv6 网络对数据的处理不需要做任何改变。对于 SDN，当交换机收到数据包后，会先与流表中的流表项进行匹配，若匹配成功则按照流表项的指示处理数据包；否则，将数据包发送控制器处理。当控制器收到交换机不能匹配的数据包后，对数据包做路径选择等其他处理，然后将处理结果下发给交换机。因此，在 SDN 中，网络的管理控制与数据包的复杂处理功能都集中在控制平面上。标准化的数据平面只能按照控制平面制定下发的控制策略完成数据包的转发传输等操作。因此，要解决上面提到的问题，需要从 SDN 的控制平面切入，将解决方案放在控制平面上。

在基于 SDN 的 IPv4 与 IPv6 互联系统结构中，使用控制平面对标准控制接口编写实现 IPv4 与 IPv6 互联功能的应用程序，然后将其以插件的形式添加到 SDN 控制器。基于 SDN 的 IPv4 与 IPv6 互联系统结构如图 8.40 所示。相当于在 SDN 体系结构的应用层解决 IPv4 主机与 IPv6 主机在通信过程遇到的网络路由、协议翻译、地址转换等问题。控制器收到 IPv4 主机与 IPv6 主机间通信的数据包后，将数据包交给 IPv4 与 IPv6 互联的应用处理，然后根据处理结果在交换机中设置相应的转发规则。最后，交换机根据控制器下发的转发规则对数据包完成处理。可以看出，采用 SDN 不但可以避免为实现某种功能而定制各种配置复杂的网络设备，而且可以使网络功能的调试变得灵活方便。

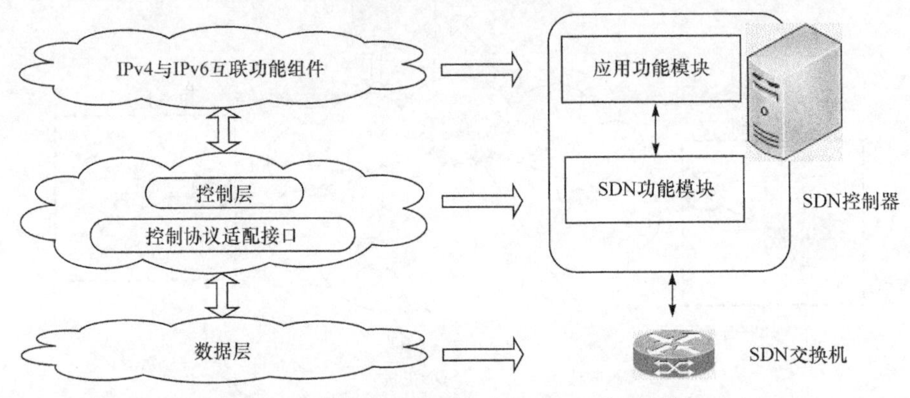

图 8.40　基于 SDN 的 IPv4 与 IPv6 互联系统结构

针对IPv4网络中的主机与IPv6网络中的主机面临的问题，我们设计了如图8.41所示的基于 SDN 的 IPv4 与 IPv6 互联系统相关的功能模块。整个互联系统由路由子系统和互联子系统组成。路由子系统主要包含路由配置模块、路由设备探测模块、路由信息管理模块，可以解决网络之间通信数据包的网络路由问题。互联子系统包括 DNS-ALG 模块和 NAT-PT 模块，主要解决 IP 地址的获取、IPv4 地址与 IPv6 地址的映射转换，以及 IPv4 数据包与 IPv6 数据包的协议翻译问题。

8.4.2　IPv4 与 IPv6 互联系统的核心模块

下面对 IPv4 与 IPv6 互联系统各个功能模块进行详细说明。

(1) 路由子系统

路由子系统主要完成网络层的路由功能，但在路由前需要完成网间路由可达信息的配置、边界路由设备信息的获取，以及路由转发表的维护管理等工作。这些工作分别由路由配置模块、路由设备探测模块和路由信息管理模块完成。

① 路由配置模块。路由配置模块主要是网络管理员在网络运行过程中动态地对网络间的路由可达信息进行配置，指定与边界交换机直连的边界路由器能够达到的网络。边界交换机是指 SDN 中与除了 SDN 交换机之外的其他设备相连的 SDN 交换机。网络管理员可以根据网络间实际拓扑的变化增删边界路由器所能到达的网络。这里配置的网络间的路由可达信息仅指网络层面上的逻辑信息。真正实现在物理上的数据包的路由交换还需要 SDN 内部特性的支持。

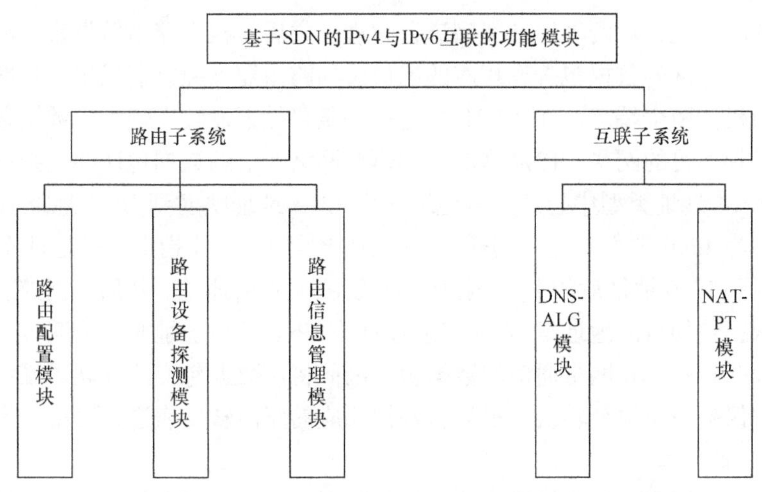

图 8.41　基于 SDN 的 IPv4 与 IPv6 互联系统的总体功能模块

② 路由设备探测模块。在 SDN 中，控制器之所以能够集中控制管理整个网络，是因为在网络建立之初，控制器就已收集网络中的交换机信息，并实时维护一张交换机相互连接的网络拓扑图。当网络中的主机进行通信时，控制器会以通信主机连接的交换机为两个端点，从网络拓扑图中选择一条合适的路径，然后下发转发规则到路径上的交换机中，之后路径上的交换机就可以按照转发规则转发主机间的通信数据包。这其中还存在一个问题，对 SDN 中的交换机信息，控制器可以通过建立的连接主动获取，但对于连接到 SDN 交换机的主机设备，控制器只能被动获取。这种连接到 SDN 交换机上但未发送过数据包的主机称为哑主机，控制器并不知道哑主机的存在。

同样，边界路由器也存在哑主机问题。路由配置模块可以使网络管理员配置网络间的路由信息，但这仅仅存在于逻辑层面。实际上，控制器并没有路由器的一些必要的物理信息，包括 MAC 地址、SDN 交换机标识 ID、端口等。此时，即使能够为收到的数据包查询路由信息，也会因为控制器缺乏边界路由器的设备信息而无法在 SDN 中完成数据的转发。此时的边界路由器相当于一台比较特殊的主机设备，并不具有 SDN 交换机可以主动连接控制器的特性。因此，当网络管理员配置边界路由器的网络可达信息时，控制器同时会主动探测该边界路由器的存在性及其在 SDN 中的物理信息。该工作便是由路由设备探测模块完成的。探测模块根据管理员指定的边界路由器，在 SDN 构建一个探测消息，然后在所有边界交换机上广播。若存在这样一个边界路由器便会对该探测消息回应，控制器收到回应后登记注册该设备。这样网间路由可达信息才算完全配置完成。

③ 路由信息管理模块。路由信息管理模块将网络可达信息加入路由转发表中进行维护管理。由于整个系统涉及 IPv4 和 IPv6 两种 IP 地址类型，因此需要建立

两张路由转发表，对两种地址类型进行管理。之后，根据路由转发表，路由信息管理模块为跨网的数据包查询相应的出口边界路由器。控制器以出入口路由器连接的交换机为两个端点，在 SDN 中选择一条路径下发转发规则。数据包通过该路径就可到达目的网络。IPv4 网络与 IPv6 网络通信的数据包还要复杂一些。首先，在 IPv4 地址类型中指定一类地址作为 IPv6 地址映射到 IPv4 地址后的 IPv4 地址，称为 IPv6 映射地址。同样，IPv6 地址类型中也要指定一类地址作为 IPv4 地址映射到 IPv6 地址后的 IPv6 地址，称为 IPv4 映射地址。然后，当控制器发现收到的数据包的目的地址是 IPv4 映射地址或 IPv6 映射地址时，说明该数据包是在 IPv4 网络与 IPv6 网络通信的数据包，因此将该数据包交给互联子系统完成数据包的协议翻译与地址转换。最后，根据相应的路由转发表进行路由转发。

(2) 互联子系统

当控制器收到一台交换机不能处理的数据包后，若发现其目的 IP 地址是一个 IPv4 映射地址或 IPv6 映射地址，则将该数据包交给互联子系统处理。这种情况表明，这是 IPv4 网络中的主机与 IPv6 网络中的主机间通信交互的数据包，在转发到目的网络之前先要进行数据包的协议翻译与地址转换处理。这正是互联子系统的主要功能。互联子系统包括 DNS-ALG 模块和 NAT-PT 模块。

① NAT-PT 模块。

NAT-PT 是把 SIIT 和 IPv4 网络中的动态地址转换技术相结合的一种技术，能够实现 IPv4 地址与 IPv6 地址之间的映射转换，以及 IPv4 数据包与 IPv6 数据包之间的协议语义翻译。

地址转换包括 IPv4 地址与 IPv4 映射地址转换，以及 IPv6 地址与 IPv6 映射地址转换。

IPv4 地址与 IPv4 映射地址转换规则：由于 32 位的 IPv4 地址包含在 128 位的 IPv6 地址之内，因此在一个 IPv4 地址的 32 位之前添加一个特定 96 位前缀凑成 128 位的 IPv6 地址，作为 IPv4 映射地址。例如，这里使用的 96 位前缀是 64:ff9b::/96。

IPv6 地址与 IPv6 映射地址转换规则：使用一个 IPv4 地址作为映射转换一个 IPv6 地址。转换之前需先建立一个临时 IPv4 地址池和一张地址映射转换表。地址池预存一些未使用的 IPv4 地址。当一个 IPv6 地址需要映射转换时，首先从地址池分配一个未使用的 IPv4 地址，然后将该 IPv4 地址与 IPv6 地址一起记录到地址映射转换表中，最后使用地址映射转换表中的对应映射对进行映射转换。

IPv4 协议与 IPv6 协议虽然都是 TCP/IP 的网络层的协议，并且都有非常相似的网络功能，但是它们不兼容，因此需要构建两种协议头部各个字段间的相互映射的规则，即协议翻译算法。这里使用 RFC2765 规定的无状态翻译算法，包括 IP

协议翻译算法和 ICMP 翻译算法。头部映射翻译如图 8.42 所示。

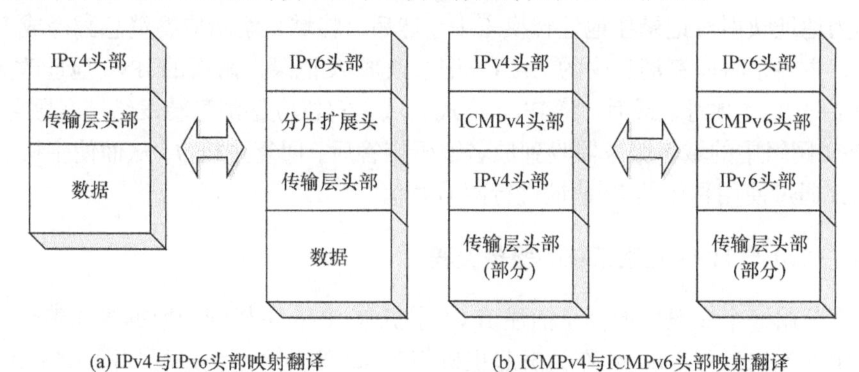

(a) IPv4与IPv6头部映射翻译 (b) ICMPv4与ICMPv6头部映射翻译

图 8.42 头部映射翻译

IP 协议翻译算法是 IPv4 头部和 IPv6 头部各个字段间的映射算法，也是 ICMP 翻译算法的基础，因为 ICMP 的翻译首先是对 IP 头部的翻译。ICMPv4 与 ICMPv6 间的翻译转换包括 ICMP 头部的翻译和 ICMP 错误信息的翻译。由于 ICMPv4 的头部与 ICMPv6 的头部结构相似，因此它们之间的翻译具有直接映射的关系。但是，ICMPv6 的校验和的计算需要包含 IP 头部的 IPv6 地址，而 ICMPv4 的校验和只需要 ICMPv4 头部本身即可计算出来。

② DNS-ALG 模块。

NAT-PT 能使纯 IPv4 主机和纯 IPv6 主机之间透明通信。DNS-ALG 提供了 IPv4 主机与 IPv6 主机的应用之间相互通过域名发起通信的机制。DNS-ALG 工作机制以域名解析服务为基础。IPv4 主机和 IPv6 主机的应用都通过域名向对方发起通信。DNS-ALG 模块会在域名解析过程中为后面通信的地址映射转换做好准备，如分配临时 IPv4 地址、登记地址映射对等。在 DNS 中，主机的域名与其 IP 地址之间是一一对应的关系，而主机的域名可能对应不同的 IPv6 地址与 IPv4 地址，在保存时需要加以区分。例如，用类型 A 表示主机域名与其 IPv4 地址之间的对应关系，用 AAAA 表示主机域名与其 IPv6 地址间的对应关系。假设 IPv4 网络中有一个主机 *A*，IPv6 网络中有一个主机 *B*，下面通过一个示例详细说明 DNS-ALG 的工作机制。

当主机 *A* 发出对主机 *B* 进行域名解析的请求时，解析请求被传送到 IPv4 网络的 DNS 服务器。IPv4 网络的 DNS 服务器不能解析，因此将解析请求发送到 DNS-ALG 设备上。该设备会把 IPv4 网络的域名解析请求翻译转换成 IPv6 格式，并将 IPv6 格式的解析请求中的类型重新设置为 AAAA。然后，将翻译转换完成的消息发送到 IPv6 网络的 DNS 服务器上。当域名解析应答消息从 IPv6 网络中的 DNS 服务器返回 DNS-ALG 设备上时，先从 IPv4 地址池中为解析结果中主机 *B*

的 IPv6 地址分配临时 IPv4 地址，并将分配的 IPv4 地址与解析结果中的 IPv6 地址作为地址映射对记录在地址转换表中。然后，将域名解析应答消息翻译成 IPv4 格式，主要是将应答消息中的 AAAA 记录改成 A 记录，解析的 IPv6 地址改为分配的临时 IPv4 地址。最后，将 IPv4 格式的域名解析应答消息转发给域名服务器。当 IPv4 网络中的域名服务器收到域名解析应答后，回复主机 *A*，从而使主机 *A* 与主机 *B* 通过使用具体的 IP 地址进行网络通信。

8.4.3 IPv4 与 IPv6 互联系统的服务流程

本节用一个一般性的例子描述 IPv4 主机与 IPv6 主机间的数据流在整个互联系统中的流通过程。host4 作为发起主机与 host6 的整个通信过程如图 8.43 所示。整个通信过程如下。

① 主机 host4 使用 host6 的域名 www.host6.com 对 host6 发起访问。由于本机不能完成对 host6 的域名解析，因此请求本机所在网络的域名服务器 DNS4。

② DNS4 同样不能完成解析，于是向控制器发起解析请求。

③ 控制器将 DNS4 发来的解析请求翻译转换成 IPv6 格式的解析请求，然后发送给 IPv6 网络中的域名服务器 DNS6。

④ DNS6 收到来自控制器的解析请求，发现 www.host6.com 是自己网络中的主机，将其 IPv6 地址通过应答消息回复给控制器。

⑤ 控制器收到来自 DNS6 的回复后，为 host6 分配一个临时 IPv4 地址，并将这个地址与其自身的 IPv6 地址作为地址映射对记录到地址转换表中，然后用这个临时 IPv4 地址回复 DNS4。

⑥ DNS4 收到控制器的回复后，将收到的临时 IPv4 地址回复给 host4。

⑦ host4 收到 DNS4 的回复后，使用临时 IPv4 地址作为目的地址发起对 host6 的通信访问。

⑧ 控制器收到 host4 到 host6 的数据包，发现其目的地址是一个 IPv6 映射地址，因此在地址转换表中查询其对应的 IPv6 地址，并将源 IPv4 地址按照相应的规则转换成一个 IPv6 地址作为新的源地址，目的地址使用之前得到的 IPv6 地址。然后，将 IPv4 数据包翻译成 IPv6 格式数据包，将这个翻译转换完成后的 IPv6 数据包发送给 host6。

⑨ host6 收到数据包后，回复源主机，即 host4。

⑩ 控制器收到 host6 的回复数据包后，发现其目的地址是一个 IPv4 映射地址，因此按照相应规则转换成 IPv4 地址，同时使用源 IPv6 地址在地址转换表中查询其对应的 IPv4 临时地址，并将其作为源地址。然后，将数据包翻译成 IPv4 格式数据包，将这个翻译转换完成后的 IPv4 格式数据包发送给 host4。

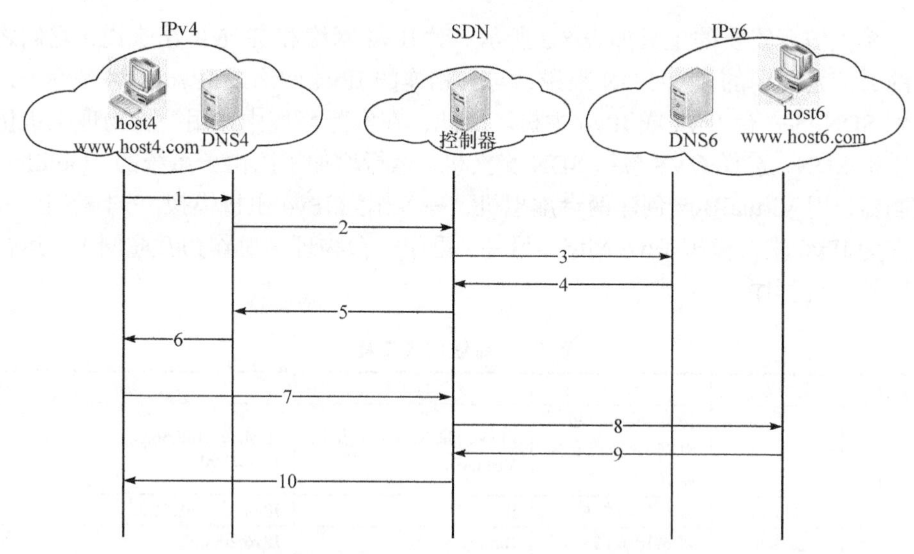

图 8.43　IPv4 主机与 IPv6 主机的通信过程

8.4.4　IPv4 与 IPv6 互联系统的测试结果

(1) 仿真准备

为测试系统的功能，设计的仿真网络逻辑拓扑如图 8.44 所示。其中，SDN 包括 S4、S6 和 SG 三台 SDN 交换机，由控制器控制；hostv4、DNSv4 和边界路由器 BRv4 组成的 IPv4 网络通过 S4 与 SDN 相连；hostv6、DNSv6 和边界路由器 BRv6 组成的 IPv6 网络通过 S6 与 SDN 相连。部署了互联子系统的互联网关通过 SG 与 SDN 相连。

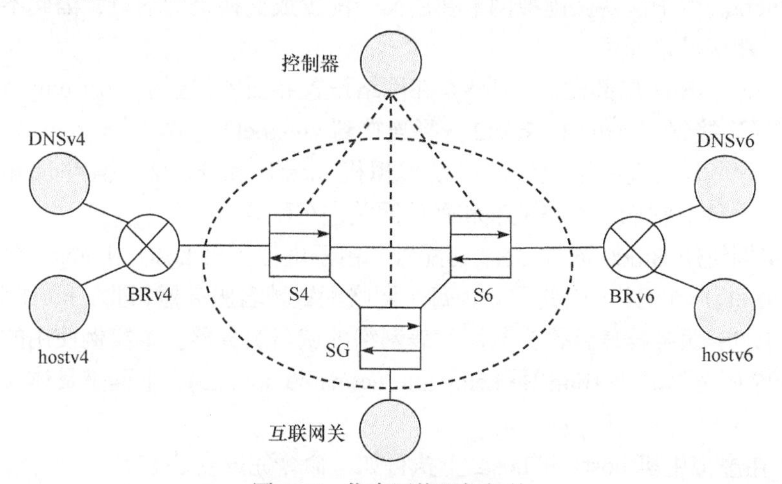

图 8.44　仿真网络逻辑拓扑

系统仿真需要的工具如表 8.2 所示。对 IPv4 网络和 IPv6 网络来说，它们之间的通信是透明的。对 SDN 来说，与其相连的 IPv4 网络或 IPv6 网络等价于连接到 SDN 的一台 IPv4 或 IPv6 主机。因此，在实际环境中，用一台物理主机仿真模拟 SDN，选择 OVS 模拟 SDN 交换机，运行增加了路由子系统的 Floodlight 控制器，用 VirtualBox 创建两台虚拟机，一台作为 IPv4 主机模拟 IPv4 网络，一台作为 IPv6 主机模拟 IPv6 网络。另外，再用一台物理主机作为互联网关，运行互联子系统程序。

表 8.2　系统仿真工具

物理机	使用方式	作用	运行工具	IP 地址
PC1	宿主机	仿真 SDN，包括 SDN 交换机和控制器	Floodlight、OpenvSwitch、VirtualBox	IPv4:192.168.56.1 IPv6:2000::1
	虚拟机	代表 IPv4 网络	Bind9	IPv4:192.168.56.2
	虚拟机	代表 IPv6 网络	Bind9	IPv6:2000::2
PC2	独立主机	作为互联网关	互联子系统程序	IPv4:192.168.56.3 IPv6:2000::3 地址池：222.205.38.0/24 IPv4 映射网络：64:ff9b::0/96

本实例使用 VirtualBox 创建虚拟机，在宿主机 PC1 中创建 host1 和 host2 两台虚拟机。host1 作为 IPv4 主机代表 IPv4 网络。host2 作为 IPv6 主机代表 IPv6 网络。创建的虚拟机网络接入配置方式使用 host-only 模式。虚拟机网络的具体配置过程如下。

① VirtualBox 全局设置(ctrl+G)。在网络设置界面添加两个网卡，即 vboxnet1 和 vboxnet2。由于这两张虚拟网卡在后面会配置成交换机的端口，因此不需要额外设置，默认设置即可。

② VirtualBox 局部设置(ctrl+S)。在网络设置界面中，选择 Host-only Adapter，host1 选择连接到 vboxnet1，host2 选择连接到 vboxnet2。

③ 配置虚拟机网络地址。启动虚拟机 host1 和 host2，编辑/etc/network/interfaces 文件对它们的网络地址和默认网关进行配置。

本实例使用 Bind9 进行 DNS 的配置，由于虚拟主机 host1 和 host2 分别代表 IPv4 网络和 IPv6 网络，因此需要为每个网络配置域名服务器，即在 host1 和 host2 中安装 DNS 服务器软件作为其所代表网络的域名服务器。本实例使用的是一款开源 DNS 服务器软件 Bind(Berkeley internet name domain)。下面是具体安装配置过程。

① 在虚拟主机 host1 和 host2 上执行如下命令完成安装。

```
# apt-get install bind9
```

② 编辑 host1 和 host2 的/etc/bind/named.conf.local 配置文件，分别为 host1 和 host2 配置域名信息。在该文件中指定主机域名资源文件的位置。host1 的域名为“zql”，host2 的域名为“zyt”。Bind 域名文件配置如图 8.45 所示。

(a) host1 Bind域名文件　　(b) host2 Bind域名文件

图 8.45　Bind 域名文件配置

③ 编辑 host1 的/etc/bind/zql/db.zql.com 域名资源文件和 host2 的/etc/bind/zyt/db.zyt.com 域名资源文件，配置 host1 和 host2 的详细域名资源信息。域名信息配置如图 8.46 所示。

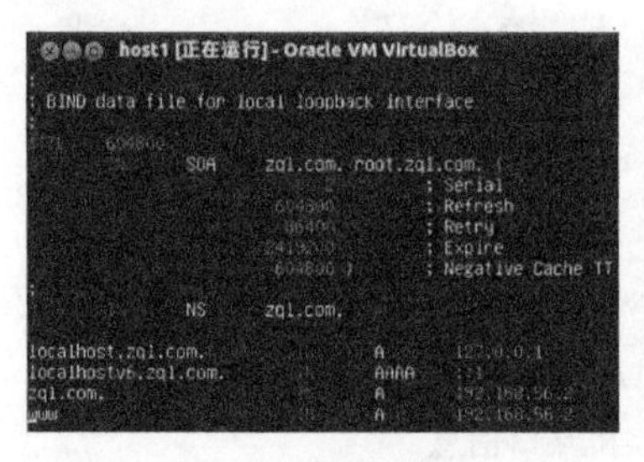

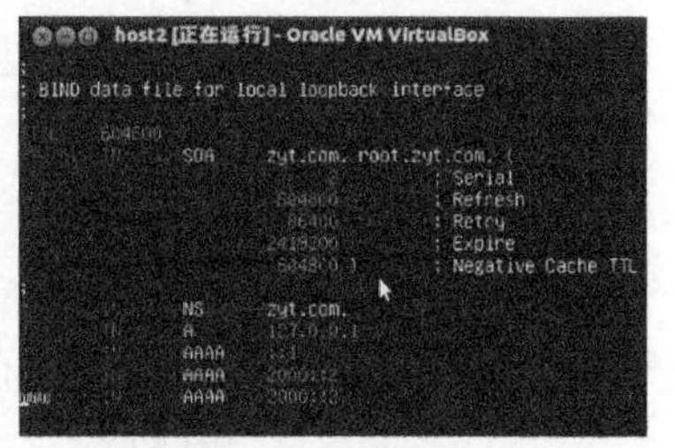

(a) host1域名信息配置　　(b) host2域名信息配置

图 8.46　域名信息配置

④ 编辑 host1 和 host2 的/etc/bind/named.conf.option 文件，设置 host1 和 host2 为域名服务器优先选择的上级域名服务器。若 host1 和 host2 作为域名服务器收到自身不能处理域名解析请求，则将该请求转发给互联网关处理。

⑤ 编辑修改 host1 和 host2 的/etc/resolv.conf.d/base 文件，配置 host1 和 host2 为普通通信主机的域名服务器。由于 host1 和 host2 自身即代表网络的域名服务器，因此在该文件中添加 host1 和 host2 自身的 IP 地址即可。

(2) 功能测试

实验搭建的连接拓扑(图 8.47)由三台 SDN 交换机组成，控制器会为每台交换机产生一个 dpid 作为其标识。交换机 00:00:a6:2d:2f:e6:4c 是网桥 br1，虚拟机 host1 连接到 1 号端口上。2 号端口和 3 号端口分别与 br0 和 br2 相连。交换机 00:00:fc:4d:d4:db:6f:34 是网桥 br0，互联网关连接到 1 号端口上。2 号端口和 3 号端口分别与 br1 和 br2 相连。交换机 00:00:5a:e1:6c:69:1c:47 是网桥 br0，虚拟机 host2 连接到 1 号端口上。2 号端口和 3 号端口分别与 br0 和 br1 相连。交换机端口信息如图 8.48 所示。

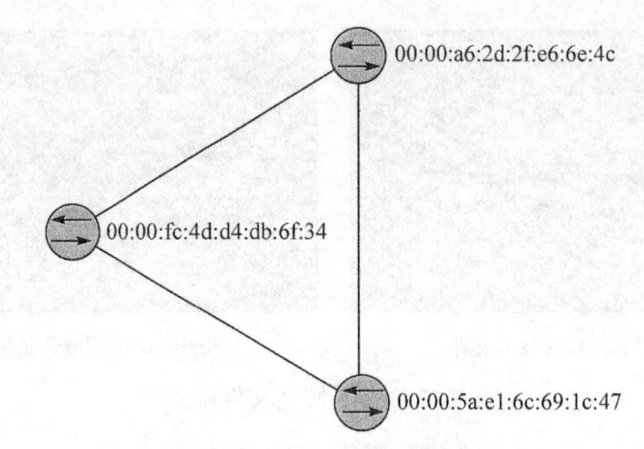

图 8.47　实际交换机连接拓扑

Ports (4)

#	Link Status
local (br1)	DOWN
1 (vboxnet1)	UP
2 (patch-br10)	UP
3 (patch-br12)	UP

(br1) 00:00:a6:2d:2f:e6:6e:4c

(a)

Ports (4)

#	Link Status
local (br0)	DOWN
1 (eth0)	UP 1 Gbps FDX
2 (patch-br01)	UP
3 (patch-br02)	UP

(br0) 00:00:fc:4d:d4:db:6f:34

(b)

Ports (4)

#	Link Status
local (br2)	DOWN
1 (vboxnet2)	UP
2 (patch-br20)	UP
3 (patch-br21)	UP

(br2) 00:00:5a:e1:6c:69:1c:47

(c)

图 8.48　交换机端口信息

在系统测试之前，在 Floodlight 控制器中添加 SDN 边界路由器及其所达网络的路由信息。在该实验仿真中，虽然 IPv4 主机 host1 和 IPv6 主机 host2 分别代表实际与 SDN 相连的 IPv4 网络和 IPv6 网络，但它们都是 SDN 下的普通主机。互联网关虽然也是 SDN 下的一台普通主机，但该设备背后相当于有两个可达网络：一个是 IPv4 网络 222.205.38.0/24，对于与 IPv6 主机通信的 IPv4 主机而言，相当于与该网络中的主机通信；另一个是 IPv6 网络 64:ff9b::0/96，对于与 IPv4 主机通信的 IPv6 主机而言，相当于与该网络中的主机通信。因此，实验将互联网关配置为 IPv4 边界路由器和 IPv6 边界路由器，然后配置这两个边界路由器所达网络的路由信息。路由信息配置如图 8.49 所示。

为测试 IPv4 主机 host1 与 IPv6 主机 host2 之间的连通性，在 host1 上使用 host2 的域名 www.zyt.com 测试与 host2 的连通性，如图 8.50 所示。可以看到，IPv6 主机 host2 的域名 www.zyt.com 被解析为 222.205.38.1。这是互联子系统中临时地址池中的地址，说明互联网关在处理域名解析消息时为 host2 的 IPv6 地址从临时地址池中分配了临时 IPv4 地址。

```
zql@zql-master:~$ sudo curl -d '{"IPv4":"192.168.56.3"}' http://127.0.0.1:8080/wm/networkconnection/gw4/json
{"status":"set success.."}
zql@zql-master:~$ sudo curl -d '{"IPv6":"2000::3"}' http://127.0.0.1:8080/wm/networkconnection/gw6/json
{"status":"set success.."}
zql@zql-master:~$ sudo curl http://127.0.0.1:8080/wm/networkconnection/gw4/all/json
[{"IP":"192.168.56.3","MAC":"fc:4d:d4:f0:cb:40","路由表":"空"}]zql@zql-master:~$
zql@zql-master:~$ sudo curl http://127.0.0.1:8080/wm/networkconnection/gw6/all/json
[{"IPv6":"2000::3","MAC":"fc:4d:d4:f0:cb:40","路由表":"空"}]zql@zql-master:~$
```

(a) 边界路由器配置

```
zql@zql-master:~$ sudo curl -d '{"gw4":"192.168.56.3","prefixLen":"24","net4":"222.205.38.0"}' http://127.0.0.1:8080/wm/networkconnection/gw4/addroute/j
son
{"status":"set success.."}
zql@zql-master:~$ sudo curl -d '{"gw6":"2000::3","prefixLen":"96","net6":"64:ff9b::0"}' http://127.0.0.1:8080/wm/networkconnection/gw6/addroute/json
{"status":"set success.."}
zql@zql-master:~$ sudo curl http://127.0.0.1:8080/wm/networkconnection/gw4/all/json
[{"IP":"192.168.56.3","MAC":"fc:4d:d4:f0:cb:40","prefixLen":24,"ipv4":["222.205.38.0"]}]zql@zql-master:~$
zql@zql-master:~$ sudo curl http://127.0.0.1:8080/wm/networkconnection/gw6/all/json
[{"IPv6":"2000::3","MAC":"fc:4d:d4:f0:cb:40","prefixLen":96,"ipv6":["64:ff9b::"]}]zql@zql-master:~$
```

(b) 路由表配置

图 8.49 路由信息配置

```
host1 [正在运行] - Oracle VM VirtualBox
zql@host1:~$ ping www.zyt.com
PING www.zyt.com (222.205.38.1) 56(84) bytes of data.
64 bytes from www.zql.com (222.205.38.1): icmp_req=1 ttl=63 time=4.78 ms
64 bytes from www.zql.com (222.205.38.1): icmp_req=2 ttl=63 time=3.84 ms
64 bytes from www.zql.com (222.205.38.1): icmp_req=3 ttl=63 time=1.40 ms
64 bytes from www.zql.com (222.205.38.1): icmp_req=4 ttl=63 time=1.27 ms
^C
--- www.zyt.com ping statistics ---
4 packets transmitted, 4 received, 0% packet loss, time 3003ms
rtt min/avg/max/mdev = 1.273/2.826/4.781/1.526 ms
zql@host1:~$ ^M
```

图 8.50 IPv4 主机主动发起通信测试

通过查看网桥 br0、br1、br2 中的流表项可以对 IPv4 网络中的主机 host1 与 IPv6 网络中的主机 host2 通信的全部过程进行分析。整个过程可以分为域名解析和数据通信两个阶段。

域名解析阶段的步骤如下。

① 如图 8.51(a)所示，br1 中存在一条源地址和目的地址分别是 192.168.56.2 和 192.168.56.3，目的端口号是 53 的流表项。该流表项将匹配的数据包转发到 br0。控制器就是设置该流表项，将来自 IPv4 网络的域名解析请求导入互联网关中继续处理。

② 如图 8.51(b)所示，br0 中存在一条源地址和目的地址分别是 192.168.56.2 和 192.168.56.3，目的端口号是 53 的流表项；一条源地址和目的地址分别是 2000::3 和 2000::2 的流表项。前一条流表项将来自 IPv4 网络的域名解析请求数据包转发到互联网关，经过翻译转换处理后发送出去。控制器在 br0 中设置后一条流表项，将新的数据包通过 br2 导入 IPv6 网络。

③ 如图 8.51(c)所示，br2 中存在一条源地址和目的地址分别是 2000::3 和 2000::2，目的端口号是 53 的流表项。该流表项将来自互联网关的域名解析请求转发到 IPv6 网络的 DNS，即 host2。host2 对请求应答，将域名解析应答发送到网络后，控制器设置后一条流表项，将来自 host2 的域名解析应答通过 br0 导入互联网关。

④ 如图 8.51(b)所示，br0 中存在一条源地址和目的地址分别是 2000::2 和 2000::3，源端口号是 53 的流表项；一条源地址和目的地址分别是 192.168.56.3 和 192.168.56.2，源端口号是 53 的流表项。前一条流表项将来自 IPv6 网络的域名解析应答转发到互联网关，经过翻译转换处理后发送出去。控制器在 br0 中设置后一条流表项，将新的数据包通过 br1 导入 IPv4 网络。

⑤ 如图 8.51(a)所示，br1 中存在一条源地址和目的地址分别是 192.168.56.3 和 192.168.56.2，源端口号是 53 的流表项。该流表项将匹配的数据包转发到 IPv4 网络的 DNS，即 host1。host1 最终收到来自 IPv6 网络的 DNS 对域名解析请求的应答。

数据通信阶段的步骤如下。

① 如图 8.51(a)所示，br1 中存在一条源地址和目的地址分别是 192.168.56.2 和 222.205.38.1 的流表项。该流表项将匹配的数据包转发到 br0。该目的地址即互联子系统地址池中的临时 IPv4 地址，可见在域名解析过程中，互联网关对 IPv6 地址进行了地址映射转换。

② 如图 8.51(b)所示，br0 中存在一条源地址和目的地址分别是 192.168.56.2 和 222.205.38.1 的流表项和一条源地址和目的地址分别是 64:ff9b::c0a8:3802 和 2000::2 的流表项。前一条流表项将来自 IPv4 网络的通信数据包转发到互联网关，在互联网关中经过翻译转换和地址映射处理，如源地址前加上 96 位地址前缀成为 IPv6 地址 64:ff9b::c0a8:3802，目的地址则通过地址映射转换表查询其对应的 IPv6 地址为 2000::2，然后将新的 IPv6 数据包发送出去。控制器为新的数据包在 br0 中设置后一条流表项，将新的数据包通过 br2 导入 IPv6 网络。

③ 如图 8.51(c)所示，br2 中存在一条源地址和目的地址分别是 64:ff9b::c0a8:3802 和 2000::2 的流表项和一条源地址和目的地址分别是 2000::2 和 64:ff9b::c0a8:3802 的流表项。前一条流表项将来自互联网关的通信数据包转发到 IPv6 网络的主机 host2。host2 对该通信数据包回应，将回应的通信数据包发送到网络后，控制器为回应的通信数据包制定后一条流表项，将其通过 br0 导入互联网关。

④ 如图 8.51(b)所示，br0 中存在一条源地址和目的地址分别是 2000::2 和 64:ff9b::c0a8:3802 的流表项和一条源地址和目的地址分别是 222.205.38.1 和 192.168.56.2 的流表项。前一条流表项将来自 IPv6 网络的通信数据包转发到互联网关中，然后进行翻译转换和地址映射处理，如源地址去掉 96 位地址前缀还原

成 IPv4 地址 192.168.56.2。目的地址通过地址映射转换表查询从地址池中分配的临时 IPv4 地址 222.205.38.1，然后将翻译转换后的新的 IPv4 数据包发送出去。控制器为新的数据包在 br0 中设置后一条流表项，将新的数据包通过 br1 导入 IPv4 网络。

⑤ 如图 8.51(a)所示，br1 中存在一条源地址和目的地址分别是 222.205.38.1 和 192.168.56.2 的流表项。该流表项将匹配的数据包转发到 IPv4 网络的主机 host1。这样就完成一次 IPv4 网络中的主机与 IPv6 网络中的主机间的数据交互通信。

```
root@zql-master:/home/zql/openvswitch/openvswitch-2.3.1# ovs-ofctl dump-flows br1
NXST_FLOW reply (xid=0x4):
 cookie=0x20000000000000, duration=0.428s, table=0, n_packets=0, n_bytes=0, idle_timeout=5, idle_age=0, priority=1,ip,in_port=1,dl_src=08:00:27:cd:e5:88
,dl_dst=fc:4d:d4:f0:cb:40,nw_src=192.168.56.2,nw_dst=222.205.38.1 actions=output:2
 cookie=0x20000000000000, duration=0.420s, table=0, n_packets=0, n_bytes=0, idle_timeout=5, idle_age=0, priority=1,ip,in_port=2,dl_src=fc:4d:d4:f0:cb:40
,dl_dst=08:00:27:cd:e5:88,nw_src=222.205.38.1,nw_dst=192.168.56.2 actions=output:1
 cookie=0x0, duration=70.034s, table=0, n_packets=43, n_bytes=3415, idle_age=0, priority=0 actions=CONTROLLER:65535
 cookie=0x20000000000000, duration=0.432s, table=0, n_packets=0, n_bytes=0, idle_timeout=5, idle_age=0, priority=1,udp,in_port=2,dl_src=fc:4d:d4:f0:cb:4
0,dl_dst=08:00:27:cd:e5:88,nw_src=192.168.56.3,nw_dst=192.168.56.2,tp_src=53,tp_dst=39595 actions=output:1
 cookie=0x20000000000000, duration=0.416s, table=0, n_packets=0, n_bytes=0, idle_timeout=5, idle_age=0, priority=1,udp,in_port=1,dl_src=08:00:27:cd:e5:8
8,dl_dst=fc:4d:d4:f0:cb:40,nw_src=192.168.56.2,nw_dst=192.168.56.3,tp_src=64559,tp_dst=53 actions=output:2
```

(a) br1流表信息

```
root@zql-master:/home/zql/openvswitch/openvswitch-2.3.1# ovs-ofctl dump-flows br0
NXST_FLOW reply (xid=0x4):
 cookie=0x20000000000000, duration=0.191s, table=0, n_packets=0, n_bytes=0, idle_timeout=5, idle_age=0, priority=1,ip,in_port=1,dl_src=fc:4d:d4:f0:cb:40
,dl_dst=08:00:27:cd:e5:88,nw_src=222.205.38.1,nw_dst=192.168.56.2 actions=output:2
 cookie=0x20000000000000, duration=0.198s, table=0, n_packets=1, n_bytes=98, idle_timeout=5, idle_age=0, priority=1,ip,in_port=2,dl_src=08:00:27:cd:e5:8
8,dl_dst=fc:4d:d4:f0:cb:40,nw_src=192.168.56.2,nw_dst=222.205.38.1 actions=output:1
 cookie=0x20000000000000, duration=0.195s, table=0, n_packets=0, n_bytes=0, idle_timeout=5, idle_age=0, priority=1,ipv6,in_port=1,dl_src=fc:4d:d4:f0:cb:
40,dl_dst=08:00:27:c3:1f:1b,ipv6_src=64:ff9b::c0a8:3802,ipv6_dst=2000::2 actions=output:3
 cookie=0x20000000000000, duration=0.193s, table=0, n_packets=1, n_bytes=118, idle_timeout=5, idle_age=0, priority=1,ipv6,in_port=3,dl_src=08:00:27:c3:1
f:1b,dl_dst=fc:4d:d4:f0:cb:40,ipv6_src=2000::2,ipv6_dst=64:ff9b::c0a8:3802 actions=output:1
 cookie=0x20000000000000, duration=0.205s, table=0, n_packets=1, n_bytes=205, idle_timeout=5, idle_age=0, priority=1,udp6,in_port=3,dl_src=08:00:27:c3:1
f:1b,dl_dst=fc:4d:d4:f0:cb:40,ipv6_src=2000::2,ipv6_dst=2000::3,tp_src=53,tp_dst=34913 actions=output:1
 cookie=0x0, duration=1.611s, table=0, n_packets=10, n_bytes=787, idle_age=0, priority=0 actions=CONTROLLER:65535
 cookie=0x20000000000000, duration=0.187s, table=0, n_packets=1, n_bytes=96, idle_timeout=5, idle_age=0, priority=1,udp,in_port=2,dl_src=08:00:27:cd:e5:
88,dl_dst=fc:4d:d4:f0:cb:40,nw_src=192.168.56.2,nw_dst=192.168.56.3,tp_src=29635,tp_dst=53 actions=output:1
 cookie=0x20000000000000, duration=0.204s, table=0, n_packets=0, n_bytes=0, idle_timeout=5, idle_age=0, priority=1,udp,in_port=1,dl_src=fc:4d:d4:f0:cb:4
0,dl_dst=08:00:27:cd:e5:88,nw_src=192.168.56.3,nw_dst=192.168.56.2,tp_src=53,tp_dst=34913 actions=output:2
 cookie=0x20000060000000, duration=0.208s, table=0, n_packets=1, n_bytes=82, idle_timeout=5, idle_age=0, priority=1,udp,in_port=2,dl_src=08:00:27:cd:e5:
88,dl_dst=fc:4d:d4:f0:cb:40,nw_src=192.168.56.2,nw_dst=192.168.56.3,tp_src=34913,tp_dst=53 actions=output:1
```

(b) br0流表信息

```
root@zql-master:/home/zql/openvswitch/openvswitch-2.3.1# ovs-ofctl dump-flows br2
NXST_FLOW reply (xid=0x4):
 cookie=0x20000000000000, duration=0.215s, table=0, n_packets=0, n_bytes=0, idle_timeout=5, idle_age=0, priority=1,ipv6,in_port=1,dl_src=08:00:27:c3:1f:
1b,dl_dst=fc:4d:d4:f0:cb:40,ipv6_src=2000::2,ipv6_dst=64:ff9b::c0a8:3802 actions=output:2
 cookie=0x20000000000000, duration=0.217s, table=0, n_packets=0, n_bytes=0, idle_timeout=5, idle_age=0, priority=1,ipv6,in_port=2,dl_src=fc:4d:d4:f0:cb:
40,dl_dst=08:00:27:c3:1f:1b,ipv6_src=64:ff9b::c0a8:3802,ipv6_dst=2000::2 actions=output:1
 cookie=0x20000000000000, duration=0.230s, table=0, n_packets=1, n_bytes=91, idle_timeout=5, idle_age=0, priority=1,udp6,in_port=2,dl_src=fc:4d:d4:f0:cb
:40,dl_dst=08:00:27:c3:1f:1b,ipv6_src=2000::3,ipv6_dst=2000::2,tp_src=18098,tp_dst=53 actions=output:1
 cookie=0x20000000000000, duration=0.228s, table=0, n_packets=0, n_bytes=0, idle_timeout=5, idle_age=0, priority=1,udp6,in_port=1,dl_src=08:00:27:c3:1f:
1b,dl_dst=fc:4d:d4:f0:cb:40,ipv6_src=2000::2,ipv6_dst=2000::3,tp_src=53,tp_dst=18098 actions=output:2
```

(c) br2流表信息

图 8.51　交换机流表信息

上面的测试是由 IPv4 网络中的主机 host1 主动发起的通信。在 IPv6 主机 host2 上使用 IPv4 主机 host1 的域名 www.zql.com 对 host1 主动发起通信，测试与 host1 的连通性，如图 8.52 所示。IPv4 网络中的主机 host1 的域名 www.zql.com 被解析为 64:ff9b::c0a8:3802。互联子系统为源 IPv4 地址加上 96 位前缀，从而使其成为一个 IPv6 地址。最终完成数据包的翻译转换。详细过程与前面类似，不再详述。

```
host2 [正在运行] - Oracle VM VirtualBox
zyt@host2:~$ ping6 www.zql.com
PING www.zql.com(64:ff9b::c0a8:3802) 56 data bytes
64 bytes from 64:ff9b::c0a8:3802: icmp_seq=1 ttl=63 time=6.59 ms
64 bytes from 64:ff9b::c0a8:3802: icmp_seq=2 ttl=63 time=5.64 ms
64 bytes from 64:ff9b::c0a8:3802: icmp_seq=3 ttl=63 time=2.08 ms
64 bytes from 64:ff9b::c0a8:3802: icmp_seq=4 ttl=63 time=2.04 ms
^C64 bytes from 64:ff9b::c0a8:3802: icmp_seq=5 ttl=63 time=1.76 ms

--- www.zql.com ping statistics ---
5 packets transmitted, 5 received, 0% packet loss, time 20049ms
rtt min/avg/max/mdev = 1.765/3.625/6.595/2.061 ms
zyt@host2:~$
```

图 8.52　IPv6 主机主动发起通信测试

8.5　小　结

本章展示了在 Floodlight 控制器基础上的开发实例，目的是让读者通过实践掌握开发技术，进一步加深对 SDN 的理解。此外，本章对开发实例做了概要性的叙述。

参 考 文 献

[1] 王卫振. 面向多域网络的路由策略和传输协议符合性安全态势感知. 成都: 电子科技大学, 2017.

[2] Postel J. RFC862-Echo Protocol. IETF, 1983.

[3] 张小乐. 电信运营商应重视互联网企业逐步旁路全球互联网流量的趋势. 广东通信技术, 2018, 38(11): 78-79.

[4] 胡力卫. 基于 SDN 的流量调度技术研究和实现. 成都: 电子科技大学, 2018.

[5] Arista Networks. Big Switch. http://www. bigswitch. com[2018-03-19].

[6] 徐宾伟. SDN 与传统 IP 网络互联结构的设计与实现. 成都: 电子科技大学, 2015.

[7] 张永涛. 基于 SDN 的 IPv4 与 IPv6 互联技术的研究. 成都: 电子科技大学, 2016.

[8] 吴萌, 马范援. IPv6 与 IPv4 间的差异及互操作技术. 计算机工程, 1997, (S1): 155-156.

第 9 章　SDN 的应用场景

SDN 是对未来互联网结构的全新探索，已经成为全球开放网络结构和网络虚拟化领域的研究热点。部分行业先驱已经在 SDN 领域开展了许多实践和探索。本章介绍几个 SDN 应用场景。

9.1　SDN 在数据中心的应用

在传统数据中心，各业务独立占用资源且没有资源移动性要求，数据中心内部流量基本以南北向为主。因此，各业务网络采用物理方式隔离、自成一体、无法复用。这种方式构建的网络扩展性有限，只能纵向替换，不能横向添加。系统性能存在瓶颈，往往为了满足 1%峰值时刻的流量需求，导致 99%的时间单点效率低于 20%。为了解决资源利用率低的问题，人们提出虚拟化技术并应用在数据中心。SDN 可以灵活支持网络虚拟化、云化技术、计算资源虚拟化。传统网络也可做网络虚拟化，但是资源配置很难自动完成。SDN 结构的出现为网络虚拟化的自动完成提供了一种有效途径。

网络虚拟化是一种网络技术，可以在物理拓扑上创建虚拟网络。传统的网络虚拟化部署需要手动逐跳部署，效率低、成本高。在数据中心等场景中，为实现快速部署和动态调整，必须使用自动化的业务部署。SDN 采用集中控制的方式，网络管理员可以通过控制器的 API 对网络编写程序，从而实现自动化的业务部署，大大缩短业务部署周期，同时实现随需动态调整。

在传统网络中分析网络功能，通常从控制层和数据转发层同时入手。在传统网络控制层中，二层是生成树协议，转发依据是 MAC 地址表；三层是路由协议，转发依据是路由表。数据包基于网络设备的 MAC 表和路由表完成数据转发。在 SDN 中，控制层的控制转发依据是 OpenFlow 流表；数据转发层通过为交换机分配 VLAN 的 VID 标签建立数据流表，实现基于 VLAN 的传输[1]。

9.1.1　SDN 在数据中心的优势

SDN 结构区别于传统网络技术的三个主要特征是控制转发分离、逻辑集中控制、开放网络编程 API。这些特征使 SDN 能够很好地满足数据中心网络的使用需求。

(1) 提升网络资源利用率

由于缺乏对网络的细粒度控制，网络运营商不得不配置过量的网络资源，以降低网络资源利用率为代价来保证网络服务质量。通过SDN对数据中心网络的集中管理，网络的完整拓扑视图、当前的链路状态已经掌握，加之新接入应用流量的详细特征也是可感知的，这就给动态带宽分配、链路负载平衡等提供了可行性。依靠控制器的良好算法,调度方式从传统粗放的流量调度方式转变为细粒度控制，可以大大提升网络链路利用率。

(2) 支持虚机迁移和统一运维

由于控制器可以控制网络中的流量流向，因此虚机迁移仅仅是修改下发到交换机的转发表项，易于实现。同时，由于SDN采用集中式管理结构，便于整合，能够实现高度自动化的统一管理。

(3) 支持多业务、多租户

SDN可以实现网络资源虚拟化和流量可编程，因此可以灵活地在固定物理网络上构建多张相互独立的虚拟承载网，满足多业务、多租户需求。

(4)提升数据中心网络的可扩展性

在SDN中，新增加的交换机很容易与其他交换机建立连接，形成更大规模的网络。在适当的拓扑结构下，交换机可大规模横向扩展，满足云中心对端口和带宽需求的持续增长。新功能的快速引入是扩展性的另外一个方面。新的功能是运行在控制器上的软件，可以避免引入硬件网络功能部件带来的部署困难问题。

自SDN结构被提出后，网络设备提供厂商和使用厂商都在这方面进行了深入的研究与应用。在设备提供厂商方面，国内的华为、中兴、华三等厂商都推出了自研的数据中心SDN控制器产品，这些产品已经逐步在电信运营商、互联网企业、银行业等企业得到较好的运用。

9.1.2 SDN在数据中心的应用方案

SDN结构为建设数据中心网络提供了崭新的思路与方法。SDN控制层与数据转发层相互分离的思想在数据中心得到充分体现。

将SDN引入数据中心后，面临的主要问题是网络的部署。传统的数据中心网络一般采用树形拓扑结构。多根树形结构是其中典型的代表，一般由核心层、汇聚层和边缘层交换设备组成。边缘层设备的下行端口直接连接服务器，上行端口连接汇聚层设备，汇聚层设备连接核心层设备。采用树形拓扑结构构建多根树形数据中心网络具有结构直观、可操作性强、易于实现、扩展方式简单等特点。树形拓扑要求核心层、汇聚层网络设备具有大容量、高性能的能力，尤其是在网络规模变大时，这个问题更突出。此外，树形拓扑存在单点故障问题，容错能力差。为解决上述传统数据中心网络的部署问题，人们提出很多新的部署方式。

目前常用的 SDN 部署是胖树结构(fat tree)。胖树结构仍然采用核心层、汇聚层和边缘层的三层拓扑结构，但与传统的树形结构不同，所有交换机的性能都相同，边缘层交换机和汇聚层交换机被划分为不同的集群。在同一集群中，每个边缘交换机都与同一集群中的汇聚层交换机相连，服务器仍然连接到边缘层交换机。

相较于传统的网络部署方案，基于 SDN 的胖树结构具有明显的优点。随着数据中心流量大规模地增加，这种多根树形结构的网络的横向扩展能力非常强。核心层交换机与每一个集群都相连，在合适流量调度算法的支持下，可以摆脱根节点是带宽瓶颈的顽疾。核心层和汇聚层有多条互联链路，容错能力大大提升，当核心层或者汇聚层的交换机发生故障时，只要网络物理上连通，在 SDN 控制器的调度下，网络传输的有效性就不受影响。增加交换设备，尤其是增加核心层的交换设备时，费用的增加不像传统那样快速增长。胖树是非阻塞的交换结构，这意味着对于任意通信模式，胖树结构在良好的调度算法下，可以最大限度地使用网络的带宽，从而避免资源的过度配置。使用同一种网络交换设备，可以使网络运维的难度和成本降低。

SDN 在数据中心与云管理平台(以 OpenStack 为例)整体融合考虑时，需要一个更大的管理平台来完成数据中心计算资源、网络资源、存储资源等的统一管理。目前云资源管理平台很多。开源的云管理平台以 OpenStack 最为常用。OpenStack 通过众多组件提供服务，如计算服务组件 Nova、网络服务组件 Neutron 和存储服务组件 Cinder 等。OpenStack 中已经有 Neutron 组件实现了对网络资源的管理。引入 SDN 后，需要解决的问题是，OpenStack 对 SDN 网络的管控如何实现。一般可以将 Neutron 升级改造，让其充当 SDN 控制器的角色（或者作为控制器的一部分）；将 Neutron 当作应用，与 SDN 控制器进行交互；将 Neutron 当作转发层，为 SDN 控制器提供 SBI。在实际的数据中心部署中，通常会引入商业版的 SDN 控制器。因此，在与 Neutron 的对接这个问题上，一般将 Neutron 作为应用的方式，在 Neutron 升级需要的功能，利用 SDN 控制器的北向接口实现对 SDN 网络管控。SDN 数据中心基本层次结构如图 9.1 所示[2]。

数据中心运营管理平台和 OpenStack 统一定义为应用层。独立的 SDN 控制器设备构成控制层，底层网络设备构成转发层。

Neutron 是传统 OpenStack 的网络管理模块。Neutron 同时具备服务 API、协调管理、网络控制器的功能。云网络服务需要和具体的网络对象相对应，以便最终映射到物理网络功能实体中。用户可以利用 Neutron API 为云中可用的应用建立网络结构，还可以建立简单的网络配置。Neutron 依赖可插拔、可拓展的结构构造和配置虚拟与物理的网络资源。在使用 SDN 商业控制器时，Neutron 实际上是作为控制器的一个应用在运行，不直接管控网络。数据中心运营管理平台服务编排功能首先将用户的编排结果拆解成对应的 Neutron 网络对象，然后调用

Neutron 的 API 将这些网络对象映射到具体的物理网络实体上，最后通过 NBI 实现对网络的管控。

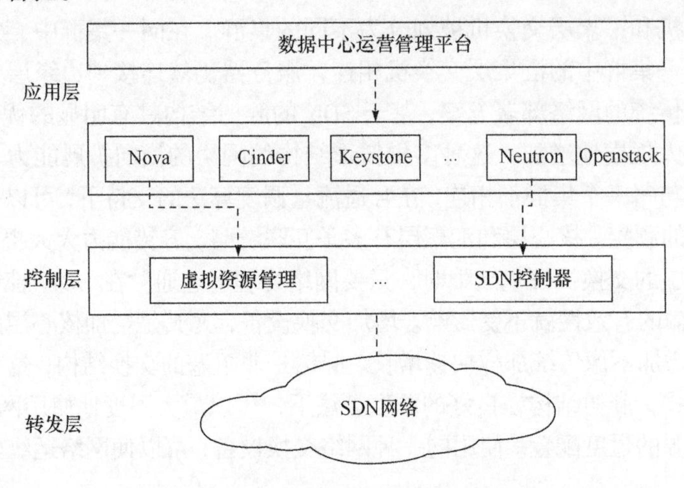

图 9.1　SDN 数据中心基本层次结构

在数据中心应用 SDN，允许操作者按需求建立复杂的网络功能，能够带来如下好处。

① 可以实现对网络的集中控制。SDN 控制器通过管理网络，可对主干和分支交换机、链路、虚拟交换机的操作系统、VLAN、交换和路由等资源与相关路由、交换策略进行集中管理与分发，简化数据中心的运维操作，降低运营者的管理负担。

② 通过 SDN 控制器可以实现对网络运行状态、资源使用率等方面的集中监控，为系统的扩展与升级提供翔实的数据分析与证据支持，完成网络故障的快速定位与恢复。

③ 系统扩展能力强。主干交换机和分支交换机均可大规模地横向扩展，满足数据中心对端口和带宽需求的持续增长。

④ 采用开放网络标准，在开放式供应商的交换硬件上运行，使数据中心的建设和后期的运营不再受限于特定硬件/软件厂商的产品。为用户提供更多、更经济实惠的选择，支持用户在开放式网络技术的基础上实现更快速的业务和管理创新。

9.2　基于 SDN 的服务功能链

由于互联网上存在的大量未知安全威胁，一般将企业或组织内部的网络

(Intranet)视为可信网络，而将互联网(Internet)视为非可信网络。互联网出口就是可信的 Intranet 和非可信的 Internet 之间信息交互的窗口，需要在互联网出口部署防火墙、入侵检测等信息安全设备和设施，对互联网的安全威胁进行必要的隔离，抵御来自互联网的各种恶意攻击。

9.2.1　传统互联网服务功能链结构

对于传统网络的服务功能链，也称为服务链(图 9.2)，从网络流角度来看，安全工具呈线内线性级联部署，导致所有的流量无论类型和必要与否，均需依次通过各个安全工具进行处理，无法根据不同类型的流量进行不同的安全处理，处理过程复杂、效率低下。这种结构的系统扩展性不足，增加新的安全工具，就意味着增加工具级联的数目和层级，进一步降低流量处理效率。此外，级联设备中部分设备升级，其他设备也必须随之升级，导致系统成本无谓增加。

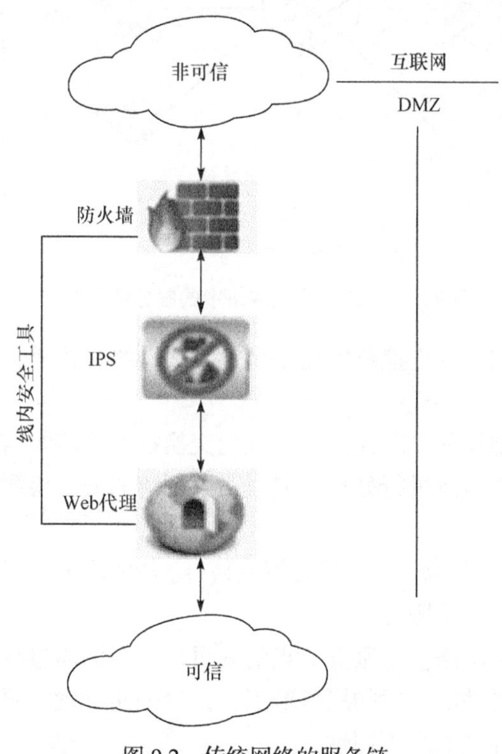

图 9.2　传统网络的服务链

9.2.2　基于 SDN 的服务功能链结构

如图 9.3 所示，SDN 控制器在交换机上配置服务链，逻辑上以多种方式串联全部的安全工具(以下称为服务节点)，再在策略中设定到达每个服务节点的流量需要满足的条件，如数据包类型、源 IP 地址、目的 IP 地址、端口等。因此，非可信网络中的流量到达 SDN 交换机时，会首先匹配交换机中的策略，将满足条件的数据流导入指定的服务节点，不满足条件的就会跨过该服务节点，进行下一条规则的匹配。最终经过服务节点的处理，到达可信网络的数据流就是安全的、符合要求的。从可信网络到非可信网络的流量也会在交换机中进行规则的匹配，依此经过所需的服务节点进行过滤和处理。

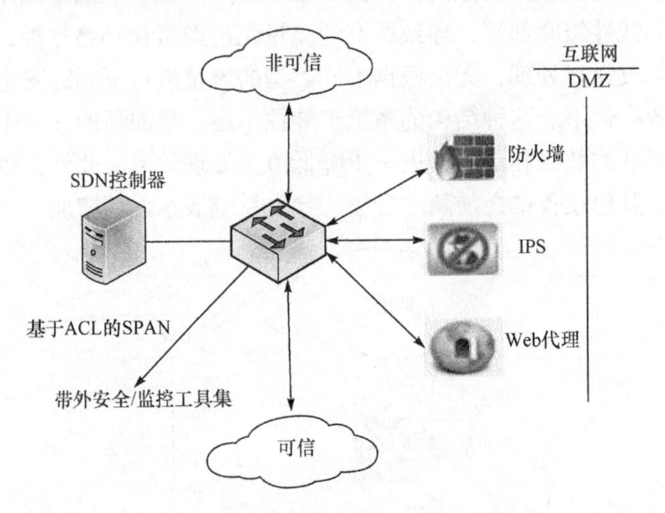

图 9.3　SDN 对传统网络中的服务链的改造

各个服务节点与线内交换机实现了可定义的网络化连接，而不是线性级联，具有如下优势。

① 在 SDN 控制器的策略控制下，线内交换机可将需要监控的不同类型的流量分流到不同的服务节点进行处理，完成对数据流的安全检测与过滤，提高流量处理效率。

② 工具优化程度较高，系统扩展简单易行。新的服务节点只需简单挂接在线内交换机上即可实现网络服务。

③ 可通过 SDN 网络实现服务节点的高可用性，即通过线内交换机实现双路或多路配置。即使是性能一般的服务节点，在每一路配置一套相同的服务节点即可实现设备级别的冗余和高可用性。

9.2.3　双服务链的应用配置

有的时候单一的某条物理链路依然无法满足流量对带宽和冗余性的需求，于是 LA 技术出现了。这是一种将多条物理链路合并成单条逻辑链路，进而提供更大带宽和冗余的网络技术。如图 9.4 所示，可信网络和非可信网络之间的一条物理链路的带宽和冗余不能满足实际要求，因此采用 LACP 将两条物理链路聚合成一条逻辑链路。LACP 与 hash 算法的配合可以提升链路的带宽、冗余、弹性和负载均衡。图 9.4 中的 LAG 包含两个端口，每个端口对应一条物理链路，端口的状态由 LACP 动态在链路两端协商确定。由于不同设备支持的 LAG 最大端口数有限，因此 LACP 在链路两端协商选取最小支持限度。小于这个限度的所有端口的状态为激活状态，大于这个限度的所有端口的状态为备用状态。

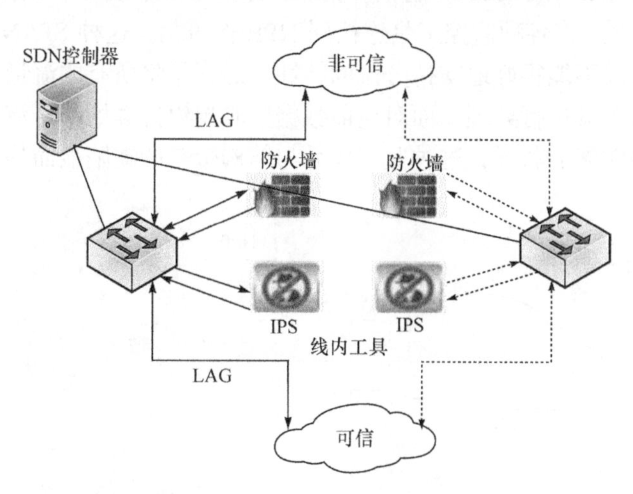

图 9.4　LACP 下部署双服务链

在 LACP 下部署双服务链场景时，控制器在 SDN 交换机上部署两条服务链。服务链的状态由端口的状态决定，可以为双激活状态，也可以一个为激活状态，另一个为备用状态。若两条服务链状态都是激活状态，则它们同时工作，共同起到通信、监控和过滤的作用。LACP 的 hash 算法决定数据流流经哪条服务链，可以实现负载均衡。若两条服务链状态分别为激活状态和备用状态，只有激活状态的服务链处于工作状态，那么数据流量经过激活状态的服务链在可信网络和非可信网络之间进行通信。当交换机由于断电、自然灾害等非人为因素宕机而造成某条服务链中断时，LACP 在两端协商，将流量引到邻近的链路，若邻近的链路为备用状态，则激活对应的端口，使其状态为激活状态，代替失效的链路，接管整个网络的通信、监控和过滤功能，保证网络的正常工作；若临近链路为激活状态，则该链路承载所有数据流量。一旦故障恢复，LACP 和 hash 算法会重新启动两端协商，以确认端口的状态，并重新分布流量。

9.3　基于 SDN 的多监控工具共享网络流量的应用

数据中心无论规模、应用和用户如何不同，监控功能对每个网络都必不可少。数据中心生产的网络中的监控需求包括网络性能监控、应用程序性能监控、安全监控、数据泄漏防范、客户体验监控等。传统的网络监控体系一般通过交换机和路由器的光纤 TAP 和 SPAN 复制生产流量，并部署一个或多个 NPB 聚合 TAP 和 SPAN 端口，然后将各种监控工具连接到 NPB(图 9.5)。这种 SPAN/TAP+NPB 的网络监控体系并不能很好地支持分流的特性，通常是将所有的流量全部导入分析工具，由分析工具进行处理。面对当前数据中心规模持续增长、流量快速增加、网络攻击日益频繁的状况，这种监控体系与结构带来的缺陷显而易见。

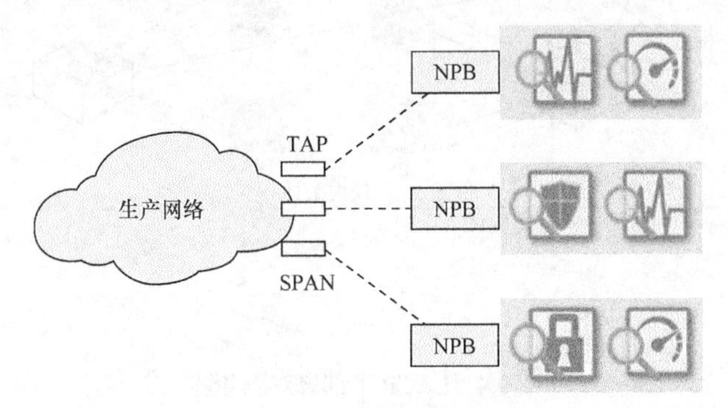

图 9.5　传统网络监控结构

① 因使用 NPB 形成 TAP 和工具孤岛，数据流难以实现共享，对网络流量的监控范围不足。

② 没有足够的镜像端口可供所有的监控工具使用,但是配置更多的镜像端口往往费用高昂。

③ 需要逐台设备进行管理，管理方法复杂。

④ 由于无法实现数据流共享且镜像端口资源有限,因此无法快速而便捷地为其他管理团队或部门分配监控流量。

9.3.1　基于 SDN 的为多监控工具提供流共享的网络结构

基于 SDN 的监控结构利用 SDN 控制器通过流表对数据流进行控制的能力，可以提供满足用户灵活的带宽需求、不同的监控工具共享流数据、多 IT 团队同时运维、动态策略配置、成本超低、简单易用的优化流量监控解决方案。

基于 SDN 的为多监控工具提供流共享的网络结构如图 9.6 所示。被监控的数据中心生产网络中的流量，通过在现有交换机上设置镜像端口或使用物理分路/分光器，可以把端口流量导入监控网络。在监控网络入口与监控工具之间，是由 SDN 控制器和交换机构成的网络。传统网络中 NPB 和监控工具之间一对一的对应关系被 SDN 监控结构中统一的网络平台取代。结构中的 SDN 控制器还可以对流量进行细粒度划分，按照数据包的类型、IP 地址，以及端口等进行分流，将其引导入不同的分析工具以减小网络流量的压力，直接分析统计关心的数据流，丢弃不关心的数据流。

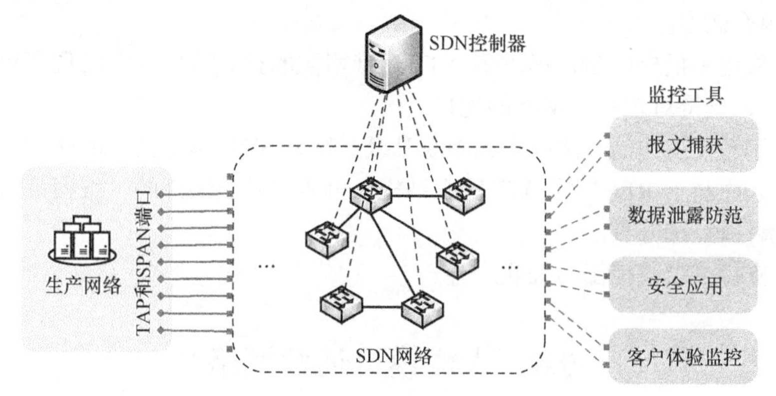

图 9.6　基于 SDN 的为多监控工具提供流共享的网络结构

生产网络中的 SPAN/TAP 连接 SDN 交换机的接入端口，这是 SDN 监控网络流量的入口，在交换机内部进行规则匹配将满足条件的数据流导入，将指定的端口导给连接的下一个分析工具，完成网络的监控。

为多监控工具提供流共享的 SDN 交换机均受控于 SDN 控制器。交换机的物理拓扑包括横向三层结构。第一层的交换机作为监控网络的接入层，与监控的数据中心生产网络通过镜像端口或分路器连接，将生产网络的流量导入监控网络。第二层是中间层，该层交换机实现其他两层的互联。第三层是服务层，该层的交换机实现与运行相应监控服务的主机之间的连接。这三层共同构成监控网络的主干。各层交换机的数量可以根据镜像端口数量和监控工具的数量按照实际需要增加和减少，具有很好的弹性。

SDN 控制器的另一个优势是，可以根据不同的监控目标生成对应的流量分发策略并下发到 SDN 交换机，通过网络对数据流进行分流和聚合，将不同的数据流导入各种监控工具，实现各类监控应用，如数据包捕获、DHCP/DNS 的分析、子网的跟踪、服务器终端的跟踪和定位等监控与安全应用。

9.3.2　SDN 监控结构在数据中心监控中的应用优势

SDN 监控结构可以实现监控连接结构即服务的作用，为数据中心的监控提供简单易用、高度弹性和经济合算的解决方案。该结构具有如下优势。

① 可灵活地对数据流进行分流和聚合，供众多监控工具共享。任何 TAP 或镜像端口随时都可连接到任何工具，实现对包括任何机架、任何位置在内的整个网络范围的监控能力。

② 便捷的集中管理。配置、管理、监控和调试均通过控制器的单一平台进行，无须逐设备进行，可以大大减轻监控管理的负担。

③ 可横向扩展。该结构扩展能力强，每个数据中心均可配备数千个端口，可按需求提升能力。

④ 采用多租户机制，提供多个 IT 运维团队的独立监控。在实现多租户隔离的基础上，支持对多租户策略的优化。

⑤ 用轮换工作的方法提供无中断升级。这是 SDN 本身具有的能力。

⑥ 采用基于 REST 的 API 体系结构，可实现基于事件的可编程策略管理，并支持事件触发的监控。

⑦ 支持多个监控工具关联成链。

9.4　大规模可运营网络

长期以来，采用 MPLS、VPN 等技术的广域网存在部署周期长、管理复杂度高、业务适应性差、系统封闭等问题。这些问题一直困扰着网络运维人员，也制约着企业的信息技术的发展。SDN 的出现为解决这个问题提供了新的思路。

9.4.1　软件定义广域网

SD-WAN 是将 SDN 技术应用到广域网场景中形成的一种服务。这种服务用于连接广阔地理范围的企业网络，包括企业的分支机构和数据中心。

SD-WAN 通过 SDN 技术将网络设备的控制功能和转发功能分离，为企业用户构建业务开放、灵活编程、易于运维的广域网。SD-WAN 整合了 MPLS 专线、光纤、LTE 等多种网络线路资源，不依赖专有物理设备。与必须预先配置的 MPLS 和 VPN 链路相比，SD-WAN 能够灵活地解决持续增长的流量压力，较好地支持差异化服务，提升网络链路利用率，同时能够按照软件定义的路由策略自主控制广域网流量的流向。目前，SD-WAN 的思想虽然得到了广泛的应用，但是 SD-WAN 的体系结构、功能模块等还没有标准化，具体实现需要依赖厂商、运营商等。

如图 9.7 所示，SD-WAN 体系结构自底向上包括数据层、控制层和应用层。这个层次结构与通常的 SDN 网络是相对应的。数据层的功能可分为带宽虚拟化和数据转发。一般来说，在广域网中存在着多种网络技术，如 MPLS、TCP/IP、

4G/5G 等。为了充分利用带宽资源，带宽虚拟化通常采用资源池的方式来提供服务。数据转发由一组交换机组成，使用带宽虚拟化提供的带宽实现数据的转发服务。数据层与控制层的接口通常是 OpenFlow 协议。

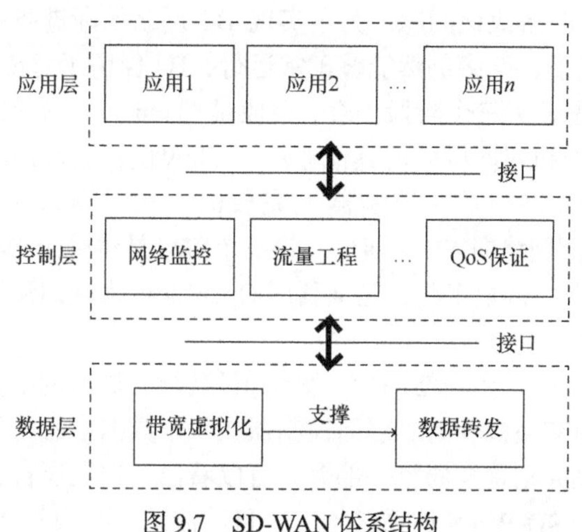

图 9.7　SD-WAN 体系结构

控制层包括很多功能，如网络监控、流量工程、QoS 保证等。这些功能通常是相互独立的，因此网络管理员可独立开发、修改、调试和卸载任一控制层功能，也可以通过服务链来组合这些功能实现组合服务。

SD-WAN 应用层的作用正如普通的 SDN 网络的应用层一样，通过控制层提供的接口编制程序。

一般来说，采用 SDN 技术的 SD-WAN，具有开通简单、快捷，运维便利，能充分利用网络线路资源，成本相对低廉等优点。

9.4.2　SD-WAN 解决方案

虽然对 SD-WAN 的研究很多，目前文献报道的 SD-WAN 成功案例并不多，Google 的 B4 网络是其中一例[3]。

Google 的网络有两种，一种是数据中心内部网络，另一种是 WAN 网。WAN 网又分为两种：一种是数据中心之间的互联网络，属于内部网络，另一种是面向 Internet 用户访问的网络。Google 选择使用基于 SDN 改造数据中心之间网络，因为这个网络相对简单，设备类型和功能都比较单一，而且链路成本太高(都是长距离传输光缆，甚至包括海底光缆)，再加上，为了避免突发流量的拥塞和丢包，Google 不得不配置过量链路，提供比平均需求多得多的带宽。B4 是 SD-WAN 技术为数不多的用于商用网络的成功案例，具有极大的参考价值[3-7]。

B4 的基本思想是利用流量工程的方法，对数据中心之间的流量进行灵活调度，提高带宽利用率。灵活性主要体现在空间和时间两个维度上。在空间上，数据中心间的广域网链路存在异构的情况，可以通过利用多路径和全局调度流量使用不同路径上的链路带宽。在时间上，网络中的流量负载往往是动态的，可以使用动态带宽分配策略解决该问题。为了实现 B4 网络的渐进演变，并且确保在流量工程失效的情况下，网络仍然能够正常运行，B4 保留了对传统路由的支持。

B4 的实际部署分为三个阶段。第一阶段是把 OpenFlow 交换机引入网络，但这时 OpenFlow 交换机对同网络的其他非 OpenFlow 设备表现得就像是传统交换机一样，只是网络协议都是在控制器上完成的。第二阶段是引入更多流量到 OpenFlow 网络，让网络向 SDN 演变。第三个阶段是将整个 B4 网络完全切换到 OpenFlow 网络，引入流量工程，完全利用 OpenFlow 来规划流量路径，对网络路由进行优化。

B4 结构如图 9.8 所示。该结构分为物理设备层、局部网络控制层、全局控制层。第一层的物理交换机和第二层的控制器在每个数据中心内部部署。第三层的网关和流量工程服务则是全局统一部署。可以看出，这三层自底向上，近似可以对应到前述的概念 SD-WAN 体系结构上。目前流量工程服务是第一个 B4 应用，也是唯一一个应用。

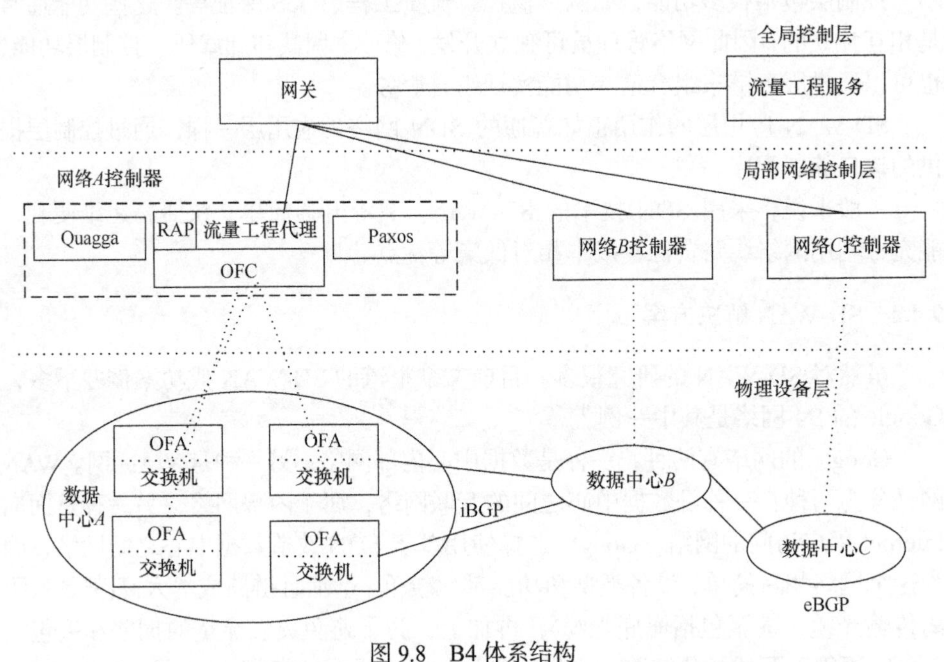

图 9.8　B4 体系结构

第一层的物理交换机是 Google 设计的。交换机支持 OpenFlow 协议，将传统 BGP/IS-IS 消息送到控制器。

第二层的局部网络控制层是最复杂的。每个数据中心都有一个服务器集群。每个服务器上都运行一个控制组件。每个控制组件可以包括 Quagga、Paxos 程序，以及 RAP 和流量工程代理等两个 SDN 应用。一台交换机可以连接到多个控制组件，但只有一个处于工作状态。Paxos 用来选出活跃的控制组件。

B4 采用的 Onix 控制器上运行两个应用，一个叫 RAP，作为 SDN 应用与 Quagga 通信。Quagga 是一个开源的三层路由软件。Google 用到 BGP 和 IS-IS 路由协议，与数据中心内部的路由器运行 iBGP，与其他数据中心骨干网的设备之间运行 eBGP[6]。Onix 控制器收到交换机送来的路由协议消息，以及链路状态变化通知时，通过 RAP 把它送给 Quagga。Quagga 计算路由信息。计算出来的路由会保留在 NIB，同时下发到交换机中。

控制器上的另外一个应用程序叫流量工程代理，与网关通信。每个 OpenFlow 交换机的链路状态(包括带宽信息)通过流量工程代理送给网关。网关汇总后，流量工程服务进行路径计算。

第三层是全局控制层。流量工程服务通过网关从各个数据中心的控制组件中收集链路信息，从而掌握路径信息。流量工程服务是 B4 改造的关键。

对带宽的有效利用是B4流量工程服务的主要目标。流量工程服务通过网关获知整个广域网的拓扑结构。为达到对链路的充分应用，流量工程服务允许利用费用高的传输路径。流量工程服务使用多路径传输机制，这可以动态分配带宽，满足应用要求，也可以适应流量的变化。同时，具有容错能力，可根据由故障导致的拓扑变更，及时调整路径。流量工程服务根据数据流的源数据中心、目的数据中心，以及QoS要求等进行分类，因为同一类业务流量的QoS 优先级都是一样的，所以这就等同于为所有的从一个数据中心发往另外一个数据中心的同类别的数据汇聚成一条流，并采用ECMP组进行传输。B4采用带权的最大最小公平策略为业务流量分配带宽。首先，按照类别权重的比例进行带宽分配，如果业务流量获得超额带宽，则将超额带宽收回。然后，将剩余带宽再按照此法在未满足资源的应用间进行分配。经过若干轮迭代后，或者满足了所有的业务流量，或者带宽资源耗尽，则分配过程结束。该策略可以确保业务流量得到的带宽不超过需求。如果业务流量的带宽需求没有得到满足，则尽可能让更多业务流量得到可用的资源，即按照权重比例来分配，避免带宽饥饿，兼顾公平。对于等权的应用，分配过程也是类似的，最小带宽需求的应用将可能会第一个得到满足的带宽。

经过 B4 网络改造之后，链路的利用率提高到接近 100%，远高于传统的广域网流量工程解决方案。B4 的流量工程之所以能够成功，是 Google 对数据中心间的流量有充分的认识，能够准确分类和确定优先级，并且数据中心间的大规模同步数据可以忍受短时间的故障及带宽的减小。Google 认为 OpenFlow 的能力已得到验证和肯定，包括对整个网络的视图可以看得很清楚，可以提升流量工程，从而更好地进行流量管控、路由规划实现流量可视化。

9.5　SDN 在匿名通信中的应用

个人隐私保护是当今网络安全研究的热点。以往的隐私保护话题针对的主要是如何提高数据本身的机密性，保证用户实体的信息不泄露，但并不能隐藏通信实体的信息。在数据传输的过程中，密码学方法能做到的只是将数据包中的实际内容进行加密，但是攻击者依然可以获取数据包的头部信息和网络中的流量信息来破解源和目的之间的通信关系。这样的问题在实际生活中十分常见。在军事领域，攻击者可以根据通信信息找到指挥中心，从而进行有针对性的打击。在一般民用场景中，攻击者也可以根据通信信息判断一个用户的喜好，或者破坏电子投票的匿名性、电子商务交易的公平性。

针对以上通信隐私问题，Chaum 首次提出匿名通信的概念与意义[8]。他认为匿名通信的主要目的是使外界的任何实体都无法推测出某一用户在何时与何人进行通信。随后，匿名通信逐渐得到国内外研究学者的广泛关注，成为网络安全和隐私保护领域的主要研究方向。

匿名通信主要通过加密与应用层转发等技术获得网络地址的匿名性。但是，随着网络攻击技术的发展和通信效率的要求，这些匿名技术也面临着效率较低的问题。对现今较成熟的匿名通信系统原理进行深入的研究可以发现，高效的即时匿名通信系统将是这个领域的主流方向。现有的匿名通信技术研究的差异主要体现在优化目标上，可分为以下几类。

(1) 低延时匿名通信技术

这类技术的主要思想是通过测算路由节点间的传输延迟，以降低延迟为目标。在对转发的数据包进行探测后，根据数据包获得的节点在匿名路径上的延迟可得路径总延迟，然后根据延迟时间确定选择转发节点，最后构成一条匿名路径，从而完成匿名通信。

(2) 优选高性能节点的匿名通信系统

通过对当前流行的匿名通信系统进行分析发现，系统对匿名通信效率的关注点主要体现在节点性能评估和路由优化技术两个方面。在节点性能评估方面，系统采用基于计算能力的评估方法，即将节点的对多层嵌入数据包的处理能力作为对节点通信性能评估的主要方面。在当前计算机计算能力普遍大幅提升的情况下，这种评估方法的合理性值得质疑。同时，当前广域网络通信的一个客观现实是，在一定的区域内，节点之间的传输速度较高；在区域之间，由于带宽有限且负载高，常常处于传输速率较低的状况，因此有必要对节点性能评估方法进行改进，提出更加符合网络现状的节点性能评估方法。在路由优化技术方面，系统采用较为简洁的路由协议和比较合理的路由重用策略，但仍然具有优化的地方[9]。

(3) 纯隐蔽匿名通信系统

经典的匿名通信技术主要通过密码学技术解决数据包内容的安全问题。相比于密码学技术，信息隐藏技术增加了对关键信息的保护，因此具有更好的保密特性。在进行网络通信的时候，网络通信协议是一种天然的信息隐藏载体。根据协议框架，现有的基于网络通信协议的信息隐藏技术一般是基于网络层、传输层或应用层。其中，网络层和传输层通常采用报头中的特定字段或协议设计时预留的一些扩展位作为隐秘通信的载体。这种隐藏传输方法具有较高的隐秘传输特性，但是协议数据包头部可利用的位数有限，因此这种隐藏方式并不适合通信数据量较大的场合。

如今，人们对通信隐私保护的认识和需求也日渐深入，以往的匿名通信方案凭借自身的特性在各个应用领域内发挥着各自的作用。然而，SDN 作为一种新兴的网络结构，它拥有的集中控制和掌控全局的新特性还没有引起匿名通信研究领域的思考和重视。

SDN 为匿名传输带来了新的思路。根据 SDN 技术独有的处理更灵活的特点，交换机根据流表规则修改数据包头部来隐藏真实的参与者，以达到匿名传输的效果。

匿名通信系统模型如图 9.9 所示。图中 Alice 通过若干交换节点与 Bob 进行通信。

出于匿名通信的目的，Alice 不直接发送消息给 Bob，但是会向控制器发送请求，为 Alice 构建一条匿名路径。在收到 Alice 的请求后，控制器计算到 Bob 的转发路径。路径上的交换机修改数据包的包头信息隐藏 Alice 和 Bob 的身份。

具体来说，如图 9.10 所示，假设以一个二元组<src_IP, dst_IP>代表数据包头部，两个客户端 Alice(IP 地址为 10.0.0.1)和 Bob(IP 地址为 10.0.0.8)通过三台交换机(S1、S2 和 S3)连接。控制器会响应 Alice，将数据包发送到地址为 10.0.0.2 的目的地，即数据包 P1 是<10.0.0.1, 10.0.0.2>。交换机 S1 修改 P1 的头部，并将其转发到下一跳，即数据包 P2 是<10.0.0.3, 10.0.0.4>。类似地，S2 和 S3 分别将数据包包头修改为<10.0.0.5, 10.0.0.6>和<10.0.0.7, 10.0.0.8>。值得注意的是，最后一个交换节点应该将目的地址修改回最初请求的目的地址，以便接收者无须修改协议栈或内核，进而正确处理数据包。

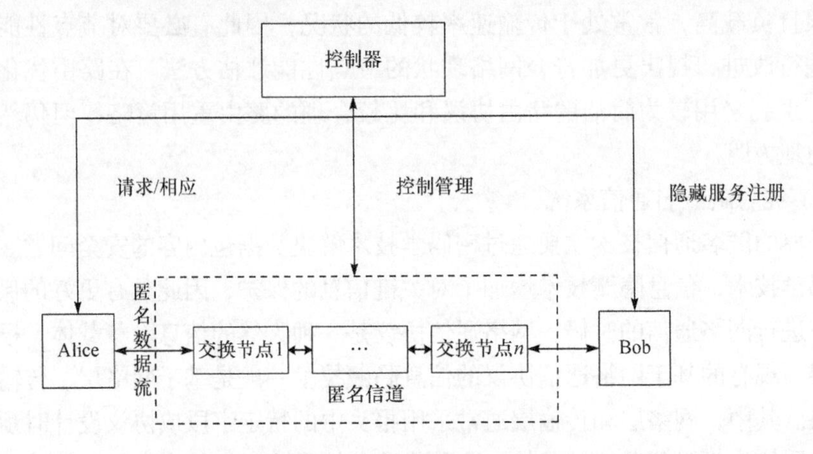

图 9.9　匿名通信系统模型

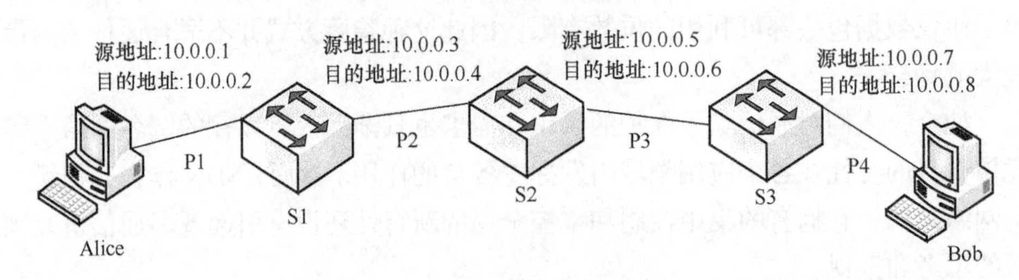

图 9.10　匿名通信工作原理

该匿名方案具体实现步骤如下。

① SDN 初始化。SDN 控制器获得整个网络拓扑和所有主机的地址，包括 IP 地址及 MAC 地址，并保存所有 IP 地址与 MAC 地址的映射表。

② 建立匿名通信通道。响应端向 SDN 控制器注册隐藏服务，并进入监听状态，发起端将响应端的服务名发送给 SDN 控制器，并获得服务的入口地址。发起端如果也注册了隐藏服务，便可以同时实现发起端和响应端双向匿名。

③ 计算路由。控制器根据指定的响应端地址或服务名解析出来的响应端地址通过路由算法计算最优路径，并选定路径上的全部或部分交换机作为变换节点。变换节点将会修改数据包头部中的 IP 地址和 MAC 地址。

④ 向变换节点下发变换规则。变换节点修改数据包地址后生成四元组< src_IP, dst_IP, src_MAC, dst_MAC>唯一标识匿名数据流。

⑤ 下发转发规则。控制器生成路由规则后，将其配置到相应的交换机。此时，转发规则中的 IP 和 MAC 信息是控制器根据隐藏服务确定的非真实的 IP 地址和

MAC 地址。

⑥ 进行匿名通信。在与响应端通信的过程中，发起端向入口地址发送数据或者接收来自入口地址的数据。

⑦ 在匿名通信的过程中，SDN 控制器可变换匿名通道的转发路径和变换节点。

⑧ 关闭匿名通道。发起端(响应端)向 SDN 控制器发送关闭通知，SDN 控制器删除匿名通道的信息。

匿名通信实现过程如图 9.11 所示。其基本思想是 SDN 中需要匿名通信的所有主机会预先在控制器注册隐藏服务映射表。控制器根据获得的网络全局视图，在初始化后计算最优路径。然后，控制器在所经路径交换机中安装处理规则，通过修改包头来隐藏流的真实参与者，完成匿名通信。

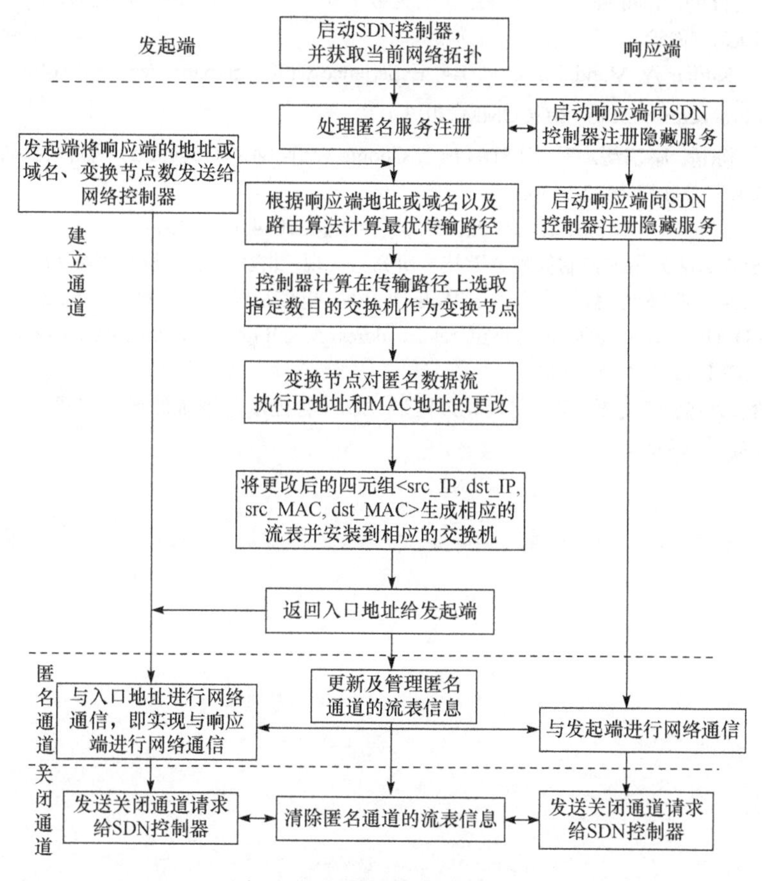

图 9.11　匿名通信实现过程图

9.6 小 结

本章向读者展示了几个典型的 SDN 应用场景。互联网络的流量一直在增长，各种业务对弹性、确定性、服务质量、安全性等都有越来越高的要求。随着 SDN 实践的深入，SDN 的应用场景会越来越多。

参 考 文 献

[1] Liu X, Xue H, Feng X, et al. Design of the multi-level security network switch system which restricts covert channel//IEEE 3rd International Conference on Communication Software and Networks, 2011: 233-237.
[2] 李丹, 刘方明, 郭得科, 等. 软件定义的云数据中心网络基础理论与关键技术. 电信科学, 2014, 30(6): 48-59.
[3] Jain S, Kumar A, Mandal S, et al. B4: Experience with a globally-deployed software defined WAN// Proceedings of the SIGCOMM, 2013:1-12.
[4] 王亚昕, 陈量, 康宗绪, 等. 用 SDN 改造 Google WAN 网络-Google B4 网络项目研究. 通信技术, 2015, 48(12): 1432-1436.
[5] 柯友运. 面向 SDN 的路由算法研究. 中国科技信息, 2014, (22): 131-134.
[6] 李涛. SDWAN 分布式控制代理关键技术研究与实现. 北京: 北京邮电大学, 2018.
[7] 钟翠, 王蕾, 罗兴. 云数据中心的 SDN 解决方案. 电信科学, 2018, 34(7): 15-22.
[8] Chaum D. Untraceable electronic mail, return addresses, and digital pseudonyms. Communications of the ACM, 1981, 4(2): 84-88.
[9] 刘智峰, 尹霞, 王之梁, 等. 层次化跨区域 SDN 验证示范系统的设计与建设. 电信科学, 2018, 34(11): 21-30.

附录 A　SDN 的标准化

A.1　相关标准化组织

SDN 尚未形成完整的标准体系。目前，其相关标准主要围绕网络硬件、NFV 和各种解决方案展开。相关标准化组织，在网络硬件方面，有 Open Compute Project 等；在网络功能虚拟化方面，有 ETSI 等；在解决方案方面，有 ONF 等。

ETSI 是独立的、非营利性的欧洲地区性信息和通信技术标准化组织，创建于 1988 年，总部位于法国的 Sophia Antipolis。它有来自欧洲和其他地区共 55 个国家的 688 名成员，包括通信设备制造商、网络运营商、政府、服务提供商、研究实体，以及用户等 ICT 领域内的重要成员。ETSI 作为欧洲对世界 ICT 标准化工作的贡献者，在制定一系列标准和其他技术文件的过程中发挥了十分重要的作用。互用性测试服务和其他专门服务共同构成 ETSI 的活动。ETSI 的首要目标是通过提供一个所有重要成员都能积极参与到其中的论坛并支持全球的融合。

ONF 是一个非营利组织，于 2011 年由 Deutsche Telekom、Facebook、Google、Microsoft、Verizon、Yahoo 创立。它的使命是致力于推动网络基础设施和运营商业务模式的转型，加速推进 SDN 的部署、推广 SDN 和 OpenFlow 技术及标准，促进产品、服务、应用、客户和用户市场的发展。ONF 提出的 OpenFlow 是目前最主要的 SDN 南向接口协议，并且处在不断发展之中。

A.2　OpenFlow 协议演化

OpenFlow 协议演进图如图 A.1 所示。

OpenFlow v1.0 是 ONF 正式发行的第一个商用版本，其最大的优势是它可以和市场上现有的商业交换机兼容，只需在传统交换机上升级固件就可以支持这个版本。这就极大地方便了 OpenFlow 的推广。OpenFlow v1.0 相比以前的版本，主要有如下变化。

① 引入切片。交换机将端口的带宽根据一定规则分成很多小片(切片)，然后给每个队列分配一个切片。切片技术使 OpenFlow v1.0 支持单个出端口上有多个

队列。这些队列保证可以提供最小带宽，并且可以根据实际需要，通过 OpenFlow 消息指定交换机分配给每个队列的带宽。

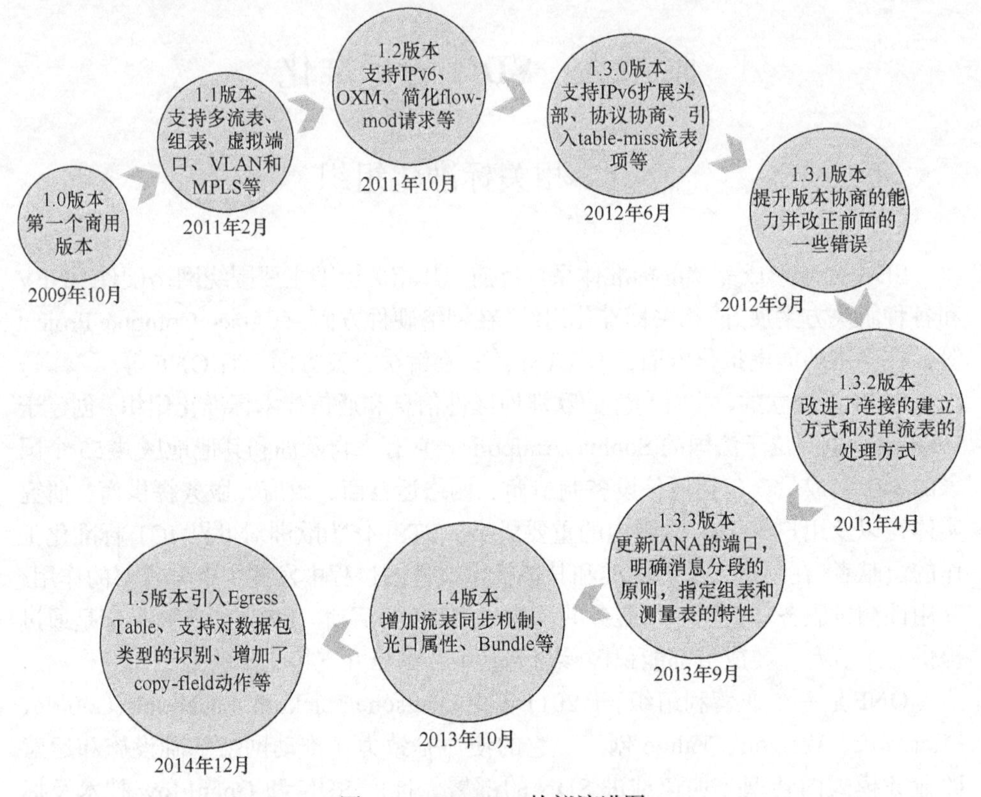

图 A.1　OpenFlow 协议演进图

② 用户可指定数据通道(交换机)的描述信息。OFPST_DESC reply 消息包含数据通道的描述字段。这个字段可由用户指定，使交换机返回一个字符串。这个字符串用来对交换机描述。

③ 增加对 ARP 数据包中的 IP 字段的匹配(包括发送者的 IP 地址和请求解析的目标 IP 地址)。

④ 增加对 IP 数据包中 ToS/DSCP 字段的匹配。

⑤ 增加对端口统计信息查询的支持。对端口统计信息进行查询的消息中包含 port_no 字段。通过这个字段指定端口号可以查询特定端口的统计信息。此外，也可以指定端口号 OFPP_NONE 查询所有端口的统计信息。

OpenFlow v1.1 开始增加了对多级流表的支持。流表的匹配过程分成若干个步骤完成，类似于工厂的流水线作业。这样可以有效避免单级流表表项过多的问题，减少需要检索的表项数目，提高交换机的处理速度和效率。此外，OpenFlow v1.1

还引入组表，并支持 VLAN 和 MPLS。但从 OpenFlow v1.1 开始，其协议不再向下兼容。

① 引入多级流表。早先版本的 OpenFlow 协议只支持单级流表。OpenFlow v1.1 引入多级流表。相较于单级流表，多流表具有许多优势：许多硬件在内部都具有多个流表(如 L2 流表、L3 流表)，可以提高工作效率和灵活性；许多网络部署策略都会用到数据包的正交处理(如 ACL、QoS 和路由)。如果让这些处理流程集中在单个流表会导致各个规则的交叉并产生巨大的规则集，而多流表可以对这些处理规则进行解耦合。由于新的 OpenFlow 流水线有多个流表，它和更早版本的 OpenFlow 有很大的差别。新的 OpenFlow 流水线提供了一组完全通用的流表，支持所有的匹配字段。数据包通过流水线进行处理。它们在第一张流表中进行匹配和处理，并可能在后续流表中继续匹配和处理。当通过流水线时，一个数据包将一个动作集、一系列即将应用的动作和元数据绑定在一起。这个动作集会在流水线处理流程结束后执行。元数据可以在每张流表中进行匹配和写入，并在两张流表间进行传递。OpenFlow 引入了一种称为指令的协议对象控制流水线处理。早先版本的动作被封装在指令中。指令可以在两个流表之间执行这些动作，也可以将它们保存在动作集中，在流水线处理的最后阶段执行。此外，指令还可以更改元数据或者将数据包定向到其他流表。

假设我们要分别匹配源 IP 地址为“192.168.1.1”、“192.168.1.2”，目的 IP 地址为“192.168.2.1”、“192.168.2.2”的数据包。由于正交处理，单流表的结构中会产生如下流表信息(表 A.1)。

表 A.1　单流表信息

编号	源 IP	目的 IP
1	192.168.1.1	192.168.2.1
2	192.168.1.1	192.168.2.2
3	192.168.1.2	192.168.2.1
4	192.168.1.2	192.168.2.2

采用多级流表后，将源 IP 和目的 IP 分别作为不同的两级流表有如下流表信息(表 A.2)。

表 A.2　多级流表信息

编号	源 IP	目的 IP
1	192.168.1.1	192.168.2.1
2	192.168.1.2	192.168.2.2

可以看到，采用多级流表前，匹配项需要占用 8 个存储空间，而采用多级流表后，只需占用 4 个。流表中流表项较多时，多级流表带来的性能优势更为巨大。

② 引入组表。引入组这个概念使 OpenFlow 可以将多个端口表示为单个实体进行数据包转发，并且 OpenFlow 提供不同的组类型表征不同的抽象，如组播和多路冗余。每个组都有一组动作桶，每个动作桶又包含一系列动作。这些动作将在数据包转发到端口之前被执行。动作桶也可以定向到其他组并允许将多个组链接在一起。目前，主要有四种组表类型。OFGroupType.ALL 复制数据包，给每一个动作桶提供一个数据包的副本，并将动作桶里的动作应用于该副本。OFGroupType.SELECT 由交换机选择一个动作桶应用当前数据包，通常采取轮询决定选用的动作桶，也可以给动作桶分配权重。这样，交换机在轮询时就有机会选权重更大的动作桶。一般而言，这种类型的组表常用于负载均衡等应用场景之下。OFGroupType.INDIRECT 只有一个动作桶，并将所有的动作作用于数据包。当有多个数据流应用同样的动作时，我们不必为每个流表项单独制定动作集，可以将数据流导入采用这种类型的组表，实现更高效的数据包转发。OFGroupType.FF 有多个动作桶，但是通常情况下只使用其中一个。当动作桶指定的链路出现中断等意外情况时，它会自动切换到其他动作桶。我们可以使用这种类型的组表实现链路故障恢复和链路冗余等。

③ 增加 MPLS 和 VLAN 的支持。早先版本的 OpenFlow 协议对 VLAN 的支持度不高，仅支持单级 VLAN 标签，可以使用 Set VLAN ID、Set VLAN Priority 和 Strip VLAN header 对 VLAN 标签进行操作，但是不允许设置多个 VLAN 标签。新的标签支持使用特定的动作(Push VLAN header、Pop VLAN header、Set VLAN ID 和 Set VLAN Priority)对 VLAN 标签进行增加、删除和修改。OpenFlow v1.1 由于引入 Pop 和 Push 指令，增加了多级 VLAN 标签的支持。对于 MPLS 而言，OpenFlow v1.1 也有类似的支持。

④ 增加虚拟端口。在早先版本的 OpenFlow 协议中，OpenFlow 交换机端口都是物理端口。这个版本的协议增加了对虚拟端口的支持，使用 32 位表示端口号，支持大量的端口。早先版本的 OpenFlow 只支持物理端口，用 16 位来表示端口号；现在的交换机可以使用虚拟端口作为 OpenFlow 端口。

⑤ 控制器连接中断的处理。早先版本的 OpenFlow 协议把紧急流缓存作为一种处理交换机和控制器的连接中断的处理方式。由于实现过于复杂和其他的一些问题，OpenFlow v1.1 移除了该机制。这个版本的协议增加了两种简单的模式处理交换机和控制器之间的连接中断。在安全模式中，交换机以 OpenFlow 模式动作，直至重连到控制器。在孤立模式，交换机像以太网交换机一样进行工作。在安全模式下，交换机以 OpenFlow 的模式工作，匹配流表进行数据转发。唯一的区别

是，发往控制器的数据包被丢弃。在孤立模式下，交换机此时像传统以太网交换机或者路由器一样进行工作。但是，只有混合交换机才支持孤立模式。

OpenFlow v1.2 在 1.1 版本基础上对流表下发进行了改进。下发规则的匹配字段不再通过固定长度的结构表示，而是引入一种 TLV 结构体。其中，TLV 是一种常见的用于通信的结构体格式，T 表示 tag，L 表示 length，V 表示 value。OpenFlow v1.2 称为 OXM(OpenFlow extensible macth)。改进后，用户可以按照自身需要下发自己的匹配字段。与 1.1 版本相比，OpenFlow v1.2 还增加了对多控制器和 IPv6 的支持，一台交换机可以和多个控制器连接，提高连接的可靠性和网络的稳定性。其主要变化如下。

① OXM。早先版本的 OpenFlow 协议使用静态固定长度的结构指定匹配字段。这种结构阻碍了匹配的灵活性和新匹配字段的扩展。现在的 OpenFlow 采用 OXM 增加其灵活性。OpenFlow v1.2 对匹配字段进行了重新设计。在之前的静态结构中，部分字段采用重载。例如，tcp.src_port、udp.src_port 和 icmp.code 都使用相同的字段项 tp_src。OpenFlow v1.2 中每个逻辑字段都有它自己的类型。

② IPv6。OpenFlow v1.2 增加了对 IPv6 匹配和头部字段更改的基础支持，但不包含对 IPv6 扩展头部的支持。具体增加了对 IPv6 源地址、目的地址、协议号、传输类型、ICMPv6 类型、ICMPv6 代码和 IPv6 邻节点发现头部字段匹配的支持；增加了对 IPv6 流标签匹配的支持。

③ 简化了 flow-mod 请求。MODIFY 和 MODIFY_STRICT 命令不会在流表中插入新的流表项；新增 OFPFF_RESET_COUNTS 字段，对计数器的重置进行控制。

④ 删除了数据包解析规范。OpenFlow 协议不再对解析数据包的方式进行限制。

⑤ 控制器角色更改机制。控制器角色更改机制是一种用于支持多控制器的简单机制。这个机制由控制器驱动，交换机记住每个控制器的角色，帮助控制器进行选举。总之，交换机可以连接到多个控制器；每个控制器的角色可以在 equal、master 和 slave 之间更改。当控制器角色为 equal 时，该控制器和其他控制器都是同样的角色。这时，控制器可以收到交换机发出的所有异步消息(如 Packet_In 消息)，而控制器也可以发送指令到交换机，更改交换机状态；当一个控制器角色为 master 时，交换机将连接的其他控制器角色更改为 slave，确保所连的控制器只有一台 master。角色为 master 的控制器可以和交换机交互，读取和更改交换机状态。角色为 slave 的控制器只能读取交换机信息，不能下发命令对其状态进行更改。

OpenFlow v1.3 是 ONF 发行的稳定版本。OpenFlow v1.3 在之前版本的基础上增加了测量表，用于控制数据包的转发速率。OpenFlow v1.3 还允许交换机和控制器根据条件协商其支持的 OpenFlow 协议版本。除此之外，OpenFlow v1.3 还增加了对 table-miss 表项和 IPv6 扩展头处理的支持。其主要变化如下。

① 对能力协商机制进行重构。早先版本的 OpenFlow 协议不能灵活地描述交换机能力。OpenFlow v1.3 采用更灵活的方法对其进行描述。

② 支持 table-miss。table-miss 指不能匹配到流表中任一表项的现象。OpenFlow v1.3 用专门的 table-miss 流表项处理这种情况。table-miss 流表项使用标准的 OpenFlow 指令和动作处理 table-miss 数据包。

③ IPv6 扩展头部的支持。在 IPv6 中，那些由 IPv4 选项提供的特殊功能，通过在 IPv6 头部之后增加扩展头部实现。路由、时间戳、分片和超大数据包等功能都在 IPv6 扩展头部实现，因此没有为这些特殊功能在 IPv6 的基本头部分配相应的字段。之前版本的 OpenFlow 不支持对这部分扩展头部处理的支持，OpenFlow v1.3 增加了这部分功能。

④ 测量表。测量表由若干测量表项组成。每一个测量表项表征一个测量器。通过测量器，我们可以实现简单的 QoS 操作。OpenFlow v1.3 增加了对测量器的支持。每个流表项都可以关联测量器，测量和控制数据包的转发速率。

⑤ 事件过滤。早先版本的 OpenFlow 协议基于容错性和负载均衡的考虑，赋予交换机连接到控制器的能力。OpenFlow v1.3 提出一组新的消息对事件过滤进行配置，控制器可以根据自身需要，对交换机发送的事件消息进行过滤，从而提高多控制器的工作效率。

⑥ 辅连接。在早先版本的 OpenFlow 协议中，交换机和控制器之间通过单一的 TCP 进行连接。这导致其处理事务时不能并发工作。OpenFlow v1.3 支持在交换机和控制器之间建立辅连接来增强主连接。尤其是在传输 Paket_In 和 Packet_Out 消息时，辅连接的作用更为明显。

OpenFlow v1.4 在 v1.3 的基础上增加了流表同步机制和 Bundle 消息。通过流表同步机制，多个流表可以共享相同的匹配字段，但可以为其定义不同的动作。通过 Bundle 消息，可以确保控制器下发一组完整消息或向多台交换机同时发消息的状态一致性。除此之外，还增加了光口属性描述、多控制器相关的流表监控等特征。其主要变化如下。

① 引入更多字段值描述 Packet_In 消息产生的原因。从 OpenFlow v1.0 开始，OpenFlow 流水线产生了很大的变化，然而 Packet_In 消息中的 reason 值一直没有改变。OpenFlow v1.4 引入了更多的 reason 值帮助控制器准确识别出是流水线的哪个部分将数据包重定向到控制器。其中，最主要的变化是 output action 的 reason 值，被细分成 apply_action、action_set、group bucket 和 packet_out。其中，apply_action 表示执行动作时将数据包输出到控制器；action_set 表示在动作集中将数据包输出到控制器；group bucket 表示在组表动作桶中将数据包输出到控制器；packet_out

表示在 Packet_Out 消息中将数据包输出到控制器。

② 光口属性。OpenFlow v1.4 新增了一组属性用于描述交换机的光口，包括最小上传频率/波长、最大上传频率/波长、最小接收频率/波长、最大接收频率/波长等。我们可以使用这些新的属性进行配置，监测以太网电路交换机的光口。

③ 流表监测。在 OpenFlow 中，多个控制器可以共同管理一个交换机。流表监测使一个控制器可以实时监测到由其他控制器产生的流表改变。一个控制器可以产生多个监测器，每个监测器分别选择一个流表子集进行监测。当一个被监测的流表子集中有流表项的增加、删除和修改时，交换机将产生一个事件通知控制器。

④ 事务处理(Bundles)。该机制可以将一组 OpenFlow 消息作为一个单一的操作，实现相关操作的原子性，保证多台交换机的同步变化。

与之前版本相比，OpenFlow v1.5 引进了 Egress Tables，可以在出端口的上下文中处理数据包。除此之外，还增强了对数据包类型的识别能力，交换机可以处理除以太帧之外的其他类型数据包。其主要变化如下。

① egress tables。在早先版本的协议中，只能在入端口的上下文进行数据包的处理。OpenFlow v1.5 引入了出端口流表，使交换机可以在出端口的上下文中处理数据包。当一个数据包输出到一个端口时，将从第一张 egress table 开始处理，其流表项可以定义处理的方式并可将数据包重定向到其他 egress table 中。此外，OpenFlow v1.5 引入了一个新的 OXM 字段，即 OXM_OF_ACTSET_OUTPUT，egress table 的流表项可以通过它匹配出端口。

② 数据包类型识别。早先版本的协议只支持以太网数据包。OpenFlow v1.5 增加了对数据包类型的识别，使交换机可以处理 HDLC、PPP 等其他类型的数据包。

③ 增强流表项统计功能的可扩展性。早先版本的协议使用固定结构进行流表项统计。OpenFlow v1.5 引入了 OXM，可以灵活地进行流表项统计。

④ 增加流表项统计触发器。对流表项统计信息进行轮询会对交换机产生巨大的开销。OpenFlow v1.5 提出一种基于统计阈值的统计触发机制，可以使统计信息自发地发送给控制器。

⑤ 新增 Copy-Field 动作。已有的 Set-Field 动作可以给头部字段和流水线字段设置一个静态值。新的 Copy-Field 动作可以将一个头部或管道字段的值复制到另一个头部或流水线字段中。

A.3　各组织标准之间的关系

ONF 与 IETF 标准之间的关系如图 A.2 所示。

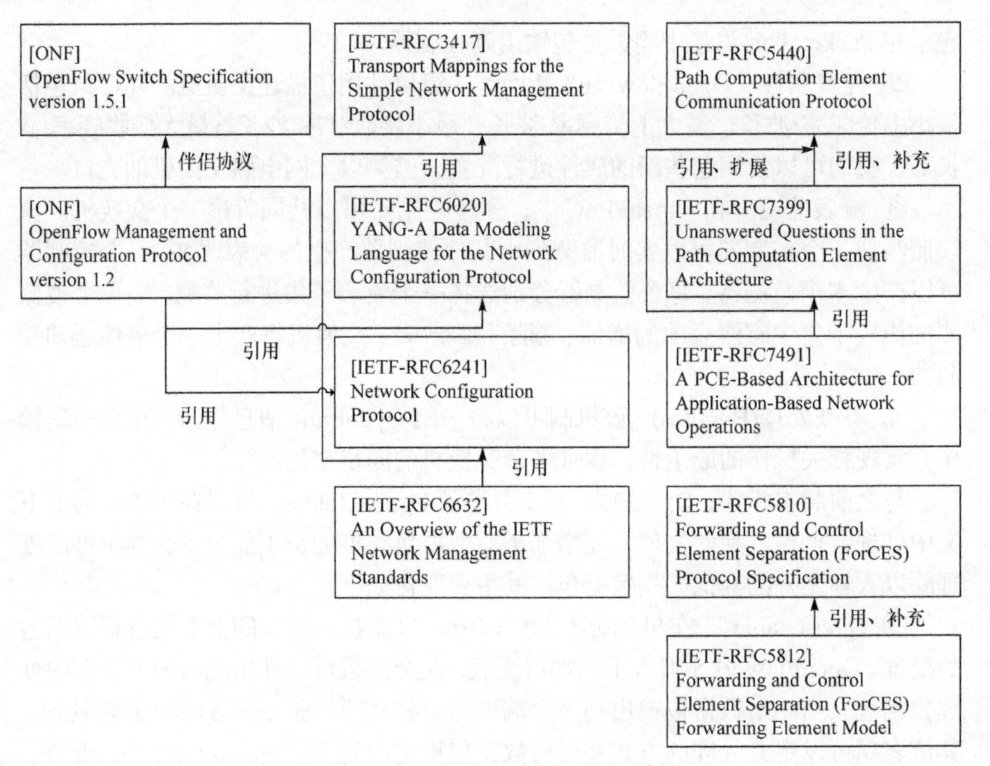

图 A.2　ONF 与 IETF 标准之间的关系

附录 B　开发实例详细设计

本附录为第 8 章开发应用实例的详细设计。

B.1　符合性检查系统的详细设计和实现

本节对基于路由策略和传输协议的符合性检查系统的详细设计和实现进行讨论，包括符合性规则管理模块、数据包解析模块、符合性规则匹配模块、路由计算及流表项下发模块、流表项删除模块。

B.1.1　符合性规则管理模块的详细设计和实现

(1) 符合性规则的定义

在详细设计符合性规则(简称规则)管理模块之前，需要先明确规则的定义。规则是网络层信息、传输层信息、有效起止时间、控制动作等的信息集合。规则的逻辑结构和字段含义如表 B.1 所示。规则由很多字段构成。这些字段大都对应网络数据包的某个属性，例如字段 s_ip 对应数据包的源主机 IP 地址，字段 d_port 对应数据包的目的端口等。

表 B.1　规则的逻辑结构和字段含义

结构	r_id	priority	s_ip_w	s_ip	d_ip_w	d_ip	tcp_udp	port	action	s_time	e_time
含义	规则 ID	优先级	源 IP 前缀	源 IP	目的 IP 前缀	目的 IP	传输层协议类型	端口号	动作 permit、deny	规则有效起始时间	规则有效终止时间

需要说明的是，字段 s_ip_w 和字段 s_ip 配合起来能表示一个网络地址或者一个具体的主机地址。规则的这种字段组合机制是规则通配的数据基础。

这里的规则通配等同一般意义上的通配概念，例如规则语义中指定网络层源端是一个子网，那么该规则就能匹配上属于该子网的所有具体主机 IP。目前原型系统的规则通配只有四处，分别是网络层源端通配、网络层目的端通配、传输协议类型通配、传输端口通配。

网络层源端通配由字段 s_ip_w 和 s_ip 组合实现，可以表示一个源网络地址或者一个具体的源主机地址值。当字段 s_ip_w 的值为 0 时，字段 s_ip 表示一个具体的 IP 地址；当字段 s_ip_w 的值是 1~31 之间的整数时。例如，24 表示字段 s_ip 是一个网络号，网络号前缀为前 24 位，此时根据网络号和网络前缀，规则就能够判断数据报文中的具体 IP 是否属于某个子网，从而实现基于网络域的符合性检查粒度。

网络层目的端通配由字段 d_ip_w 和 d_ip 组合实现，能表示一个目的网络地址或者目的主机地址值。组合机制完全等同于网络层源端通配。

传输层协议类型通配由字段 tcp_udp 独立实现。该字段有三个可选值，即 0、1、2。值为 0 时，该字段具有通配功能，通配值为 1、2。值为 1、2 时，规则匹配协议类型是 TCP、UDP。

传输层端口通配由字段 port 独立实现。该字段值为 0 时，具有通配功能，通配端口范围是所有该字段不为 0 的情况，或者说此时该规则不再对端口做符合性检查。该字段不为 0 时，表示规则只能匹配端口属性值为该字段值的数据包。

(2) 规则的增加、删除、查询功能实现

该功能相对简单，包括规则的增加、规则的查询、规则的删除。系统后台使用 JDBC 相关技术访问数据库，并使用 MySQL 实现规则在数据底层的存储和管理。

(3) 规则数据表

在数据库中，规则表定义的字段及数据类型如表 B.2 所示。为了支持历史规则功能扩展，还需要为过期规则建立一张历史规则表。历史规则表的字段定义在规则表的基础上增加了删除时间和删除原因字段。

表 B.2　规则表定义的字段及数据类型

字段名称	数据类型	备注
r_id	Int	规则 ID，主键
r_priority	Int	规则的优先级
ip_src_w	Tinyint	源主机 IP 掩码长度，用于支持源主机 IP 通配
ip_src	Varchar(16)	源主机 IP
ip_dst_w	Tinyint	目的主机 IP 掩码长度，用于支持目的主机 IP 通配
ip_dst	Varchar(16)	目的主机 IP
t_u	Int	非负，传输协议类型
port	Int	非负，传输层端口
action	Tinyint(1)	0 表示允许，1 表示阻断
s_time	Timestamp	规则有效期开始时间
e_time	Timestamp	规则有效期截止时间

规则管理的操作接口实现:规则管理的操作界面属于系统前台,使用 JSP(Java server pages)、AJAX(asynchronous JavaScript and XML)等技术为用户提供一个 Web 操作接口。

为了实现规则删除的联动机制，即在主动删除控制层的规则时，还要完成底层交换机中对应的全部流表项的删除。因此，在 JSP 页面中引入 AJAX，利用其跨域访问的特性来调用 Floodlight 向外抛出的 Rest API,最终由流表项删除模块完成删除流表项的功能。主动删除规则的流程如图 B.1 所示。

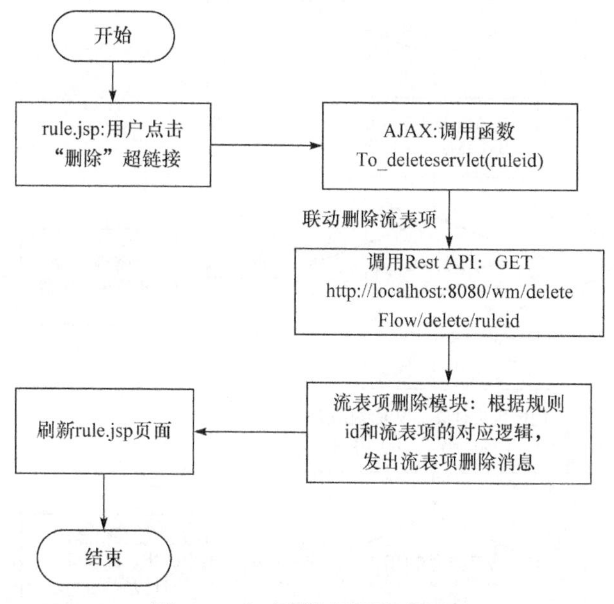

图 B.1　主动删除规则的流程图

B.1.2　数据包解析模块的详细设计与实现

数据包解析模块的目标明确，就是按照 TCP/IP 规范，对网络数据包进行层层包头解析，提取信息。

(1) Packet_In 消息和 OpenFlow 消息监听器接口

Packet_In 消息是 OpenFlow 协议中定义的一种异步消息。OpenFlow 交换机在接收到一个数据包且匹配流表项失败时，把该数据包封装在一个 Packet_In 消息中，并向控制器发送该 Packet_In 消息。

Floodlight 的核心模块收到 Packet_In 消息后，把它依次发送给实现接口 IOFMessageListener 的模块。数据包解析模块首先需要实现 IFloodlightModule 接口,以获得被 Floodlight 核心模块加载的资格。其次,需要实现 IOFMessageListener

接口，以获得监听 OpenFlow 消息的能力，并在 receive( )函数中实现对 Packet_In 的处理。在 receive( )函数中，数据包解析逻辑流程如图 B.2 所示。

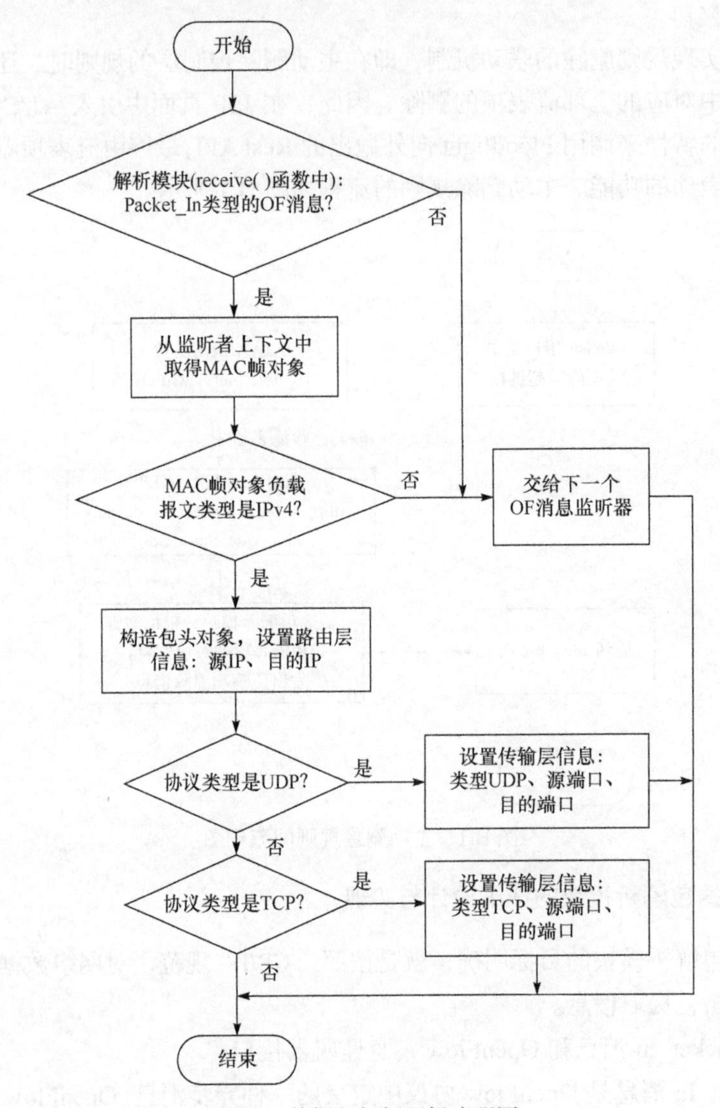

图 B.2　数据包解析逻辑流程图

此外，数据包解析模块必须在转发模块 Forwarding 之前处理 Packet_In 消息，防止数据包被转发模块的默认处理先行转发出去。模块在 OpenFlow 消息监听链中的次序由 IListener 接口声明的两个函数确定。其函数原型如下。

```
public boolean  isCallbackOrderingPrereq(T type, String name);
//确定前驱监听器，即当前监听器必须在与 name 同名的监听器之后
//处理类型为 type 的 OpenFlow 消息
public boolean isCallbackOrderingPostreq(T type, String name);
//确定后驱监听器，即当前监听器必须在与 name 同名的监听器之前
//处理类型为 type 的 OpenFlow 消息
```

为了使数据包解析模块作用在转发模块 Forwarding 之前，需要在数据包解析模块的 isCallbackOrderingPostreq( )函数中返回 name 参数与 forwarding 字符串是否相等的逻辑值。

(2) 包头数据类型的定义

针对数据包头部提取关键信息，定义包头数据类型 PacketHeader，进行规则的匹配处理。PacketHeader 类型中主要包含网络层信息和传输层信息。主要字段具体如下。

```
//网络层三元组-目前现针对 IPv4
private IpProtocol ipProtocol;  //整数类型
private IPv4Address sourceIPAddress;  //源主机 IP
private IPv4Address destinationIPAddress;  //目的主机 IP
//传输层三元组-目前针对 TCP、UDP
private int isTCPorUDP;  //0 代表初始化状态，1 代表 TCP，2 代表 UDP
private int sourcePort;  //源端口
private int destinationPort;  //目的端口
```

B.1.3 规则匹配模块的详细设计与实现

判断数据包属于哪一条规则的最简单的解决思路是用包头关键信息查询规则数据库，然而基于以下两点可知这种思路行不通。第一，数据包头部的关键信息表征一条具体的网络流，而规则是描述网络流的逻辑集合，数据库管理软件的查询不可能提供这种查询功能。第二，规则之间所属的网络流范围是有交叉的，在判断网络流归属的时候，必须根据规则的优先级来精确匹配。显然，数据库软件也不可能支持用户自定义的优先级机制。

下面从相关规则和规则优先级的角度实现数据包与规则的精确匹配。

(1) 相关规则和规则优先级

既然不能将网络流的数据直接用作数据库的查询信息，那么查询出与该网络

数据流相关的规则就十分有必要了。相关规则是指所有可能匹配该数据流的规则的集合。网络层信息包含在每条数据流中，所以是表征相关规则的最佳着手点。原型系统使用源主机 IP 和目的主机 IP，以“或”的关系查找规则数据表，以返回的规则集合作为相关规则。

规则优先级的计算过程如图 B.3 所示。规则优先级的计算思想很简单：具体字段值(相对于字段值为通配的情况)越多，规则的优先级就越高。例如，规则 R1 的两个网络层地址都是主机类型，规则 R2 的两个网络地址则为一个主机类型和一个网络类型。在其他字段信息等同的情况下，规则 R1 的优先级高于规则 R2 的优先级。在此基础上，各字段值的通配情况并不是平等的累加关系，而是二进制中的位序关系，即网络层通配情况占最高位，传输层的协议类型的通配情况次之，

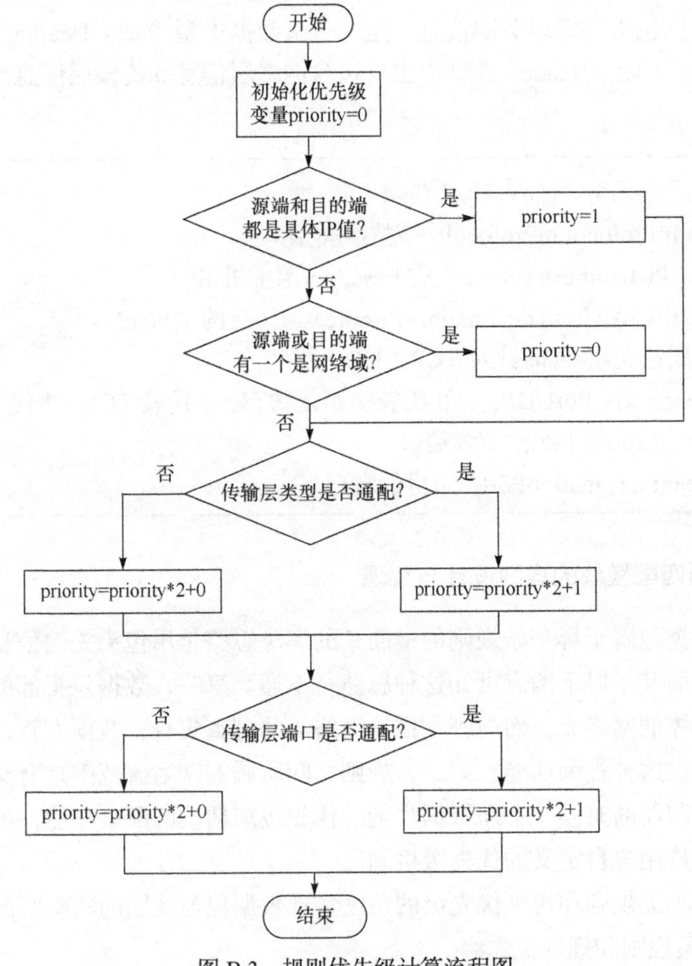

图 B.3　规则优先级计算流程图

端口值的通配情况又次之。用这三层字段的通配情况组成的二进制数表示该规则的优先级。例如，规则：源主机 IP 为 192.168.4.1，目的主机 IP 为一个网络号为 192.168.6.0/24；传输层协议类型为 TCP，端口值为具体值 8000。它的网络层支持一个网络号，属于通配，所以优先级的最高位为 0；传输层协议类型值为 TCP，属于具体值，优先级的次高位为 1；端口值为具体值，优先级的最低位为 1；最终该规则的优先级为二进制 011。

根据规则优先级的计算方法可以看出，相同级别的规则之间涵盖的网络流是不相交的，不同级别的规则之间涵盖的网络流才可能相交。规则在语义层面也能体现这一点。例如，规则 R3 语义允许主机 H1 与网络域 N1 通信，规则 R4 语义允许主机 H1 与网络域 N2 通信。此时，规则 R3 与规则 R4 明显属于同一个控制层次，因为按照最长匹配原则，不存在一台主机 IP 既属于网络域 N1，又属于网络域 N2。同时，规则 R3 和规则 R4 的优先级经过计算也有相同的值。不同级别规则之间涵盖的网络流范围可能相交，此时规则的优先级越高，说明规则的控制范围越具体；规则的优先级越低，说明规则的控制范围越宽泛。例如，规则 R5 语义允许主机 H1 与网络域 N1 通信，规则 R6 语义允许主机 H1 与网络域 N1 中的某台主机 H2 通信，此时规则 R6 涵盖的网络流要比规则 R5 涵盖的网络流更具体精确，对应的规则 R6 也要比 R5 优先级高。

(2) 规则匹配流程

在包头解析模块提取包头关键信息后，规则匹配模块就针对该数据包表征的网络流进行符合性检查。符合性检查的第一步是根据数据包的网络层信息进行数据库查询操作，查询与源主机 IP 值匹配或与目的主机 IP 值匹配的所有规则，便是该网络流的相关规则。第二步是对相关规则进行从高到低的排序，排序依据是上节的规则优先级。第三步是对相关规则逐条匹配，匹配过程如图 B.4 所示。对于每一条相关规则，需要核查网络层信息、协议类型、端口值、有效起止时间。四层信息必须依次比对成功，否则回到循环开端，挑选下一条相关规则进行匹配。如果某条相关规则成功完成匹配，则跳出匹配循环，并按照该匹配规则的动作域进行处理，若允许，则调用 Forwarding 模块进行路由计算和流表项下发处理；否则，调用 DropAction 子模块下发“丢弃”流表项，进行拦截通信处理。

B.1.4　路由计算及流表项下发模块的详细设计和实现

网络流的第一个数据包通过规则匹配后，路由计算及流表项下发模块为该数据包按照其源主机 IP 和目的主机 IP 建立一条网络通路，因此两台主机可以建立

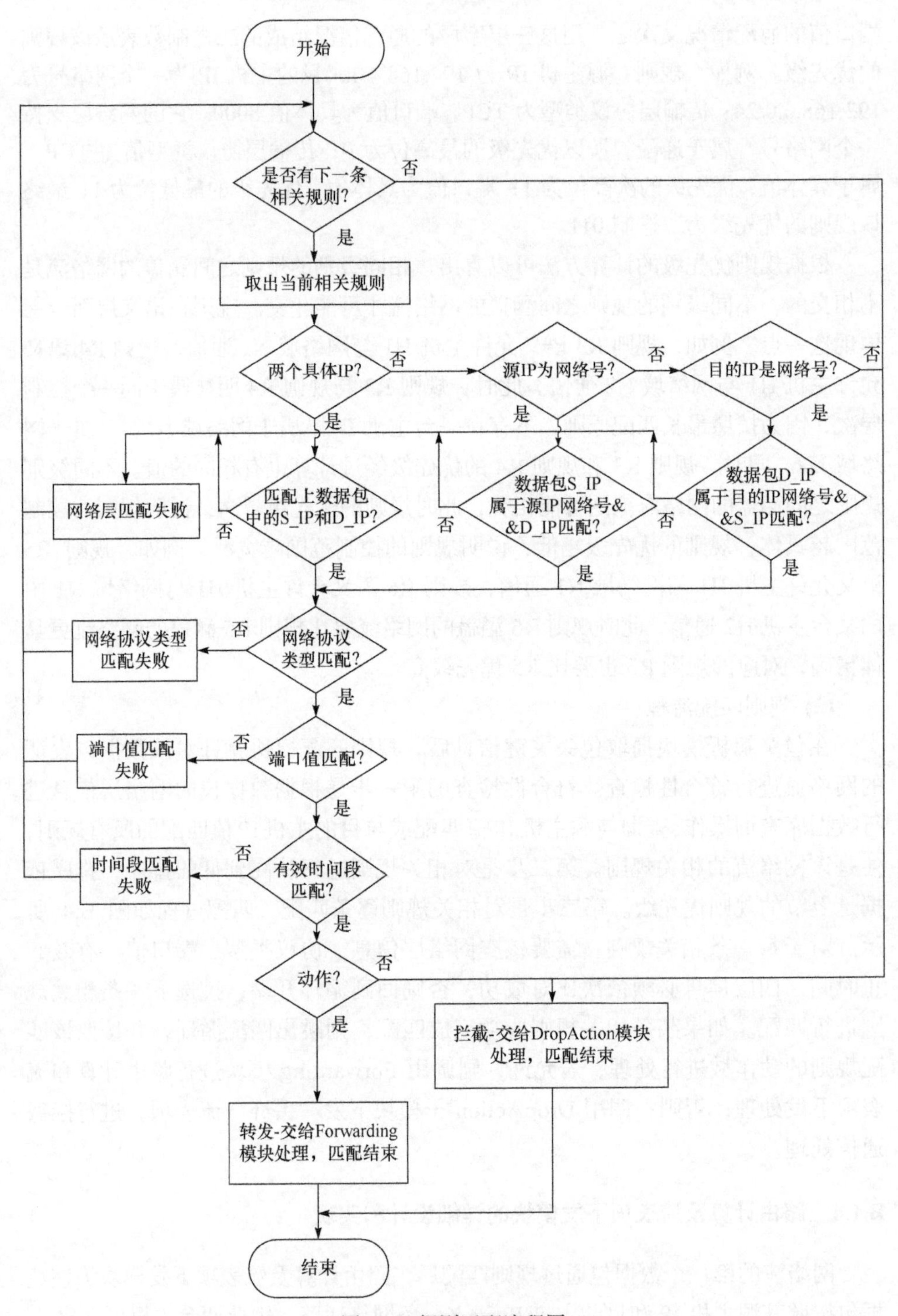

开始
是否有下一条相关规则?
否
是
取出当前相关规则
两个具体IP?
否
源IP为网络号?
否
目的IP是网络号?
否
是
是
是
网络层匹配失败
匹配上数据包中的S_IP和D_IP?
否
数据包S_IP属于源IP网络号&&D_IP匹配?
否
数据包D_IP属于目的IP网络号&&S_IP匹配?
否
是
是
是
网络协议类型匹配失败
否
网络协议类型匹配?
是
端口值匹配失败
否
端口值匹配?
是
时间段匹配失败
否
有效时间段匹配?
是
动作?
否
是
拦截-交给DropAction模块处理，匹配结束
转发-交给Forwarding模块处理，匹配结束
结束

图 B.4 规则匹配流程图

路径并进行通信。

数据包匹配某条规则后，该规则动作域的内容又分为允许通信和阻断通信。阻断通信的情况相对简单，只需向与主机直连的那台交换机下发一条“drop”流表项。允许通信的情况对应路由计算和流表项下发的处理。

(1) 路由计算

路由计算功能的输入是两台交换机端口，每个端口直连一台参与通信的主机。路由计算功能的输出是一条由数个“交换机-端口”线性表示的网络路径。控制器 Floodlight 的拓扑管理模块 TopologyManager 具有相似的路由计算功能，并开放调用接口，实际开发中也提倡优先选用平台提供的开放功能。

控制器 Floodlight 采用 Dijkstra 算法计算最短路径。基于链路发现稳定后的拓扑实例，通过最短路径算法构造 N 棵生成树，其中 N 由 OpenFlow 交换机的个数决定。当计算源端交换机 Src_switch 到目的端交换机 Dst_switch 的网络通路时，网络拓扑实例就在以交换机 Dst_switch 为根节点的生成树中，返回从叶子节点交换机 Src_switch 到根节点 Dst_switch 的那条路径。

(2) 流表项下发前的数据准备

路由计算功能输出的网络路径是由交换机-端口组成的线性表。流表项下发操作就是针对路径上的交换机，依次构造流表项并将其下发给交换机。

为了实现主动删除规则时，从控制层到转发层的联动删除机制，需要在流表项下发时保存规则到流表项的完整对应关系。在逻辑上，一条规则对应多条网络流；一条网络流对应多台交换机上的多个流表项。在实现时，规则用其 id 值标识，流表项用匹配域标识，但是需要指明流表项所属的交换机，因为流表项的意义是针对具体交换机而言的。交换机-匹配域二元组可以标识一台交换机上的一条流表项。映射工具可以保存规则与流表项的对应关系，其中规则 id 为键(key)，交换机-匹配域二元组的集合为值(value)。

(3) 流表项下发流程

流表项下发子模块根据计算出的网络路径，向路径上的交换机下发流表项，作用于匹配申请路由计算的数据包并转发它，为数据包表征的网络流建立一条网络通路。流表项下发工作的具体流程如下。

① 从模块上下文中取出被匹配的规则变量 matchedRule。

② 从路由变量 route 取出路径 switchPortList，它是连接源端主机到目的端主机的端口列表，包括交换机 ID 和端口编号信息。这从其类型名 NodePortTuple 中也可以看出。

③ 反向遍历路径 switchPortList，从端口列表进入循环。

④ 从当前端口取交换机 ID，调用交换机服务，获得交换机变量 sw。

⑤ 声明流表项修改消息 ofAddMessage，指明消息类型为 ADD。

⑥ 设置流表项的转发端口为当前端口 Port，设置流表项的进入端口为当前端口的前驱端口。取索引较大的端口为转发端口，索引较小端口为进入端口。反向遍历端口列表先对靠近目的端主机的交换机下发流表项，再对靠近源端主机的交换机下发流表项。

⑦ 构造匹配域 match，设置流表项。匹配域 match 是为了匹配该网络流，匹配域的值需要和数据包头部信息保持一致。

⑧ 设置流表项的 HardTimeout=规则的有效截止时间−当前时间。IdleTimeout=0，表示该流表项不会因为空闲而被交换机清除。

⑨ 设置流表项的 cookie 为匹配规则 matchedRule 的 ID 值，并设置 SEND_FLOW_REM 标志，表示流表项被删除后交换机要向控制器发送流表项删除消息。消息中包含流表项的简要数据和 cookie。这一步将用于实现从转发层到控制层的规则删除联动机制。

⑩ 以匹配规则 matchedRule 的 ID 为键，以交换机 sw 与匹配域 match 组成的交换机-匹配域二元组为值，调用规则-流表项映射器类 RuleToMatchesMap 的 put( ) 函数，保存这个新的交换机-流表项与规则的映射关系。

⑪ 调用 OpenFlow 消息缓冲器，指定向交换机 sw 下发的流表项修改消息 ofAddMessage。

⑫ 将当前端口的索引值减 2，以新索引位置的端口为当前端口，如果新的索引值大于 0，则转到④；否则，跳出循环，流表项下发流程结束。

B.1.5 流表项删除模块的详细设计和实现

流表项与规则是同一个概念在不同层面的表现。流表项是转发层的规则，规则是管理层面的流表项。当管理员在管理层删除某条规则时，除了在控制层删除该规则，还需要联动删除转发层对应于该规则的流表项。当流表项由绝对时间 HardTimeout 到期而被交换机清除时，要联动删除在控制层的规则。规则删除联动机制示意图如图 B.5 所示。

(1) 从控制层到转发层的规则联动删除

管理员在 Web 操作页面点击删除按钮时，依次引发控制层和转发层的删除操作。控制层的删除操作可以采用典型的 JSP+JDBC 数据库访问技术来实现，属于常规编程技术。转发层删除操作的实现过程如下。

① 点击删除按钮事件触发异步访问请求函数 to_delete_rule(rule_id)。

② 采用异步访问请求技术，访问 RestAPI 资源，资源标示符为 http://localhost:8080/ wm/deleteFlow/delete/ruleid。

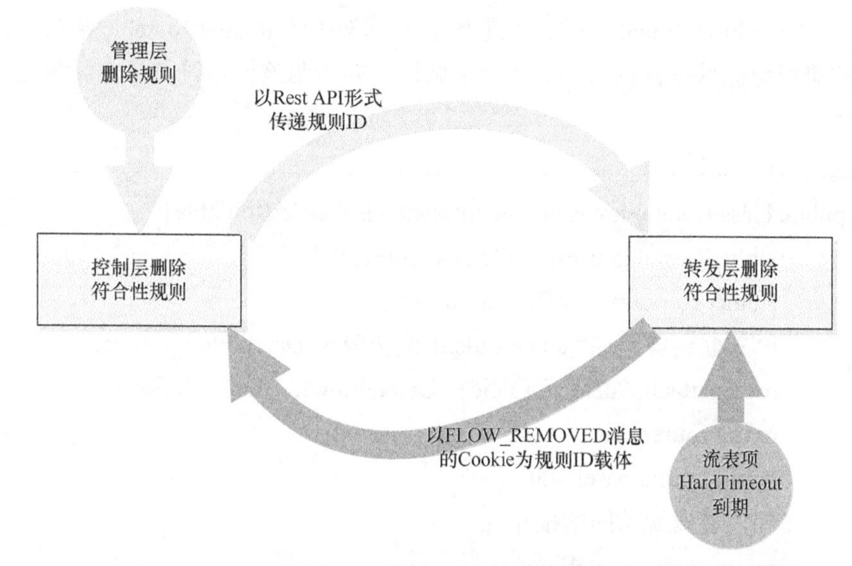

图 B.5　规则删除联动机制示意图

③ Rest API Server 接收资源访问，并把资源标示符映射到资源实体。

Rest API Server 提供 Rest 资源，它把数据和功能统称为资源，并维护资源标识与资源的映射关系。此处真正提供规则删除“资源”的是实现了 IDeleteFlowEntryService.classs 的 DeleteFlowEntry.class。其具体工作流程如下。

① 以规则 ID 值为键，在全局变量“规则-流表项”映射器中取流表项集合。该流表项集合的元素都是交换机-匹配域二元组结构。

② 流表项集合不为空，则取交换机-匹配域二元组，转入③；流表项集合为空，转入⑥。

③ 从二元组取交换机变量 sw，构造流表项删除消息 flowDeleteMessage。

④ 从二元组取匹配域 match，设置流表项删除消息 flowDeleteMessage 的匹配条件。交换机 sw 上的匹配域是 match 的流表项，将在 flowDeleteMessage 到达后被交换机删除。

⑤ 向交换机 sw 写入 flowDeleteMessage，转入②。

⑥ 在规则-流表项映射器中删除规则 ID。流表项删除结束。

在 Floodlight 控制器中，模块 IFloodlightModule 是功能实体，IFloodlightService 是功能接口，供其他模块引用。Floodlight 控制器引入 REST 框架，支持模块功能，以 HTTP 协议向外开放，从而增加 Floodlight 控制平台的开放性和扩展性。下面结合具体的类介绍从功能到服务，再到 REST 资源访问的开发框架。此处，从接收 HTTP 客户端对 http://localhost:8080/wm/deleteFlow/delete/ ruleid 资源的请求，到流表项删除功能实现需要以下四个类。

① DeleteFlowRoutable 类，实现 Restlet 框架中的 RestletRoutable 接口。其功能是注册资源标示符，供 HTTP 客户端调用，并指明该标示符与真实资源类的关联关系。

```
public class DeleteFlowRoutable implements RestletRoutable{
    public Restlet getRestlet(Context context) {
     Router router = new Router(context);
     // 关联资源路径"/delete/ruleid"到资源类 DeleteFlowResource
     router.attach("/delete/{ruleid}",DeleteFlowResource.class);
     return router; }
     public String basePath() {
     // 注册资源访问的根路径
     return "/wm/deleteFlow";}
}
```

② DeleteFlowResource 类，继承 Restlet 框架中的 ServerResource 类，表征 Rest 资源类，响应 HTTP 请求方法。deleteFlow( )函数用来响应 HTTP 的 Get 请求，在函数内调用删除流表项服务，完成删除流表项功能。DeleteFlowResource 类的主要代码如下。

```
public class DeleteFlowResource extends ServerResource {
    @Get //对应 HTTP 请求中的 Get 方法
  public void deleteFlow() {…
Map<DatapathId, IOFSwitch> switchMap = switchService.getAllSwitchMap();
     //Floodlight 中删除流表项功能实体的调用接口
     IDeleteFlowEntryService deleteFlow = new DeleteFlowEntry();
     String ruleIdString = (String) getRequestAttributes().get("ruleid");
     Integer ruleIdInt = Integer.parseInt(ruleIdString);
     //调用服务的 doDeleteFlow 函数，完成流表项删除功能
     deleteFlow.doDeleteFlow(switchMap, ruleIdInt);
     }
}
```

③ IDeleteFlowEntryService 接口，继承 IFloodlightService 接口，表征该接口是 Floodlight 控制器中的一项服务。接口中声明了 doDeleteFlow( )函数。接口声明和函数原型如下。

```
public interface IDeleteFlowEntryService extends IFloodlightService{
        public void doDeleteFlow(Map<DatapathId, IOFSwitch> switchMap,int
  ruleId);
}
```

④ DeleteFlowEntry 类，实现 IFloodlightModule 接口，表征该类是 Floodlight 控制器的一个模块，能够被 Floodlight 控制器平台加载运行，可以实现 IDeleteFlowEntryService 接口，提供删除流表项功能。doDeleteFlow( )函数的实现代码如下。

```
public class DeleteFlowEntry implements IFloodlightModule,
IDeleteFlowEntryService {…
        public void doDeleteFlow(Map<DatapathId, IOFSwitch> switchMap, int
ruleId) {
        …
Set<SwitchMatchPair>switchMatchPairs = Forwarding.ruleMatches.get(ruleId);
        for (SwitchMatchPair switchMatchPair : switchMatchPairs) {
//1.得到交换机实例，实例是物理网络拓扑中物理交换机的镜像
        IOFSwitch
switchEntity=switchMap.get(switchMatchPair.getSwitchId());
        if(switchEntity!=null){
//2.从交换机实例中得到 OFFactory，构建 OFFlowDelete 消息
            Builder flowDeleteMessage =
switchEntity.getOFFactory().buildFlowDelete();
//3.填充 OFFlowDelete 消息
            Match match = switchMatchPair.getMatch();
            flowDeleteMessage.setMatch(match);
//4.在交换机上写入该消息。该动作意味着控制器 Floodlight 会向
//该交换机实例所对应的物理交换机下发这个 OFFlowDelete 消息
```

```
            switchEntity.write(flowDeleteMessage.build());}}
        Forwarding.ruleMatches.removeByRuleId(ruleId);
    }
}
```

(2) 从转发层到控制层的规则联动删除

流表项在下发给交换机时都设置了绝对生存时间 HardTimeout、SEND_FLOW_REM 标志和 cookie。流表项到达绝对有效期而被清除意味着 ID 值等同 cookie 值的规则到达有效期，即转发层的流表项删除要引起控制层的规则删除。

规则删除操作的触发原理：根据 OpenFlow 协议对交换机的规范要求，当流表项的绝对生存时间 HardTimeout 到期，交换机就会清除该流表项；如果该流表项有 SEND_FLOW_REM 标志，就向控制器发送流表项删除消息 FLOW_ REMOVED。该消息包含流表项本身的简要信息、被清除的原因，以及 cookie 值。

因为每条规则往往对应很多流表项，后者拥有相同的绝对生存时间。这意味着，控制器将同时接收到来自多台交换机的多个流表项的 FLOW_REMOVED 消息。在实际编程中，采用 Java 原生的同步机制，对流表项删除消息同步处理。流删除消息的同步处理流程如图 B.6 所示。对于某条规则的众多流表项而言，只有第一个到达的流表项删除消息会引发数据库的删除操作，并且受到 Java 同步机制保护。

B.2　基于 SDN 实现与传统 IP 网络互联系统的详细设计与实现

本节对第 8 章基于 SDN 实现与传统 IP 网络互联系统的设计进行说明。

B.2.1　数据结构的定义

本节用到的数据结构包括数据对象的定义、NLRI 和 RIB。下面分别进行说明。

(1) 数据对象的定义

本节描述的互联结构涉及比较复杂的数据对象，主要是充当边界 BGP 路由器的边界交换机对象，下面详细说明边界交换机对象的定义。边界交换机是指 SDN 中与其他 SDN 或者 IP 网络直接相连的交换机。因此，要标识一个边界交换机应该包含以下信息：该交换机哪个端口和其他网络(IP 网络或者 SDN)直接连接、哪个端口和 Quagga 同步子系统连接、IP 网络路由器接口的 MAC 地址(如果是 SDN，则为该交换机连接的 SDN 的交换机及其所属 Quagga 同步子系统相连接的接口

MAC 地址)、Quagga 同步子系统连接的 MAC 地址、Quagga 同步子系统连接口的 IP 地址、IP 网络路由器接口的 IP 地址(如果是 SDN，则为该交换机连接的 SDN 交换机及其所属 Quagga 同步子系统相连接的接口 IP 地址)。

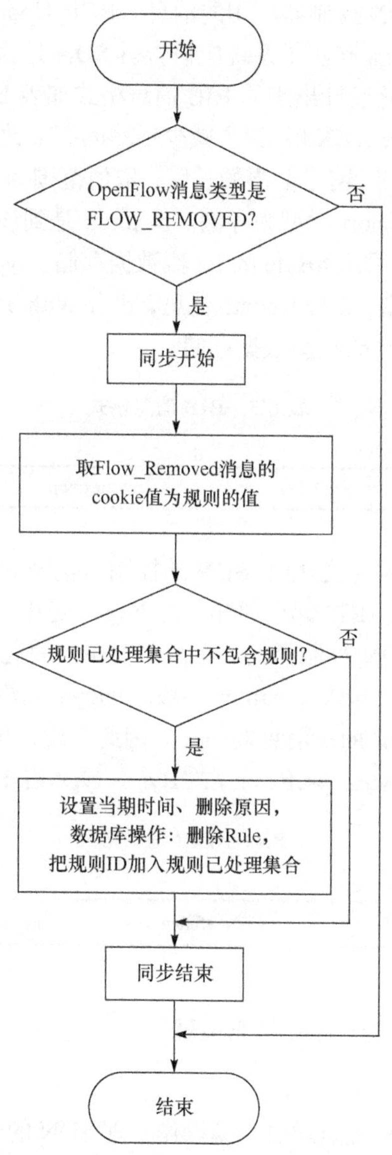

图 B.6　流删除消息的同步处理流程图

(2) 消息格式的定义

互联结构需要的消息交互主要包括 Quagga 同步子系统同步给 SDN 的 RIB 消

息、SDN 同步给 Quagga 同步子系统的 NRLI 消息。下面对这两种消息的格式进行定义和说明。

① RIB 消息是当 Quagga 同步子系统接收到其 BGP 邻居发送的 BGP Update 消息后，将其同步给 SDN 控制器所用的消息。BGP Update 消息用来通告某个网络是否可达，因此 Quagga 同步子系统应该告诉 SDN 是否可以到达某个网络，下一跳应该往哪里走。由此设计出来的 RIB 消息格式如表 B.3 所示。其中 prefix 表示网络号，如 XXX.XXX.XXX.0，为了减少传输的字节数，实际使用 4Byte 的 int 型数据存储。prefixlen 表示网络前缀的长度，取值范围为 0～32，32 为全匹配，0 为通配，采用 2Byte 的 short 类型为存储。nexthop 是到该网络的下一跳，是路由器某个端口的 IP 地址，采用 4Byte 的 int 型数据存储。type 表示该 RIB 消息的类型。RIB 消息有两种类型，a 为 Update 消息，d 为 Withdraw 消息，由于只有两种情况，因此采用 1Byte 的 char 型数据存储。

表 B.3　RIB 消息格式

0　4　6　10　11

prefix	prefixlen	nexthop	type

② 当 SDN 的子网发生变化时，SDN 的控制器把该 NLRI 变化同步给 Quagga 同步子系统，进而通过其 BGP 邻居通知其他网络该变化所用的消息。由于 Quagga 同步子系统逻辑上是 SDN 控制器的一个内部模块，因此 SDN 需要告诉 Quagga 同步子系统的消息不需要包含 nexthop 字段(Quagga 同步子系统的邻居会把它当成 nexthop)。其他内容和 RIB 消息的一样。因此，设计出来的消息格式如表 B.4 所示。其中 prefix 占 4Byte，prefixlen 占 2Byte，type 占 1Byte。

表 B.4　NLRI 消息格式

0　4　6　7

prefix	prefixlen	type

B.2.2　SDN 同步子系统的详细设计与实现

(1) 配置管理模块

该模块主要由网络管理员通过手动操作管理 SDN 的边界交换机和 NLRI。为了方便网络管理员进行可视化的管理操作，可以利用 Floodlight 自带的 REST 设计相应的 Web 接口。网络管理员只需要通过特定的 URL 在浏览器端进行配置管理。Floodlight 使用的 REST 框架是 Restlet。Restlet 是一个轻量级的 REST 框架，它完全抛弃了 Servlet 的 API，作为替代，实现一套高效的 API，能够支持复杂的

REST 结构设计。Restlet 通过拥抱 REST(REST 是一种 Web 结构风格)模糊了 Web 客户端和 Web 服务之间的界限，即它认为 Web 服务器和 Web 客户端的差别对于结构来说是不存在的。一个软件应该既可以成为 Web 客户端，也可以成为 Web 服务器，而不是提供两套不同的 API，从而帮助开发人员快速高效地构建 Web 应用。Restlet 的一个 REST 概念(资源、表示、数据、连接器、组件等)对应一个 Java 类。经过 REST 化之后的 Web 设计和 Java 代码之间存在非常直接的映射关系，简洁明了。Restlet 具有如下优点。

① 内建 HTTP 认证机制，无需开发其他安全机制。

② 灵活度高，支持设计更加复杂的 REST 结构，支持所有 REST 概念，支持内容协商的透明性，适合其他更加强大的 REST 组件开发。

③ 无需任何配置文件，所有配置均通过代码完成。

本实例设计的配置管理模块 Web 服务主要包含 ConfigureService、ConfigureBorderSwitchResource、ConfigureNLRIRes-ource、ConfigureWebRouter、ConfigureImpl 五个类。其中 ConfigureWebRouter 类实现 RestletRoutable 接口的 basePath( )方法和 getRestlet( )方法。这两个方法一起定义了基于 REST 框架的 Web 接口的 URI 和资源的映射关系。本实例设计的配置管理 Web 接口如表 B.5 所示。ConfigureBorderSwitchResource 是边界交换机的资源类，定义了 Web 接口操作边界交换机 URI 对应的资源类及对该资源的操作集合。ConfigureBorderSwitchResource 具体包含以下几个函数。getBorderSwitchResource( )函数通过调用 ConfigureService 接口实现类 ConfigureImpl 的 getBorderSwitch( )方法获取目前定义的边界交换机列表。addBorderSwitchResource(BorderSwitch bw)函数通过调用 ConfigureService 接口实现类 ConfigureImpl 的 addBorderSwitch(BorderSwitch bw)方法添加新的边界交换机。delBorderSwitchResource(BorderSwitch bw)通过调用 ConfigureService 接口实现类 ConfigureImpl 的 delBorderSwitch(BorderSwitch bw)方法从当前边界交换机列表中删除参数对应的边界交换机。类似地，ConfigureNLRIResource 是 NLRI 的资源类，定义了 NLRI 资源和对该资源的操作集合。NLRI 资源的操作和边界交换机一样，也是获取列表、添加、删除三种操作。ConfigureService 类是一个提供服务的接口类，定义了对 NLRI 资源和边界交换机操作的各个标准接口。ConfigureImpl 类是 ConfigureService 接口的具体实现类，具体定义了网络管理员可以对 NLRI 和边界交换机进行的各种配置管理操作。ConfigureImpl 类是配置管理模块的核心部分。delBorderSwitch(BorderSwitch bw)方法不但从边界交换机列表中删除边界交换机，而且如果该边界交换机的预安装流表项不为空，还要删除该边界交换机预安装的流表项。

表 B.5 配置管理模块的 REST API 功能对应表

URI	功能
/wm/ribsyn/bw/list/json	返回包含所有边界交换机的列表
/wm/ribsyn/bw/add/<bwToAdd>/json	把 bwToAdd 的值表示的边界交换机添加到列表中
/wm/ribsyn/bw/del/<bwToDel>/json	把 bwToDel 的值表示的边界交换机从列表中移除
/wm/ribsyn/nlri/list/json	返回包含所有 NLRI 消息的列表
/wm/ribsynnlri/add/<nlriToAdd>/json	把 nlriToAdd 的值表示的 NLRI 消息添加到列表中
/wm/ribsyn/nlri/del/<nlriToDel>/json	把 nlriToDel 的值表示的 NLRI 从列表中移除

(2) RIB 消息同步模块

RIB 消息同步模块主要进行 RIB 消息的接收、识别、处理，并预安装流表项。下面介绍各个模块的设计与实现。

① RIB 消息接收模块。

在实现中通过 Socket 接收 Quagga 同步子系统的 RIB 消息，在控制器上启动一个 ServerThread 进行 Socket 服务器监听。当有新的 Socket 客户端连接时，启动一个 AcceptThread 进行处理。AcceptThread 首先启动一个 ProcessThread，然后在一个死循环中等待 Socket 客户端的数据。当它收到客户端发来的数据时，从 Socket 数据流中解析 RIB 消息的各个字段，并存放到一个 RIB 数据结构中，同时放入 RIBForProcessList 中。RIBForProcessList 要求保证线程安全，因为可能在处理 RIB 消息时会接收到新的 RIB 消息。

② RIB 消息处理模块。

ProcessThread 类对 RIB 消息进行处理，每隔一定的时间(设置为 10ms)检测 RIBForProcessList 是否为空，如果为空，继续睡眠；否则，遍历 RIBForProcessList，针对每个 RIB 进行处理。具体的处理过程如下。

第一，调用 IsRIBExists( )函数检测 RIBList 是否包含该 RIB，如果已经包含该 RIB 了，则打印提示信息，继续处理下一条目；否则，转下一步。

第二，判断该 RIB 的类型，如果是 a 转第三步，如果是 d 转第四步，如果是其他类型，打印类型错误信息，继续处理下一条目。

第三，调用 IsPrefixExists( )函数检测 RIBList 是否有和该 RIB 的 prefix 字段一样的条目存在，如果有，则先把该条目作为参数调用第五步，然后转第四步；否则，直接转第四步。

第四，把 RIB 加入 RIBList，并调用流表预处理模块的 addFlowToSwitch( )函数给相应的边界交换机添加流表项。

第五，从 RIBList 删除该 RIB，并调用流表预处理模块的 delFlowFromSwitch( )

函数，从相应的边界交换机删除流表项。

③ 流表预处理模块。

流表预处理模块是RIB消息同步模块中的核心模块。该模块用来给交换机下发流表项，主要完成添加流表项和删除流表项两个功能。添加流表项需要在FlowMod设置Match域和Action域。删除流表项比添加流表项简单，只需要设置Match域，不需要指定Action域。因此，本节主要对添加流表项进行详细的阐述，删除流表项在后面简单描述。在介绍添加流表项之前，先介绍两种不同类型的边界交换机应该添加的流表项的格式。边界交换机包括直连和非直连两种类型。如图B.7所示，对于一条如“192.168.100.0，24，192.168.57.10，a”的RIB消息，S1和192.168.100.0/24所在的IP网络直接相连，因此S1是直连边界交换机，而S2和S4是非直连边界交换机。对于直连边界交换机，要下发的流表项应该能完成以下功能：对于目的地是192.168.100.0/24的数据包(Match域)，首先必须把其目的MAC地址改为r_ifaceMac，然后设置出端口应该是S1的s_r_port(Action域)。对于非直连边界交换机，要下发的流表项应该满足以下需求：对于目的地是192.168.100.0/24的数据包(Match域)，首先必须把其目的MAC地址改为r_ifaceMac，然后设置出端口为SX-S1路径的switch-port节点对集合第一个节点对应的端口号(Action域)。下面以S4-S1为例子进行说明，为了描述方便，首先假设S1的r_s_port为3，S1连接S2的端口为2，S2连接S1的端口为2，S2连接S4的端口为4，S4连接S2的端口为2，S1的r_ifaceMac为08:00:00:00:00:02。这样S4-S1的路径为switch-port节点对集合{4:2，2:4，2:2，1:2}，S4安装的流表项出端口应该设置为2。直连和非直连边界交换机流表项

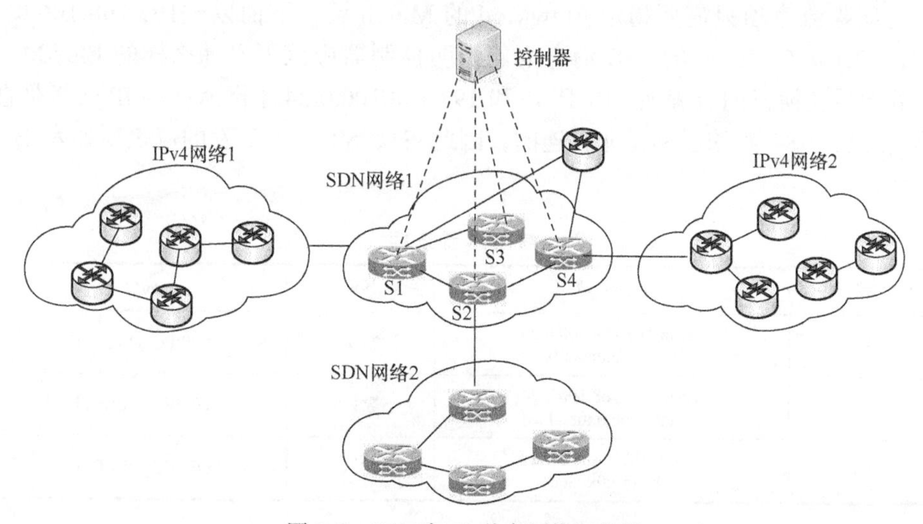

图B.7 SDN与IP共存网络拓扑图

格式如表 B.6 所示。

表 B.6　直连和非直连边界交换机流表项格式

边缘交换机类型	Match 域	Action 域	其他域
直连	dst-ip:192.168.100.0/24 eth-type:0x0800	set-mac:routerMac output:s_r_port	默认
非直连	dst-ip:192.168.100.0/24 eth-type:0x0800	set-mac:routerMac output:s-s 直连路径上第一个节点对应端口号	默认

下面以图 B.7 为拓扑，以“192.168.100.0，24，192.168.5-7.10，a”的 RIB 消息为例说明 S1、S2、S4 三个边界交换机应该安装什么样的流表项。针对上述 RIB，S1 是直连型边界交换机，S2 和 S4 是非直连型边界交换机。根据上面描述的流表项格式，流表预处理模块会给 S1、S2、S4 添加如表 B.7 所示的流表项。表中最后一项命令字段的含义是 FlowMod。

表 B.7　S1、S2 和 S3 的流表项

交换机	Match 域	Action 域	其他	命令
S1	dst-ip:192.168.100.0/24 eth-type:0x0800	set-mac:08:00:00:00:00:02 output:3	默认	OFPFC_ADD
S2	dst-ip:192.168.100.0/24 eth-type:0x0800	set-mac:08:00:00:00:00:02 output:2	默认	OFPFC_ADD
S4	dst-ip:192.168.100.0/24 eth-type:0x0800	set-mac:08:00:00:00:00:02 output:2	默认	OFPFC_ADD

删除流表项只需要指定 FlowMod 的 Match 域，下面以“192.168.100.0，24,192.168.57.10,d”的 RIB 消息为例说明控制器应该下发什么样的 FlowMod 删除边界交换机的流表项。由于 S1 和 192.168.100.0/24 子网所在的 IP 网络是直连的，S2、S4 和该子网是非直连的，因此 S1、S2、S4 下发的流表项如表 B.8 所示。

表 B.8　流表项

交换机	Match 域	其他	命令
S1	dst-ip:192.168.100.0/24 eth-type:0x0800	默认	OFPFC_DELETE
S2	dst-ip:192.168.100.0/24 eth-type:0x0800	默认	OFPFC_DELETE
S4	dst-ip:192.168.100.0/24 eth-type:0x0800	默认	OFPFC_DELETE

B.2.3　Quagga 同步子系统的设计与实现

Quagga 同步子系统主要完成 BGP Update 消息同步、NLRI 处理和同步两个功能，包含 RIB 消息发送、NLRI 消息同步两个模块。下面介绍这两个模块的设计与实现过程。

(1) RIB 消息发送模块

当Quagga同步子系统收到其BGP邻居发送过来的BGP Update消息或者BGP Notification 消息，引起 Quagga 同步子系统本地路由表发生变化时，Quagga 同步子系统调用 RIB 消息发送模块，把该路由变化情况同步给 SDN 的控制器。在具体实现中，本实例采用定时查询的方式实现 Quagga 同步子系统路由表变化的感知。当 Quagga 同步子系统收到 BGP 邻居发来的 BGP Update 消息或者 Notification 消息时，首先启动一个 BGP 路由决策过程，决策之后如果该消息导致 Quagga 同步子系统本地路由表发生变化(增、删、改)，则把该变化添加到 ribForSynList 中。为了方便后面的处理，ribForSynList 采用双向链表数据结构存储，用一个变量 tailOfRibList 指向 ribForSynList 的第一个元素，然后采用头插法进行元素的添加。这种“头插入、尾读取”的方式使插入和遍历的效率比较高效。添加 RIB 消息到 ribForSynList 流程如图 B.8 所示。如果 ribForSynList 为空，则添加列表的第一个

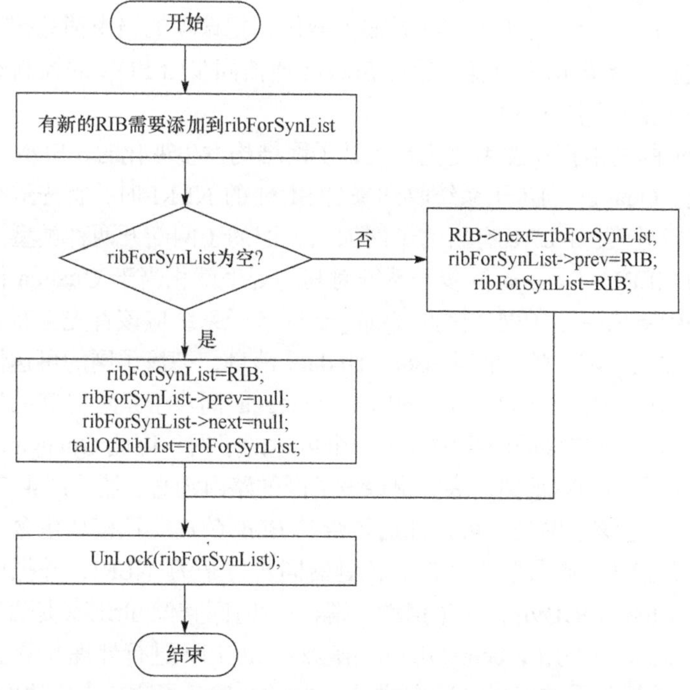

图 B.8　添加 RIB 消息到 ribForSynList 流程

元素，因此直接令 ribForSynList=RIB，并把尾指针 tailOfRibList 指向 ribForSynList；如果 ribForSynList 不为空，采用头插法把 RIB 插入 ribForSynList 前面，并让当前 ribForSynList 指针指向新的列表头部 RIB。RIB 消息发送模块定时查询 ribForSynList，如果该列表不为空，则通过 Socket 通信把该列表的所有内容发送给 SDN 的控制器并清空该列表。由于 RIB 消息发送模块操作 ribForSynList 时可能 Quagga 同步子系统刚好在处理本地路由表变化，因此对于 ribForSynList 的处理应该采用互斥访问的方式。为了减少 ribForSynList 遍历处理所花时间太长，对 Quagga 同步子系统处理路由表变化造成的性能影响，在实现过程中直接把 ribForSynList 的尾指针赋给一个临时列表，并将 ribForSynList 和尾指针直接清空，再对临时列表进行遍历处理。RIB 消息列表处理流程如图 B.9 所示。

对于 ribForSynList 的每条消息，首先封装成“网络号/网络前缀长度，下一跳，操作类型”的消息格式，然后通过 Socket 通信发送给 SDN 的控制器。RIB 消息发送模块有 listenRIBForSynByInterval( )、processRIBForSyn( )。listenRIBForSynByInterval( ) 函数启动一个线程，每隔一段时间检测 ribForSynList 是否为空，如果 ribForSynList 不为空，则调用 processRIBForSyn( ) 函数，对 ribForSynList 进行处理。处理的具体过程如下。

① ribForSynList 的尾指针赋值给 tmpList、ribForSynList 及其尾指针清空。

② 遍历 tmpList，对于每一项做如下操作：把该项的路由消息按前面定义的消息格式重新封装成 RIB 消息；通过 Socket 通信同步给 SDN 的控制器。

(2) NLRI 消息同步模块

当 SDN 的网络拓扑发生变化导致其子网结构发生变化时，SDN 通过 NLRI 传达该变化。Quagga 同步子系统收到来自 SDN 的 NLRI 时，首先进行消息的识别，然后进行处理。NLRI 有新的子网加入、旧的子网断开两种类型。对于新的子网加入的 NLRI，Quagga 同步子系统对其的处理就相当于 Quagga 同步子系统连接的网络中新增一个子网，因此 Quagga 同步子系统应该首先更新自己的本地路由表，添加该子网，然后产生 BGP Update 消息，把该子网的可达性通告给其 BGP 邻居。对于旧的子网断开的 NLRI，Quagga 同步子系统对其的处理相当于 Quagga 同步子系统连接的网络中少了一个可达的子网，因此 Quagga 同步子系统应该首先更新自己的本地路由表，删除该子网的路由消息，然后产生 BGP Update 消息(withdraw)把该子网的不可达性通告给其 BGP 邻居。该模块包含 3 个函数。其中 receiveNLRI( )函数监听 SDN 控制器同步过来的 NLRI，并把该消息放入 nlriList 中。listenNLRIByInterval( )函数每隔一段时间查询 nlriList 是否有消息，如果 nlriList 不为空，调用 processNLRI( )函数对 nlriList 进行处理并清空 nlriList。对于 nlriList 的操作采取互斥访问方式。processNLRI( )函数是本模块的核心部分。

processNLRI( )函数的工作流程如下。

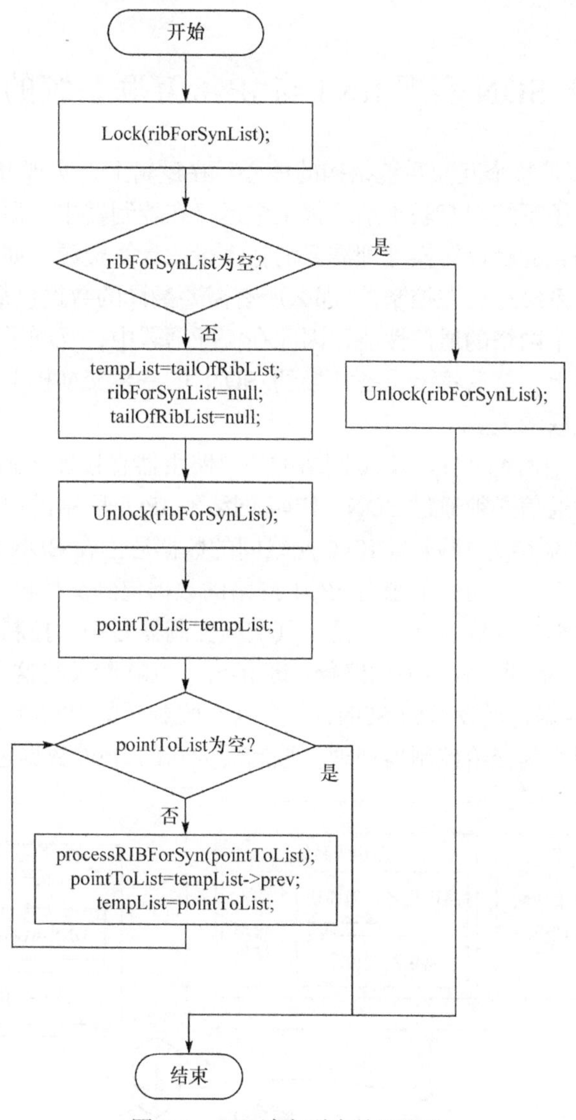

图 B.9　RIB 消息列表处理流程

① nlriList 赋值给 tmpList，清空 nlriList。

② 遍历 nlriList，对于每一项，根据该 nlri 内容，添加相应条目到本地路由表。例如，nlri 内容为 192.168.50.0，24，a，则应该用 sudo ifconfig ethx:1 192.168.50.88/24 up 添加一个虚拟网卡。这会同时添加一条到 192.168.50.0/24 网络的默认路由。

③ Quagga 同步子系统根据该 nlri 内容把到 192.168.50.0/24 的可达性信息通告给其 BGP 邻居。

B.3　基于 SDN 实现 IPv4 与 IPv6 互联系统的详细设计

SDN 控制器是整个互联系统结构的核心。在逻辑上，实现 IPv4 与 IPv6 网络通信功能的路由子系统与互联子系统都集中运行在控制器中，但是 IPv4 与 IPv6 网络间通信数据包的翻译转换处理需要消耗大量的计算资源。如果负责数据包翻译转换的互联子系统运行在控制器,那么所有需要翻译的数据包都会经过控制器。这会严重影响整个网络的通信性能，因此在实际部署中，互联子系统单独运行在一台独立的设备上，然后将该设备连接到 SDN 的一台交换机上。运行互联子系统的设备称为互联网关。

在图 B.10 中,IPv4 网络与 IPv6 网络的边界路由器直接连接到 SDN 器交换机，它们之间的互联通信必须通过 SDN。IPv4 网络和 IPv6 网络的边界路由器相当于 SDN 主机。控制器会为 IPv4 与 IPv6 网络间的数据通信在 SDN 中选择一条经互联网关的路径。例如，当一个来自 IPv4 网络的数据包到交换机 *A* 时，交换机 *A* 中没有处理该数据包的流表项，于是将其交给控制器处理。控制器先为该数据包在 SDN 中选择一条到互联网关的路径，即 *A*->*C*，互联网关将这个 IPv4 数据包翻译转换成 IPv6 数据包后发送回 SDN，交换机 *C* 收到新的 IPv6 数据包后同样因没有对应流表规则将其交给控制器处理。控制器为新的 IPv6 数据包在 SDN 中选择

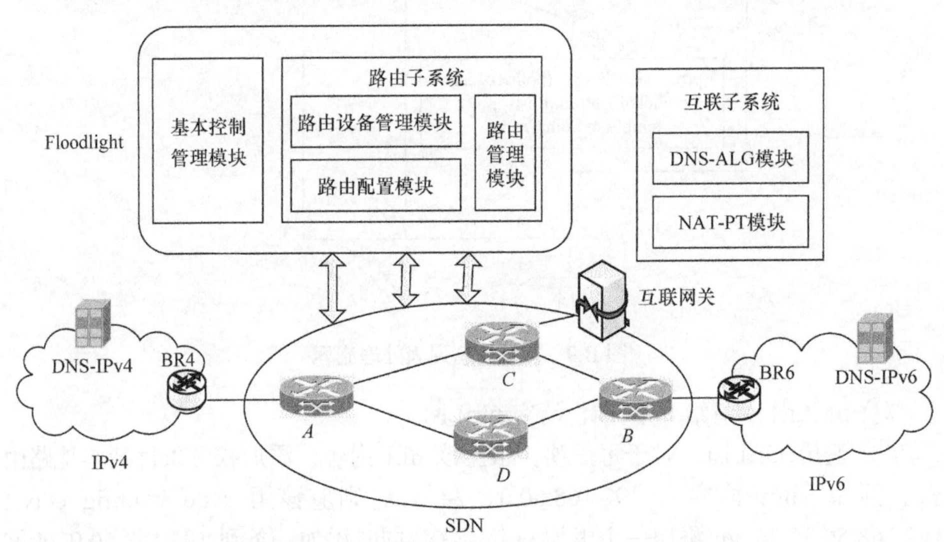

图 B.10　基于 SDN 的 IPv4 与 IPv6 互联系统模型

一条从交换机 *C* 到 IPv6 网络的路径即 *C->B*，这样新的数据包通过路径 *C->B* 到达 IPv6 网络。同样，对于 IPv6 网络到 IPv4 网络的数据包，控制器的处理过程类似，只是选择的路径相反。

B.3.1　路由子系统

控制器为 IPv4 与 IPv6 网络间的数据通信选择路径需要根据 IP 地址判断数据包是否需要由互联网关处理或是普通路由，而 Floodlight 开源 SDN 控制器仅实现对 SDN 的基本管理控制功能，它实际管理的是一个二层链路网络，不支持不同网络间的三层路由功能。因此，本实例在 Floodlight 的基本功能结构基础之上设计实现了路由子系统，这对于连接到 SDN 的其他网络来说，相当于连接到一个中心路由器上。路由子系统主要功能相关类关系如图 B.11 所示。下面结合路由子系统中的功能模块对相关类的具体实现进行详细说明。

(1) 路由配置模块

路由子系统若要为不同网络间的数据通信在 SDN 中选择路径，则必须维护管理边界路由器及其路由表信息。配置模块为网络管理员提供这两种信息的配置接口。网络管理员通过该模块手动添加或删除边界路由器，为某个具体的边界器设备添加或删除路由表项。该模块通过 Floodlight 自带的 Restlet 框架设计相应的 Web 接口，使用 Restlet 框架将内部控制接口封装成对外开放提供的 REST API 服务。REST API 将内部配置接口封装成通用的 HTTP PUT/GET 形式。这样，网络管理员只需要通过特定的 URL 即可以完成具体的配置操作。具体配置管理模块的 Web 服务相关类，以及他们之间的关系如图 B.11 上部所示。各个类的详细说明如下。

① NetworkConnectionWebRoutable。Floodlight 中的任何功能模块都可以通过添加一个实现 RestletRoutable 的类对外提供 REST API。本实例设计的路由功能模块通过该类定义 Web 控制接口的 URL 和内部模块资源的映射关系。

② GateWayv4Resource 和 GateWayv6Resource。这两个类分别是 IPv4 网络与 SDN 的边界路由器资源类和 IPv6 网络与 SDN 的边界路由器资源类，定义了 Web 接口添加或删除边界路由器的 URL 对应的资源类，以及对该资源操作的内部实现。

③ GateWayv4Serializer 和 GateWay6Serializer。这两个类分别实现 IPv4 边界路由器和 IPv6 边界路由器的数据形式格式转换。当管理员通过 Web 接口查询边界路由器时，GateWayv4Resource 和 GateWayv6Resource 类中相应的操作使用对应的 GateWayv4Serializer 和 GateWay6Serializer 类，通过其他类提供的服务接口获取边界器在内部存储的信息，然后将边界路由器在系统存储中的格式转换成对管理员友好的数据格式返回 Web 界面。

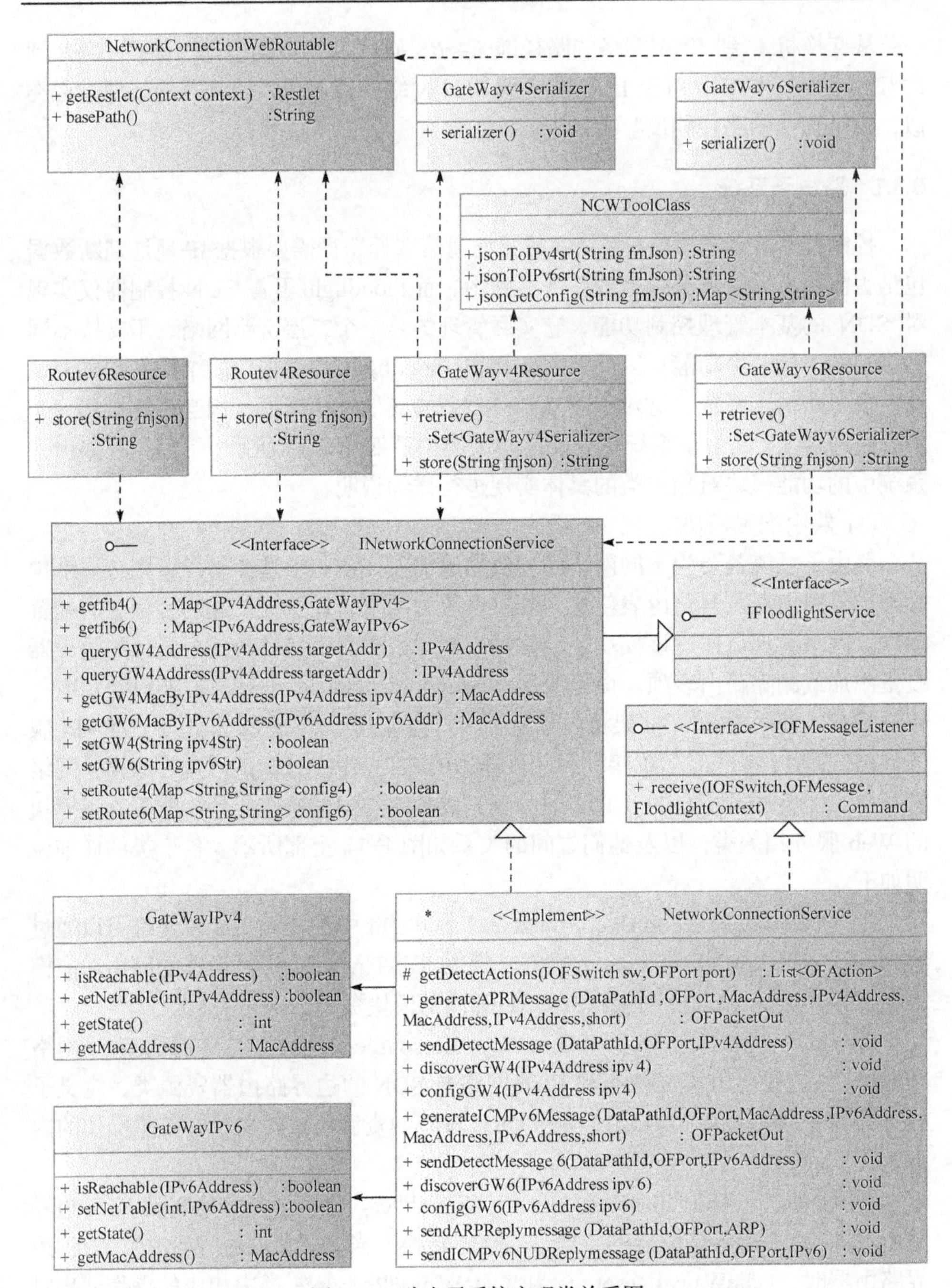

图 B.11　路由子系统实现类关系图

④ Routev4Resource 和 Routev6Resource。这两个类分别是 IPv4 边界路由器路由表的资源类和 IPv6 边界路由器路由表的资源类。他们定义了 Web 接口配置

边界路由器路由表项 URL 对应的资源类，以及对该资源操作的内部实现。

⑤ NCWToolClass。该类可以完成从 Web URL 中提取系统内部需要的参数。当管理员通过外部 Web URL 接口操作边界路由器或其中的路由表时，相关的资源类使用 NCWToolClass 类从 URL 命令中提取相应的系统参数。

路由配置模块的功能类主要实现从 Web URL 操作命令中提取相关的内部系统参数，然后调用其他模块提供的服务接口完成进一步处理，或者完成内部数据格式到用户数据格式的转换实现。路由配置模块的 REST API 命令功能对应表如表 B.9 所示。

表 B.9 配置模块的 REST API 命令功能对应表

URL	功能	参数/结果
/wm/networkconnection/gw4/json	配置 IPv4 边界路由器	{IPv4:ipv4addr}
/wm/networkconnection/gw6/json	配置 IPv6 边界路由器	{IPv6:ipv6addr}
/wm/networkconnection/gw4/addroute/json	添加 IPv4 边界路由器的路由表项	{gw4:ipv4addr, prefixLen:length, net:ipv4addr}
/wm/networkconnection/gw6/addroute/json	添加 IPv6 边界路由器的路由表项	{gw6:ipv6addr, prefixLen:length, net:ipv6addr}
/wm/networkconnection/gw4/all/json	列出 IPv4 边界路由器的详细信息	{IPv4:ipv4addr, MAC:macaddr, prefixLen:length, ipv4:ipv4addr}
/wm/networkconnection/gw6/all/json	列出 IPv6 边界路由器的详细信息	{IPv6:ipv6addr, MAC:macaddr, prefixLen:length, ipv6:ipv6addr}

(2) 路由设备探测模块

如图 B.11 所示，路由子系统主要功能类图中有一个类 NetworkConnection-Service，它是整个路由子系统的核心。从图 B.11 可以看出，它实现了接口 InetworkConnectionService。InetworkConnectionService 是路由子系统对其他模块提供的服务。路由配置模块就是使用该接口服务对边界路由器进一步配置。路由设备探测模块的功能是由类 NetworkConnectionService 实现的。由于 Floodlight 控制器对 SDN 中的主机设备只能被动响应，因此在配置边界路由器时，需要判断该设备是否已在控制器中注册，若没有，说明控制器并不知道该设备在网络中的具体物理信息，需要主动探测该设备在网络中的物理信息。

路由设备探测函数调用关系如图 B.12 所示。这一部分主要为管理员配置的边界路由器构造探测消息，然后在 SDN 中广播，当被探测的设备存在于网络且收到探测消息时会回复控制器。控制器收到回复后根据数据包中的信息完成设备登记注册。详细流程如下。

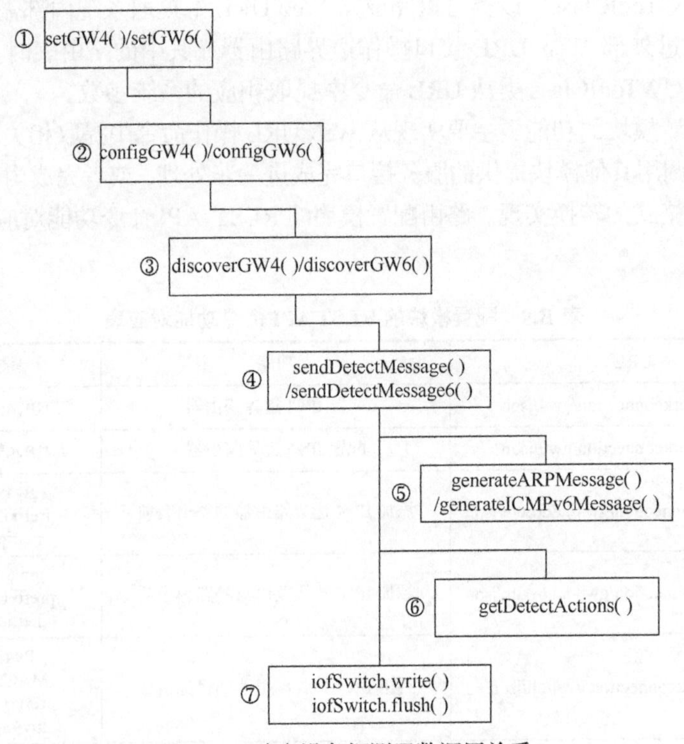

图 B.12　路由设备探测函数调用关系

① setGW4( )和 setGW6( )。配置模块调用该接口函数完成管理员指定路由设备的配置。管理员通过 IPv4/IPv6 地址指定具体的路由器。该接口函数首先将字符串形式的 IPv4/IPv6 地址转换成内部使用 IPv4Address 和 IPv6Address 地址的数据结构形式，然后用其作为参数调用 configGW4( )和 configGW6( )。

② configGW4( )和 configGW6( )。该函数先查看该设备是否之前已经探测注册过，若没有则调用 discoverGW4( )和 discoverGW6( )探测该设备是否在网络中确实存在。

③ discoverGW4( )和 discoverGW6( )。该函数会从网络的所有边界交换机的边界端口发送设备探测消息，即该函数先遍历网络的边界交换机，然后遍历每个边界交换机的边界端口，将交换机 ID 和端口 ID 加上地址参数 IPv4Address/IPv6Address 一起作为该函数的参数调用函数 sendDetectMessage( )/sendDetectMessage6( )。下面是 discoverGW4(IPv4Address ipv4)的具体实现。

```
public void discoverGW4(IPv4Address ipv4){
```

```
    for (DatapathId sw : switchService.getAllSwitchDpids()) {    //遍历交换机
    IOFSwitch iofSwitch = switchService.getSwitch(sw);
            if (iofSwitch == null) continue;
            if (iofSwitch.getEnabledPorts() != null) {    //遍历交换机端口
              for (OFPortDesc ofp : iofSwitch.getEnabledPorts()) {
                        sendDetectMessage(sw, ofp.getPortNo(), ipv4);
              }
            }
```

discoverGW6(IPv6Address ipv6)也是类似的。

④ sendDetectMessage( )/sendDetectMessage6( )。该函数首先构造路由设备探测消息的OFPacketOut，然后为OFPacketOut构造添加转发动作OFAction，最后将该OFPacketOut发送给具体交换机。

⑤ generteARPMessage( )/generateICMPv6Message( )。该函数用来构造产生探测消息的OFPacketOut。探测消息利用IP地址与MAC地址间的解析协议。管理员指定配置边界路由设备的IPv4/IPv6地址。路由设备探测模块在网络中广播相应的MAC地址请求消息，若网络中存在对应IPv4/IPv6地址的边界路由设备，收到请求将产生回复。控制器收到回复后即可确定边界路由设备的存在性及其确切的位置，然后完成注册登记。对于IPv4地址，使用函数generteARPMessage( )，根据ARP构造一个ARP地址解析请求数据包作为边界路由设备的探测消息，并将其作为OFPacketOut消息的数据负载；对于IPv6地址，使用函数generateICMPv6Message( )，由于IPv6协议使用ICMPv6协议完成地址解析的功能，因此该函数会构造一个ICMPv6的地址解析请求数据包作为探测消息并作为OFPacketOut消息的数据负载。具体实现如下。

```
//IPv4 路由器的探测消息
public OFPacketOut generateARPMessage(DatapathId sw, OFPort port,MacAddress
senderMac,IPv4Address senderIPv4,MacAddress targetMac,IPv4Address targetIPv4,
short opCode ) {
            ARP arp=new ARP();    //构造 ARP 请求消息
            arp.setHardwareType(ARP.HW_TYPE_ETHERNET);
            arp.setProtocolType(ARP.PROTO_TYPE_IP);
            arp.setHardwareAddressLength((byte)6);
            arp.setProtocolAddressLength((byte)4);
…
```

```
        Ethernet eth=new Ethernet();    //设置数据帧 MAC 头部
        eth.setSourceMACAddress(senderMac);
        if(opCode==ARP.OP_REQUEST)
            eth.setDestinationMACAddress(MacAddress.BROADCAST);
…
        eth.setPayload(arp);
        byte[] data = eth.serialize();      //封装成 OFPacketOut
        OFPacketOut.Builder pob =
        switchService.getSwitch(sw).getOFFactory().buildPacketOut();
        pob.setBufferId(OFBufferId.NO_BUFFER);
        pob.setInPort(OFPort.ANY);
    }
//IPv6 路由器探测消息
        public OFPacketOut generateICMPv6Message(DatapathId sw, OFPort
        port, MacAddress senderMac,IPv6Address senderIPv6,MacAddress
        targetMac, IPv6Address targetIPv6,short icmpType) {
        ICMPv6 icmpv6=new ICMPv6();         //ICMPv6 邻居地址请求消息
        icmpv6.setPayload(null);
        icmpv6.setIcmpType(icmpType);
        icmpv6.setIcmpCode((short)0x0);
        icmpv6.setChecksum((short)0x0);
…
        IPv6 ipv6=new IPv6();   //IPv6 头部设置
        ipv6.setVersion((byte)0x6);
        ipv6.setDiffServ((byte)0x0);
        ipv6.setIdentification(0);
…
        ipv6.setPayload(icmpv6);

        Ethernet eth=new Ethernet();   //数据帧 MAC 头部设置
        eth.setSourceMACAddress(senderMac);
            if(icmpType==ICMPv6.NEIGH_REQUEST){
                byte[] targetIPv6_bytes=targetIPv6.getBytes();
…
```

```
        eth.setEtherType(Ethernet.TYPE_IPv6);
        eth.setPayload(ipv6);
        byte[] data = eth.serialize();   //封装成 OFPacketOut
        OFPacketOut.Builder pob =
          switchService.getSwitch(sw).getOFFactory().buildPacketOut();
...
    }
```

⑥ getDetectAction( )。该函数为之前构造的 OFPacketOut 消息构造转发动作，在该函数中根据参数指定的交换机 sw 和交换机端口，将 OFPacketOut 消息负载的数据包从 sw 的端口转发出去。

⑦ 此时已将边界路由器的探测消息封装到 OFPacketOut 消息的数据负载中且 OFPacketOut 消息的转发动作也已经设置完毕。现在要做的只需将消息通过安全信道发送给交换机。

(3) 路由信息管理模块

路由信息管理模块主要维护边界路由器的路由转发信息。路由信息管理模块结构如图 B.13 所示。与该模块相关的类主要有 NetworkConnection、GateWayIPv4 和 GateWayIPv6，在 NetworkConnection 类中为与 SDN 可达的 IPv4 网络和 IPv6 网络各创建一张转发信息表 Map<IPv4Address, GateWayIPv4> 和 Map<IPv6Address,GateWayIPv6>。表中的信息是边界路由器的 IP 地址与该边界路由器实例的映射对。边界路由器实例是路由信息管理模块的核心，不但管理路由器内的路由转发表，而且提供判断数据包可达性和路由选择的方法。一个边界路由器实例主要包含基本信息、路由表和路由选择三部分。

① 路由器基本信息。路由器基本信息包括该路由器的 MAC 地址、IP 地址和是否可用等重要信息。根据路由器的基本信息可以建立设备索引实体 Entity，在设备管理模块中查询设备在 SDN 中物理信息 Device。这是控制器为数据包选择路径的基础。路由器实例在设备探测模块成功探测到该设备后，创建并初始化路由器基本信息。

② 路由转发表。每个路由器实例都会建立维护一张路由转发表 Map<Integer, Set<IPv4Address>>或 Map<Integer,Set<IPv6Address>>。表中记录该路由器可达的网络与可达网络的前缀长度映射对。由于与一个网络前缀长度对应的网络可能有多个，因此与一个网络前缀长度映射的是可达网络的集合。

③ 路由选择方法。该方法主要用来判断一个数据包经过该路由器能否到达目的网络。该方法从路由转发表中最长网络前缀对应的网络开始遍历，判断数据包

的目的 IP 地址是否在当前遍历的网络中。IPv4 路由器的路由表设置方法与路由选择方法如下。

```
public boolean SetNetTable(int prefixlen,IPv4Address ipv4){     //设置路由表
        if(netTable.get(prefixlen)!=null){
         //根据地址前缀判断网段地址集是否存在
            netTable.get(prefixlen).add(ipv4);      //存在，则将该网段添加
        }
        else{                                       //不存在，创建对应的网段集
            Set<IPv4Address> temp=new HashSet<IPv4Address>();
            temp.add(ipv4);                          //添加该网段地址
            netTable.put(prefixlen, temp);
              //将前缀长度与网段集的映射添加到路由表中
        }
        return true;
       }
public boolean isReachable(IPv4Address ipv4){ //判断该地址能否通过该路由器可
        IPv4Address addrwithmask;                    //达网段地址
        int prefixLen;
        …
        for(prefixLen=32;prefixLen>1;prefixLen--){
          //从路由表的最长地址前缀开始判断，判断其对应的
          //网段地址集中是否存在目标网段地址
            if(netTable.containsKey(prefixLen)){

            addrwithmask=ipv4.applyMask(IPv4Address.ofCidrMaskLength(prefixL
            en));
            if(netTable.get(prefixLen).contains(addrwithmask))
                  return true;
            …
       }
```

当一个数据包需要路由到其他网络时，会被 NetworkConnection 收到处理。NetworkConnection 首先根据网络类型遍历与之相对应的转发信息表，使用转发信息表中记录的路由器实例的路由选择方法判断该数据包的可达性。若成功找到路由

器实例，则根据路由器实例的基本信息查询该路由器实例在 SDN 中的设备信息。根据具体设备信息控制器就可以为该数据包选择正确的路径，使其到达目的网络。

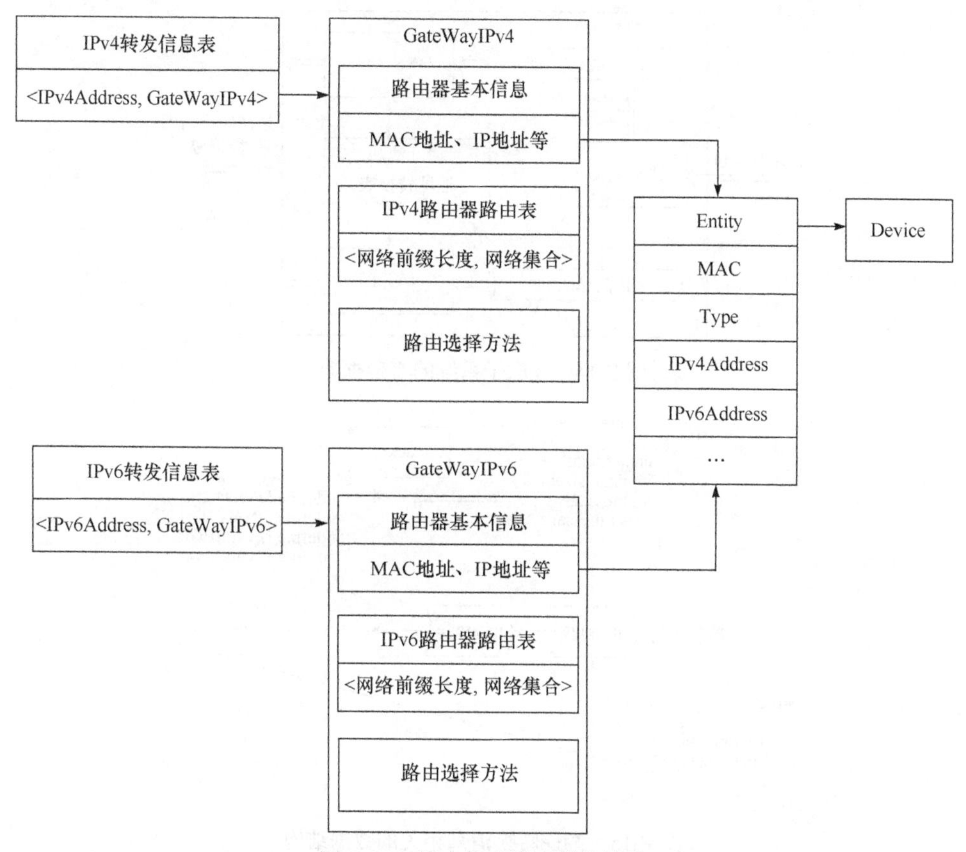

图 B.13　路由信息管理模块结构

B.3.2　互联子系统

互联子系统用来解决 IPv4 网络主机与 IPv6 网络主机间通信数据包的翻译转换问题。互联子系统的实现结构如图 B.14 所示。由于在实际实现过程中，需要对 IPv4 数据包和 IPv6 数据包分开单独处理，因此在实现时除了之前介绍的 NAT-PT 模块和 DNS-ALG 模块，又增加了一个过滤接收模块。过滤接收模块的主要功能是过滤不需要翻译转换的数据包和对需要翻译转换的数据包预处理。整个结构除了三个功能模块，还有 IP 消息队列和 DNS 消息队列，一个地址池和一张地址转换表。下面对各个功能模块，以及相关系统资源的设计实现进行介绍。

(1) 消息队列

需要翻译转换的数据包在互联子系统中以消息的形式传递。消息相关的数据结构如图 B.15 所示。消息 message 中的 data 指针指向原始数据包的拷贝。根据需要处理的数据包，消息类型可以划分为以下几种。

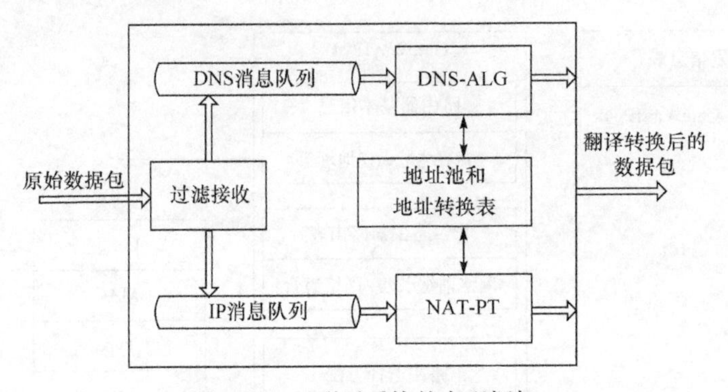

图 B.14　互联子系统的实现框架

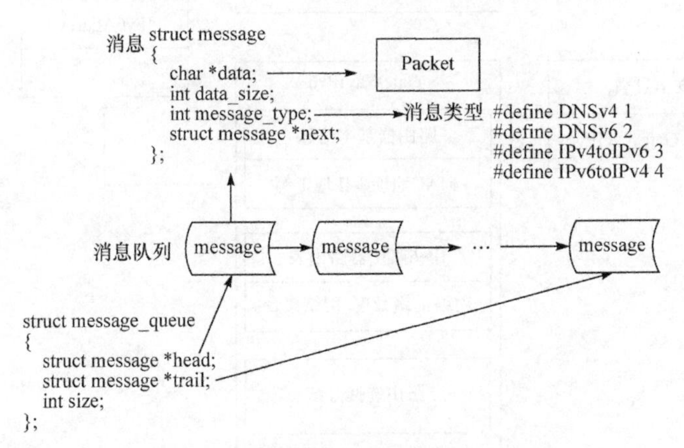

图 B.15　翻译转换消息相关的数据结构

① DNSv4。此类型消息中的原始数据包来自 IPv4 网络的 DNS 请求。

② DNSv6。此类型消息中的原始数据包来自 IPv6 网络的 DNS 请求。

③ IPv4toIPv6。此类型消息中的原始数据包来自 IPv4 网络且目的主机在 IPv6 网络。

④ IPv6toIPv4。此类型消息中的原始数据包来自 IPv6 网络且目的主机在 IPv4 网络。

NAT-PT 模块主要完成 IPv4 数据包与 IPv6 数据包之间的翻译转换，处理的消息类型是 IPv4toIPv6 和 IPv6toIPv4。因此，为这两种消息创建一条消息队列称为 IP 消息队列，NAT-PT 模块只能从 IP 消息队列中获取消息进行处理。类似地，DNS-ALG 模块主要完成 DNS 请求相关的数据包的翻译转换，处理的消息类型为 DNSv4 和 DNSv6，因此为这两种消息类型创建的消息队列称为 DNS 消息队列。

DNS-ALG 模块只能从 DNS 消息队列中获取消息处理。

(2) 地址池和地址转换表

地址映射转换相关的结构体如图 B.16 所示。用一块连续的内存空间表示临时地址池，其中的每一位代表一个临时 IPv4 地址。该位的偏移加上地址池的起始地址即该位所代表的地址，0 表示该地址可用，1 表示该地址已用。初始化地址池时要记录下起始地址 ipv4_addr_base 和地址池的大小。本实例地址池的默认最大为 256。地址转换表由一个数组和一个链表组成。链表的每一个元素即 IPv4 与 IPv6 地址映射对，数组中的每个元素是指向 IPv4 与 IPv6 地址映射对的指针，且每个元素在数组中的偏移与地址池的起始地址的和表示一个在地址池中对应的 IPv4 地址，即地址转换表中的指针数组与临时地址池是一一映射的关系。若指针数组中的某元素为空，则表示其对应的 IPv4 地址可用；否则，表示其对应的 IPv4 地址已被分配使用。地址映射转换关系如图 B.17 所示。

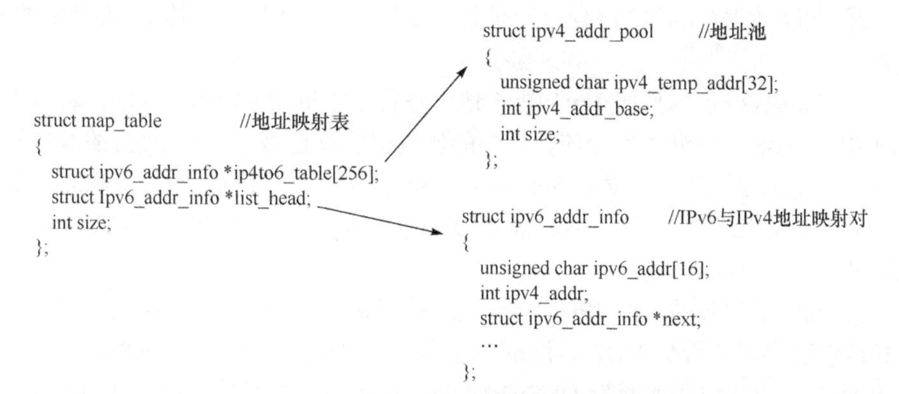

图 B.16　地址映射转换相关的结构体

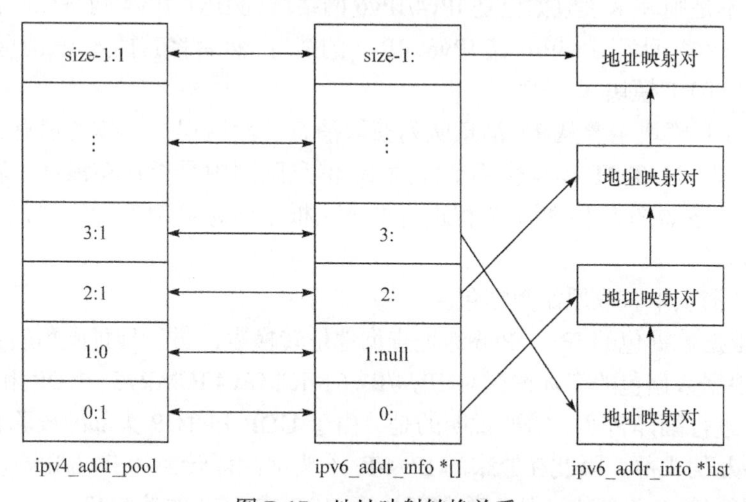

图 B.17　地址映射转换关系

(3) 过滤接收模块

过滤接收模块主要完成对收到的数据包的过滤选择，然后为需要由互联子系统继续处理的数据包构造消息 message，并将其插入合适的消息队列中。由于该模块直接从链路层抓取网络数据帧，因此需要过滤来自网络的大量不符合条件的数据包。符合条件的数据包必须是由 SDN 控制器通过控制路径将数据包引导入互联子系统所在的网络设备上的数据包。该模块通过对数据包的 MAC 地址、IP 地址和 UDP 端口号的判断，确定该数据包是否进行下一步处理。若是，则为该数据包构造相应的消息类型，并将其插入对应的消息队列。该子系统采用两个线程通过原始套接字抓取来自网络的数据包进行处理。线程 thread_get_packet4 抓取来自 IPv4 网络域的数据包进行过滤处理。线程 thread_get_packet6 抓取来自 IPv6 网络域的数据包进行过滤处理。具体处理过程如下。

① 收到一个数据包。

② 判断数据包的目的 MAC 地址是否本机 MAC 地址，是则继续处理；否则，丢弃。

③ 判断数据包的目的 IPv4/IPv6 地址是否是本机 IPv4/IPv6 地址，若是本机 IPv4/IPv6 地址，则继续判断该数据包的传输层协议是否 UDP，且目的端口号是否是 53，都满足则表示该数据包是一个 DNS 请求，为其构造消息 message，消息类型为 DNSv4/DNSv6，然后将其插入 DNS 消息队列中；否则，对本机 IPv4/IPv6 地址做进一步判断处理。

④ 判断数据包的目的 IPv4/IPv6 地址是否是 IPv6/IPv4 映射地址。若是，则判断传输层协议是否是 UDP 且源端口号为 53，如果满足则表示该数据包是一个 DNS 回复，为其构造类型为 DNSv4/DNSv6 的消息，然后将其插入 DNS 消息队列中；若不是则表示该数据包是 IPv4/IPv6 网络域到 IPv6/IPv4 网络域的普通数据包，为其构造类型为 IPv4toIPv6/IPv6toIPv4 的消息，然后将其插入 IP 消息队列中。

(4) NAT-PT 模块

NAT-PT 模块主要从 IP 消息队列获取消息，然后根据具体的消息类型做翻译转换处理。NAT-PT 模块会不断探测 IP 消息队列中是否存在消息，若存在则将消息取出按照图 B.18 所示流程进行处理。根据消息类型进行处理，具体分为以下步骤。

① 从消息中获取原始数据包。

② 根据数据包的 IPv4/IPv6 地址查询地址转换表，进行地址映射转换。

③ 根据数据包的实际情况对 IPv4/IPv6、ICMPv4/ICMPv6、UDP 和 TCP 的头部字段进行翻译转换。需要说明的是，由于 UDP 和 TCP 头部的校验和字段在计算时涉及伪头部，因此在原来的 IPv4/IPv6 头部翻译转换为 IPv6/IPv4 头部后，需要根据新的 IP 头部构造伪头部重新计算 UDP 或 TCP 的校验和。

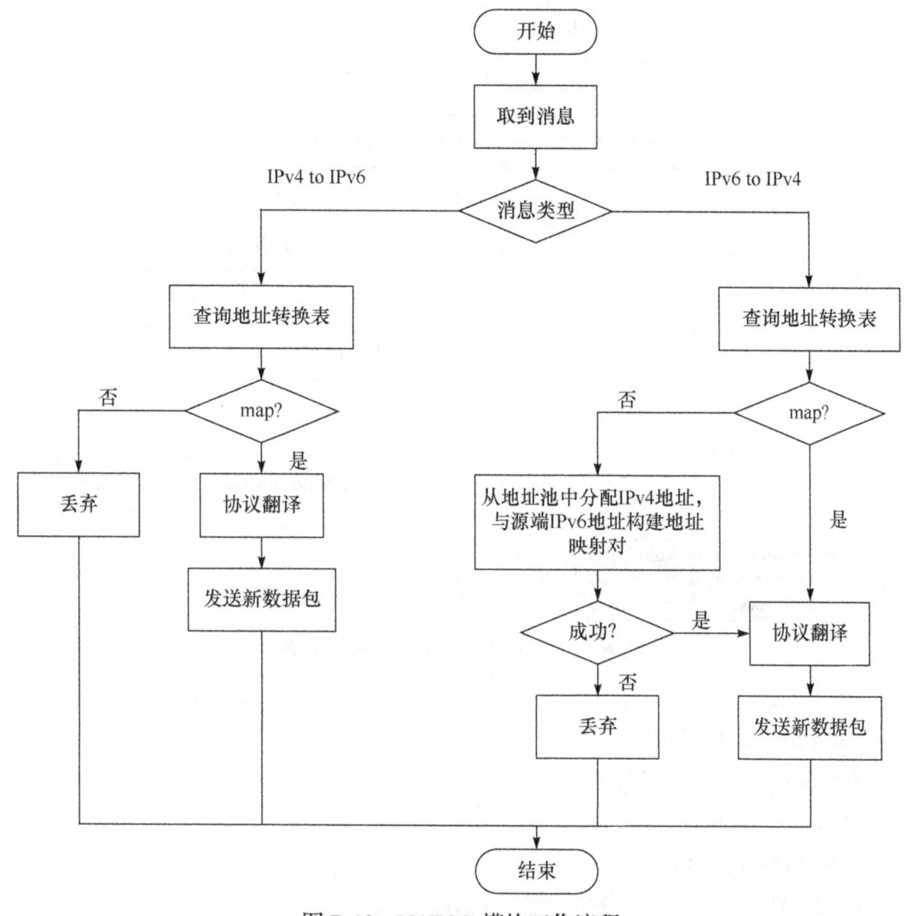

图 B.18 NAT-PT 模块工作流程

④ 将经过翻译后得到的数据包直接从链路层发送出去。该数据包到达 SDN 的交换机后，交换机中没有可以匹配的流表项，所以将该数据包发送给控制器，由控制器继续处理。

在实际互联子系统中，NAT-PT 模块通过一个单独的线程 Nat_process_packet( )实现。该线程查看 IP 消息队列中是否有需要处理的消息存在，若存在则取出消息，根据消息的类型继续进行相应的处理过程。下面以 IPv4 数据包转换翻译成 IPv6 数据包的处理过程为例，对其中涉及的函数调用过程及相关具体实现进行介绍。NAT-PT 模块函数调用关系如图 B.19 所示。

① 在 Nat_process_packet( )取得具体消息后，根据消息的类型将消息中的原始数据包传递给相应的处理例程。对于示例中 IPv4ToIPv6 消息，调用函数 translate_packet_4To6(char *old_packet,char *new_packet,int *len)将原始的 IPv4 数据包翻译转换成新的 IPv6 数据包。具体实现如下。

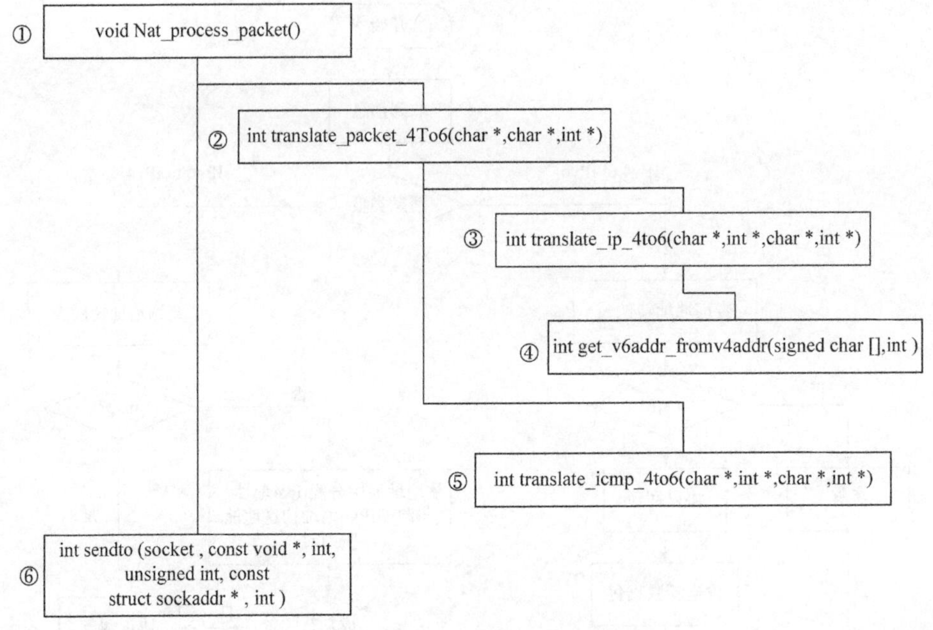

图 B.19　NAT-PT 模块函数调用关系

```
void Nat_process_packet(){
    char new_packet[2048];
    int packet_size;
    struct message *pm;
    while(1){
    …
        if(IP_queue.size>0){   //消息队列不为空
          pm=pop_message(&IP_queue);    //取消息
          pthread_mutex_unlock(&IP_queue_mutex);
          if(pm->message_type==IPv4toIPv6){  //消息类型为 IPv4ToIPv6
              memset(new_packet,0,2048);
              packet_size=pm->data_size;
              if(translate_packet_4To6(pm->data,new_packet,&packet_size)){
                  sendto(sockfd6,new_packet,packet_size,0
                  ,(struct sockaddr*)&sll6,sizeof(struct sockaddr_ll));
        }
              destroy_message(pm);
          }
```

```
            else if(pm->message_type==IPv6toIPv4){ //消息类型为 IPv4ToIPv6
    …
            }
    …
            }
```

② translate_packet_4To6(char *old_packet,char *new_packet,int *len)函数具体实现将一个原始的 IPv4 数据包翻译转换成一个新的 IPv6 数据包，通过两个数据包的偏移指针依次对数据包的 MAC 头部、IP 头部和 IP 负载进行翻译转换。MAC 头部只需要重新设置源目的地址和数据帧的类型即可。IP 头部的翻译通过调用函数 translate_ip_4to6(char *ip4,int *offset4,char *ip6,int *offset6)实现。对于 IP 的负载部分，若是 ICMP 消息，则调用函数 translate_icmp_4to6(char *icmp4,int *offset4,char *icmp6,int *offset6)实现，然后计算翻译的 ICMPv6 消息的校验和。若 IP 负载是 TCP 或 UDP，重新计算校验和即可。具体实现如下。

```
    int translate_packet_4To6(char *old_packet,char *new_packet,int *len){
    …
    data4=old_packet;                  //原始数据包偏移指针
    data6=new_packet;                  //新数据包偏移指针
    *len=0;                            //新数据包的大小
    /******MAC head************/
    ethv6=(struct ethhdr *)new_packet;
    memcpy(ethv6->h_dest,dst6_mac,6);
    memcpy(ethv6->h_source,src6_mac,6);
    ethv6->h_proto=htons(0x86dd);
    /******IP head************/
    if(translate_ip_4to6(data4,&offset4,data6,&offset6)==0){
    //翻译转换 IP 数据包头部
        return 0;
    }
    /******************IP 数据包负载************************/
    if(ipv4h->protocol==1){  //翻译转换 ICMP 消息
        if(translate_icmp_4to6(data4,&offset4,data6,&offset6)==0){
return 0;
```

```
        }
        *len+=offset6;
    …//计算 ICMPv6 校验和
    }
    … //重新计算 TCP 或 UDP 校验和
}
```

③ translate_ip_4to6(char *ip4,int *offset4,char *ip6,int *offset6)函数实现将一个IPv4的数据包头部翻译转换成IPv6的数据包头部，根据RFC文档的标准要求，将各个字段逐一进行翻译转换。在进行地址转换时，在源IPv4地址前加上96位的地址前缀，而目的IPv4地址通过函数get_v6addr_fromv4addr(signed char v6addr[16],int v4addr)在地址转换表中查询其对应的IPv6地址。具体实现如下。

```
int translate_ip_4to6(char *ip4,int *offset4,char *ip6,int *offset6){
    …
    char addr_v4mapped[INET6_ADDRSTRLEN];
    ipv4h=(struct iphdr *)ip4;
    ipv6h=(struct ip6_hdr *)ip6;
    ipv6h->ip6_flow=(ipv6h->ip6_flow|ipv4h->tos)&0xf0;    //tos 高四位
    ipv6h->ip6_flow=ipv6h->ip6_flow<<8;
    ipv6h->ip6_flow=ipv6h->ip6_flow|0x60;    // 版本号
    ipv6h->ip6_flow=ipv6h->ip6_flow|(ipv4h->tos&0x0f);  //tos 低四位
    ipv6h->ip6_plen=htons(ntohs(ipv4h->tot_len)-20);  //数据包长度
    ipv6h->ip6_nxt=ipv4h->protocol;  //下一个头部
    ipv6h->ip6_hlim=ipv4h->ttl-1;  //跳数
    sprintf(addr_v4mapped,"64:ff9b::%s",inet_ntoa((*(struct in_addr
      *)&ipv4h->saddr)));
    inet_pton(AF_INET6,addr_v4mapped,&ipv6h->ip6_src);  //源地址
    if(!get_v6addr_fromv4addr(ipv6h->ip6_dst.s6_addr,ipv4h->daddr)){//目的地址
      return 0;
    }
    …
    }
```

④ get_v6addr_fromv4addr(signed char v6addr[16],int v4addr)函数具体实现地

址的映射转换，将一个 IPv4 地址映射转换成其对应的 IPv6 地址。在该函数中通过调用 query_v6addr(struct map_table *table,int v4addr)函数以 IPv4 地址为索引在地址转换表中查询对应的 IPv6 地址信息结构，然后从中获取具体的 IPv6 地址。具体实现如下。

```
int get_v6addr_fromv4addr(signed char v6addr[16],int v4addr){
    struct ipv6_addr_info *p;
    pthread_mutex_lock(&nat_table_mutex);
    p=query_v6addr(&nat_table,v4addr);                //查询地址映射转换表
    pthread_mutex_unlock(&nat_table_mutex);
    if(p){
        for(int i=0;i<16;i++)
            v6addr[i]=p->ipv6_addr[i];                //目的地址
    return 1;
   }
   …
   }
```

⑤ translate_icmp_4to6(char *icmp4,int *offset4,char *icmp6,int *offset6)函数具体实现 ICMPv4 消息到 ICMPv6 消息的翻译转换。主要根据 ICMPv4 消息的类型和代码与 ICMPv6 消息的类型和代码之间的映射关系进行转换。例如，在 ICMPv4 中 echo 请求的类型为 8，这里需要改成 ICMPv6 中 echo 的请求类型 128。

⑥ 翻译转换完成得到新的 IPv6 数据包后，再次回到 Nat_process_packet( )中，此时调用系统提供的 int sendto(Socket, const void*, int, unsigned int, const struct sockaddr*, int)，将新的数据包发送出去即可。这里用的是原始套接字，直接将数据包从网卡发送到网络中。

(5) DNS-ALG 模块

DNS-ALG 模块主要从 DNS 消息队列中获取消息，然后根据具体的消息类型做对应处理。根据消息的类型执行不同的处理方式。DNS-ALG 模块工作流程如图 B.20 所示。

① DNSv4。对于 IPv4 格式的 DNS 请求，将请求类型 A 改为 AAAA，然后将目的地址改为 IPv6 网络的 DNS 服务器地址，源地址改为该互联子系统所在设备 IPv6 地址。对于 IPv4 格式的 DNS 应答，将请求类型 A 改为 AAAA，为解析结果中的 IPv4 地址添加 96 位前缀，如该互联子系统使用的 64:ff9b::/96，然后将目的地址改为 IPv6 网络的 DNS 地址，最后将翻译转换后的数据包发送到 SDN 中，

由控制器继续处理。

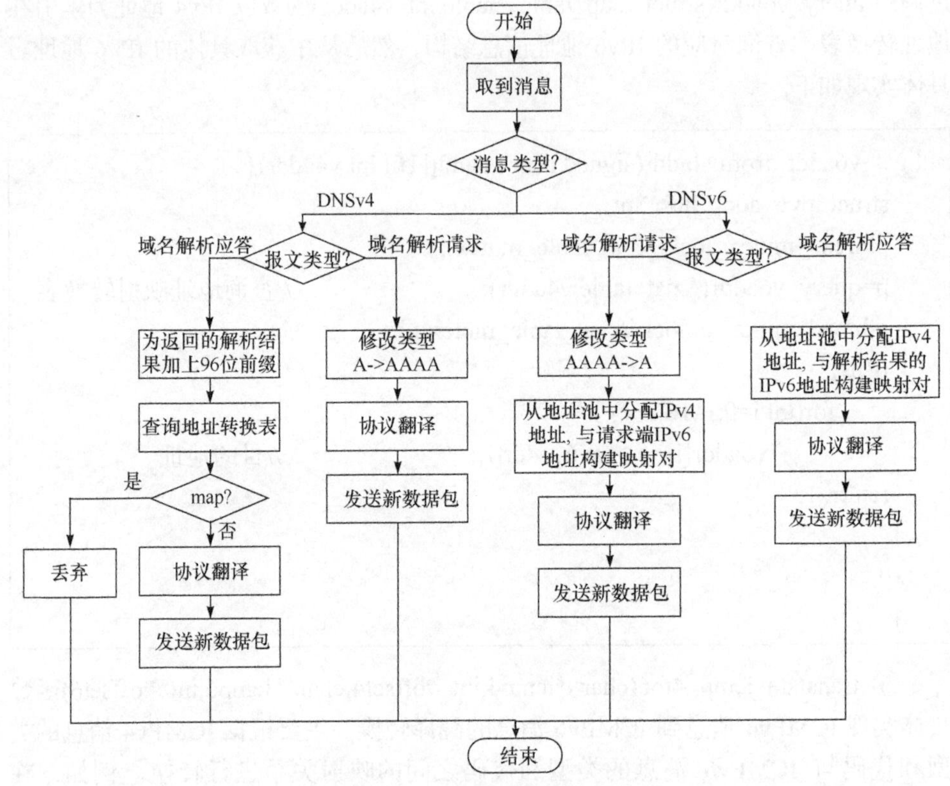

图 B.20　DNS-ALG 模块工作流程

② DNSv6。对于 DNS 请求，将请求类型 AAAA 改为 A，然后将目的地址改为 IPv4 网络的 DNS 服务器地址，源地址改为该互联子系统所在设备 IPv4 地址。对于 DNS 应答，将请求类型 AAAA 改为 A，为解析结果中的 IPv6 从地址池中分配一个临时可用的 IPv4 地址，并将该 IPv4 地址与解析结果中的 IPv6 地址作为地址映射对记录到地址映射转换表中，然后将目的地址改为 IPv6 网络的 DNS 地址，最后将翻译转换后的数据包发送到 SDN 中由控制器继续处理。

在实际互联子系统中，DNS-ALG 模块通过一个单独的线程 Process_dns( )实现，与 NAT-PT 模块线程的处理方式类似。在该线程中，Process_dns( ) 循环查询 DNS 消息队列中是否有需要处理的消息存在。若存在，则取出消息，然后根据消息的类型继续进行相应的处理过程。下面以 IPv4 网络中主机发起 DNS 请求，最后收到来自 IPv6 网络中的 dns 答复为例，对其中涉及的函数调用过程，以及相关具体实现进行介绍。DNS-ALG 模块函数调用关系如图 B.21 所示。

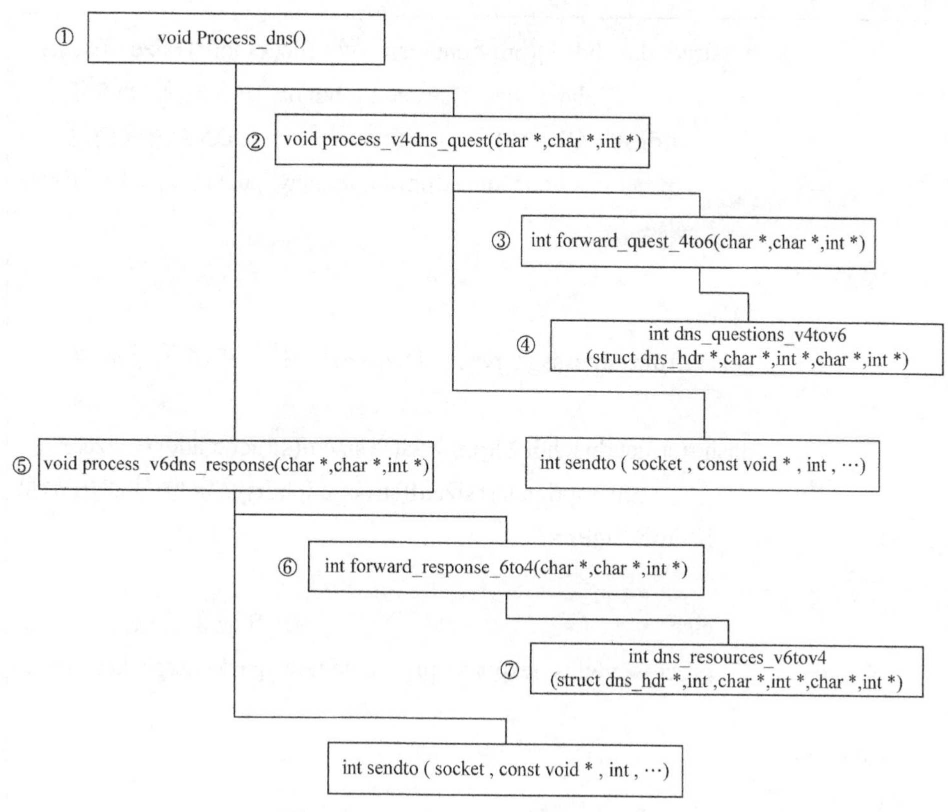

图 B.21　DNS-ALG 模块函数调用关系

① process_dns( )函数不断查询 DNS 消息队列是否为空，若消息队列不为空则取出消息，根据消息的类型，以及 DNS 消息的类型选择相应的处理例程。例如，对来自 IPv4 网络的 DNS 请求调用函数 process_v4dns_quest(char *old_packet,char *new_packet,int *len)处理，对来自 IPv6 网络的 DNS 应答调用函数 process_v6dns_response(char *old_packet,char *new_packet,int *len)处理。具体实现如下。

```
void process_dns(){
    …
        while(1){
            if(dns_queue.size>0){                    //消息队列不为空
                pm=pop_message(&dns_queue);          //取出消息
                if(pm->message_type==DNSv4){         //IPv4 网络的 DNS 消息
    …
```

```
        dnsh=(struct dns_hdr *)(pm->data+sizeof(struct ethhdr)+sizeof(struct
                    iphdr)+sizeof(struct udphdr));   //定位到 DNS 消息
            if(dnsh->QR==0)                          //DNS 请求消息
             process_v4dns_quest(pm->data,new_packet,&packet_size);
            else
…
        }
        else if(pm->message_type==DNSv6){ //来自 IPv6 网络的数据包
…
        dnsh=(struct dns_hdr *)(pm->data+sizeof(struct ethhdr)+ sizeof
                (struct ip6_hdr)+sizeof(struct udphdr));//定位到 DNS 消息
          if(dnsh->QR==0)
…
          else                                  //DNS 应答消息
          process_v6dns_response(pm->data,new_packet,&packet_size);
        }
…
}
```

② process_v4dns_quest(char *old_packet,char *new_packet,int *len)函数做一些判断与处理后调用函数 forward_quest_4to6(char *old_packet,char *new_packet, int *len)，将原始 IPv4 格式的 DNS 请求翻译转换成 IPv6 格式的 DNS 请求，然后将其发送到网络中。具体实现如下。

```
void process_v4dns_quest(char *old_packet,char *new_packet,int *len){
    struct dns_hdr *dnsh;
    dnsh=(struct dns_hdr *)(old_packet+sizeof(struct ethhdr)+sizeof(struct
      iphdr)+sizeof(struct udphdr));
…
      if(forward_quest_4to6(old_packet,new_packet,len)){
          sendto(sockfd6,new_packet,*len,0,(struct
            sockaddr*)&sll6,sizeof(struct sockaddr_ll));
        }
```

```
…
}
```

③ forward_quest_4to6(char *old_packet,char *new_packet,int *len)函数实现将一个IPv4格式的DNS请求翻译转换成IPv6格式的DNS请求。处理过程与NAT-PT模块中的翻译转换过程类似，唯一区别在于这里加入了对 DNS 请求消息的特别处理，通过调用函数 dns_questions_v4tov6(struct dns_hdr *dnsh,char *data4,int *offset4,char *data6,int *offset6)实现。

④ dns_questions_v4tov6(struct dns_hdr *dnsh,char *data4,int *offset4,char *data6,int *offset6)函数具体实现将一个IPv4格式的DNS请求翻译转换成IPv6格式的DNS请求。该函数主要将新的DNS请求中的请求类型设置成AAAA。具体实现如下。

```
int dns_questions_v4tov6(struct dns_hdr *dnsh,char *data4,int *offset4,char
    *data6,int *offset6){
…
    memcpy(data6,data4,4);
    if(*((unsigned short *)data4)!=htons(A)){
        return 0;
    }
    *((unsigned short *)data6)=htons(AAAA);
…
}
```

⑤ process_v6dns_response(char *old_packet,char *new_packet,int *len)函数调用forward_response_6to4(char *old_packet,char *new_packet,int *len)将原始IPv6格式的DNS应答翻译转换成IPv4格式的DNS应答，然后将其发送到网络中。

⑥ forward_response_6to4(char *old_packet,char *new_packet,int*len)函数在NAT-PT 模块中的翻译转换的基础上，通过调用 dns_resources_v6tov4(struct dns_hdr*dnsh,int type,char*data4,int *offset4,char*data6,int*offset6)实现将一个IPv6格式的DNS应答翻译转换成IPv4格式的DNS应答。

⑦ dns_resources_v6tov4(struct dns_hdr *dnsh,int type,char *data4,int *offset4,char*data6,int *offset6) 函数将一个IPv6格式的DNS应答翻译转换成IPv4格式的

DNS 应答。该函数主要将新的 DNS 应答中的域名应答资源类型设置成 A，同时原 DNS 应答中的 IPv6 地址申请临时 IPv4 地址，并为它们在地址映射转换表中建立映射对，最后将临时 IPv4 地址作为应答数据设置到新的 DNS 应答的资源记录中。具体实现如下。

```
    int dns_resources_v6tov4(struct dns_hdr *dnsh,int type,char *data4,int *offset4,
char *data6,int *offset6){
    …
    if(type==RR_ANS)   // 记录回复资源数
        count=ntohs(dnsh->answers);
    …
    for(i=0;i<count;i++){   //对每个资源进行一次处理
    …
    if(*((unsigned short *)data6)==htons(CNAME)){    //处理别名资源类型
    …
    }
    else if(*((unsigned short *)data6)==htons(AAAA)){ //IPv6 域名类型
        memcpy(data4,data6,8);
        *((unsigned short *)data4)=htons(A);   //设置成 IPv4 资源类型
        …
        temp_v4addr=get_temp_addr(&addr_pool);  //获取临时 IPv4 地址
         if(temp_v4addr){   //将地址映射对添加到地址转换表中，
        //并将得到的 IPv4 临时地址设置为新的 DNS 应答的资源记录数据
        insert_item(&nat_table,temp_v4addr,data6);
        pthread_mutex_unlock(&nat_table_mutex);
        memcpy(data4,(char *)&temp_v4addr,4);
        }
    …
    }
```

主要术语表

ACL(access control list)访问控制列表
AMQP(Advanced Message Queuing Protocol) 高级消息队列协议
API(application programming interface)应用编程接口
ARP(Address Resolution Protocol)地址解析协议
AS(autonomous system)自治系统
ASIC(application specific integrated circuit)专用集成电路
ATM(asynchronous transfer mode)异步传输模式
BEEP(Blocks Extensible Exchange Protocol)块可扩展交换协议
BGP(Border Gateway Protocol)边界网关协议
BGP-4(Border Gateway Protocol version 4)边界网关协议版本 4
BGP-4+(Border Gateway Protocol version 4+)边界网关协议版本 4+
BRAS(broadband remote access server)宽带接入服务器
BSS(business support system)业务支撑系统
CDN(content delivery network)内容分发网络
CE(control element)控制组件
CLI(command-line interface)命令行界面
CMNet(China Mobile Network)中国移动互联网
COS(class of service)服务类型
CPU(central processing unit)中央处理器
DAD (duplicate address detection)重复地址检测
DAL(device abstraction layer)设备抽象层
DC(data center)数据中心
DCI(data center interconnect)数据中心互联
DDN(digital data network)数字数据网
DDoS(distributed denial of service)分布式拒绝服务
DHCP(Dynamic Host Configuration Protocol)动态主机配置协议
DiffServ(differentiated service)区分服务
DMZ(demilitarized zone)隔离区
DNS(domain name system)域名系统
DNS-ALG(domain name system-application layer gateway)域名系统-应用层网关
DOCSIS(data over cable service interface specifications)有线电缆数据服务接口规范

DoS(denial of service)拒绝服务
DPDK(data plane development kit)数据平面开发套件
DSCP (differentiated services code point)差分服务代码点
DVMRP(Distance Vector Multicast Routing Protocol)距离矢量组播路由选择协议
DWDM(dense wavelength division multiplexing)密集型光波复用
EAP(Extensible Authentication Protocol)可扩展验证协议
eBGP (External Border Gateway Protocol)外部边界网关协议
ECMP(equal-cost multipath routing)等价多路径路由
EEM(embedded event manager)嵌入式事件管理器
EGP(Exterior Gateway Protocol)外部网关协议
ETSI(European Telecommunications Standards Institute)欧洲电信标准化协会
EVPN(ethernet virtual private network)以太网虚拟专用网络
FE(forwarding element)转发组件
FIB(forwarding information base)转发表
FIFO(first in first out)先进先出
ForCES(forwarding and control element separation)控制与转发分离
FTP(File Transfer Protocol)文件传输协议
GMPLS(generalized multiprotocol label switching)通用多协议标签交换
GRE(generic routing encapsulation)通用路由封装
GUI(graphical user interface)图形用户界面
GW(gateway)网关
HSA(header space algorithm)头部空间分析算法
HSTCP(High Speed Transmission Control Protocol)高速传输控制协议
HTTP(Hyper Text Transfer Protocol)超文本传输协议
HTTPS(Hyper Text Transport Protocol over Secure Socket Layer)安全套接层之上的超文本传输协议
I2RS(interface to the routing system)路由系统接口
iBGP(Internal Border Gateway Protocol)内部边界网关协议
ICMP(Internet Control Message Protocol)互联网控制报文协议
ICT(information and communications technology)信息与通信技术
IDC(internet data center)互联网数据中心
IDS(intrusion detection systems)入侵检测系统
IEEE(Institute of Electrical and Electronics Engineers)电气和电子工程师学会
IETF(The Internet Engineering Task Force)互联网工程任务组
IGMP(Internet Group Management Protocol)网际组管理协议

IGP(Interior Gateway Protocol)内部网关协议
IMP(interface message processor)接口消息处理机
IntServ(integrated services)集成服务
IoT(internet of things)物联网
IP(Internet Protocol)网际协议
IPC(inter-process communication) 进程间通信
IPv4(Internet Protocol version 4)网际协议版本 4
IPv6(Internet Protocol version 6)网际协议版本 6
IPSec(Internet Protocol Security)安全网际协议
IS-IS(intermediate system-to-intermediate system)中间系统到中间系统
ISO(International Organization for Standardization)国际标准化组织
ISO/OSI(ISO/open system interconnection)国际标准化组织/开放系统互联
ISP(internet service provider)互联网服务提供商
JDBC (Java database connectivity) Java 数据库连接
JSON(JavaScript object notation) JavaScript 对象表示
JVM(Java virtual machine) Java 虚拟机
KVM(kernel virtual machine)内核虚拟机
L2MP(layer-2 multi-path)二层多路径
LA(link aggregation)链路聚合
LACP(Link Aggregation Control Protocol)链路聚合控制协议
LAG(link aggregation group)链路聚合组
LAN(local area network)局域网
LFB(logical function blocks)逻辑功能块
LIB(label information base)标签信息库
LISP(Locator/ID Separation Protocol)位置身份分离协议
LLDP(Link Layer Discovery Protocol)链路层发现协议
LSP(label switched paths)标签交换路径
LSR(label switching router)标签交换路由器
LTE(long term evolution)长期演进
MAC(media access control)媒体访问控制
MAN(metropolitan area network)城域网
MC-LAG(multi-chassis link aggregation group)跨设备链路聚合组
MCU(microcontroller unit)微控制器单元
MD-SAL(model-driven service abstraction layer)模型驱动服务抽象层
MIP(Mobile Internet Protocol)移动网际协议

MIT(Massachusetts Institute of Technology)麻省理工学院
MOSPF(multicast open shortest path first)组播开放最短路径优先
MPLS(multi-protocol label switching)多协议标签交换
NaaS(network as a service)网络即服务
NAT(network address translation)网络地址转换
NAT-PT(network address translation-protocol translation)网络地址转换协议翻译
NBI(northbound interface)北向接口
NE(network element)网元
NFV(network function virtualization)网络功能虚拟化
NIB(network information base)网络信息库
NLRI(network layer reachability information)网络层可达性信息
NMS(network management system)网络管理系统
NOS(network operating system)网络操作系统
NP(network processor)网络处理器
NPB(network packet brokers)网络数据包代理
NTP(Network Time Protocol)网络时间协议
NVGRE(network virtualization using GRE)使用 GRE 的网络虚拟化
OF-config(OpenFlow Management and Configuration Protocol)OpenFlow 管理与配置协议
OMI(open management infrastructure)开放管理基础结构
ONAP(open network automation platform)开放网络自动化平台
ONF(Open Networking Foundation)开放网络基金会
ONOS(open network operating system)开放网络操作系统
ONS(Open Network Submit)开放网络峰会
OPNFV(open platform of network function virtualization)NFV 开放平台
OSGi(open service gateway initiative)开放服务网关规范
OSI(open system interconnection)开放式系统互连
OSPF(open shortest path first)开放式最短路径优先
OSPFv2(Open Shortest Path First version 2)开放最短路径优先协议版本 2
OSPFv3(Open Shortest Path First version 3)开放最短路径优先协议版本 3
OSS(the office of strategic services)运营支撑系统
OTV(overlay transport virtualization)虚拟化覆盖传输
OVS(open virtual switch)开放虚拟交换机
OVSDB(open virtual switch database)开放虚拟交换机数据库
OXM(OpenFlow extensible match) OpenFlow 扩展匹配字段

PCC(path computation client)路径计算客户端
PCE(path computation element)路径计算单元
PCEP(Path Computation Element Communication Protocol)路径计算单元通信协议
PIM-DM(protocol independent multicast-dense mode)协议无关组播-密集模式
PIM-SM(protocol independent multicast-sparse mode)协议无关组播-稀疏模式
PL(procotol layer)协议层
POF(protocol oblivious forwarding)协议无感知转发
PSTN(public switched telephone network)公共交换电话网络
QoS(quality of service)服务质量
RAP(routing application proxy)路由应用程序代理
REST(representational state transfer)表述性状态传递
RFC(request for comments)评议请求
RIB(routing information base)路由信息库
RIP(Routing Information Protocol)路由信息协议
RIPng(Routing Information Protocol Next Generation) 下一代路由信息协议
RIPv1(Routing Information Protocol version 1) 路由信息协议版本 1
RIPv2(Routing Information Protocol version 2) 路由信息协议版本 2
RMT(reconfigurable match tables)可重构匹配表
RPC(remote procedure call)远程过程调用
RPL(Routing Protocol for Low-Power and Lossy Networks)低功耗和有损网络的路由协议
RSTP(Rapid Spanning Tree Protocol)快速生成树协议
RTP(Real-Time Transport Protocol)实时传输协议
RSVP(Resource Reservation Protocol)资源预留协议
RTSP(Real Time Streaming Protocol)实时流传输协议
SAL(service abstraction layer)服务抽象层
SAVA(source address validation architecture)源地址验证框架
SAVI(source address validation improvements)源地址验证改进
SaaS(software as a service)软件即服务
SBI(southbound interface)南向接口
SDH(synchronous digital hierarchy)同步数字体系
SDN(software defined network)软件定义网络
SD-WAN(software defined-wide area network)软件定义广域网
SEK(security enforcement kernel)安全增强版内核

SFC(service function chain)服务链
SFF(service function forwarder)服务功能转发器
SLA(Service-Level Agreement)服务等级协议
SLAAC (stateless address auto-configuration)无状态地址自动配置
SMTP (Simple Mail Transfer Protocol)简单邮件传输协议
SNMP(Simple Network Management Protocol)简单网络管理协议
SOAP(Simple Object Access Protocol)简单对象访问协议
SP(service provider)运营商
SPAN(switched port analyzer)交换机端口分析器
SPB(shortest path bridging)最短路径桥接
SSL(secure sockets layer)安全套接层
STP(Spanning Tree Protocol)生成树协议
STT(stateless transport tunneling)无状态传输通道
SW(stop-and-wait)停止等待
SYN(synchronize sequence numbers)同步序列编号
TAC(tracking area code)跟踪区域码
TAP(test access point)测试访问点
TCP(Transmission Control Protocol)传输控制协议
TE(traffic engineering)流量工程
TRILL(transparent interconnection of lots of links)多链路透明互连
TLS(Transport Layer Security)传输层安全协议
TLV(tag-length-value)标签长度值
TML(transport mapping layer)传输映射层
TTE(time triggered ethernet)时间触发以太网
TTL(time to live)存活时间
UDP(User Datagram Protocol)用户数据报协议
URI(uniform resource identifier)统一资源标识符
URL(uniform resource locator)统一资源定位符
VAVE (virtual source address validation edge)虚拟源地址验证边缘
vBRAS(virtual broadband remote access server)虚拟宽带接入服务器
VLAN(virtual local area network)虚拟局域网
VLL(virtual lease line)虚拟租用线路
VNF(virtual network functions)虚拟网络功能
VNFM(virtual network function manager)虚拟网络功能管理器
VNI(VxLAN network identifier)VxLAN 网络标识

VPN(virtual private network)虚拟专用网络
VRRP(Virtual Router Redundancy Protocol)虚拟路由器冗余协议
VxLAN(virtual extensible local area network) 可扩展虚拟局域网
WAN(wide area network)广域网
XML(extensible markup language)可扩展标记语言
XMPP(Extensible Messaging and Presence Protocol)可扩展通信和表示协议